麦胚活性肽的制备、功能特性及应用

沈新春　主编　　汪芳　宋海昭　副主编

化学工业出版社

·北京·

内 容 简 介

《麦胚活性肽的制备、功能特性及应用》共包含七章内容,从麦胚活性肽的制备与鉴定、麦胚活性肽改善氧化应激的作用及机制、麦胚活性肽对 2 型糖尿病的改善作用、麦胚活性肽延缓老年性骨质疏松的作用及机制、麦胚活性肽促进伤口愈合的作用及其应用等方面阐述了麦胚活性肽生物学功能及作用机制。

本书可为提高粮油及加工副产物的利用价值提供理论基础,为精准膳食营养与高效制造提供科学依据,可供高等院校食品科学与工程相关专业的师生以及从事食品营养与功能产品研发和生产的人员学习参考。

图书在版编目（CIP）数据

麦胚活性肽的制备、功能特性及应用 / 沈新春主编；汪芳，宋海昭副主编. —北京：化学工业出版社，2024.3
ISBN 978-7-122-44876-7

Ⅰ.①麦… Ⅱ.①沈… ②汪… ③宋… Ⅲ.①胚芽-肽-制备 Ⅳ.①Q944.4

中国国家版本馆 CIP 数据核字（2024）第 047139 号

责任编辑：李建丽 　　　　　　　　　　文字编辑：朱雪蕊
责任校对：宋　玮 　　　　　　　　　　装帧设计：韩　飞

出版发行：化学工业出版社（北京市东城区青年湖南街 13 号　邮政编码 100011）
印　　装：大厂聚鑫印刷有限责任公司
710mm×1000mm　1/16　印张 15½　字数 264 千字　2024 年 6 月北京第 1 版第 1 次印刷

购书咨询：010-64518888 　　　　　　　　售后服务：010-64518899
网　　址：http://www.cip.com.cn

凡购买本书，如有缺损质量问题，本社销售中心负责调换。

定　　价：89.00 元

《麦胚活性肽的制备、功能特性及应用》

前言

Preface.

　　小麦是小麦属植物的总称，是一种在世界各地广泛种植的谷类作物，也是我国的主要粮食作物和重要的商品粮之一。完整的小麦籽粒由麸皮、胚乳和胚芽三部分组成，其中胚芽部分仅占小麦籽粒质量的约 3%，但其却是整个小麦籽粒中营养价值最高的部分，也是小麦籽粒生命的源泉。麦胚通常作为小麦面粉加工过程中产生的副产品，资源极为丰富，我国每年可用于开发的麦胚量可达 30 万～50 万吨，但一直以来，麦胚这一宝贵资源未能得到充分、合理的利用。随着人们对健康要求的不断提高，麦胚的营养价值也越来越受到重视。麦胚含有丰富且优质的营养素和非营养素，包括蛋白质、维生素、脂类、碳水化合物、矿物质和其他生物活性化合物，其中麦胚中的蛋白质含量可高达 30% 以上。

　　麦胚活性肽是以麦胚蛋白为原料，经酶法水解、微生物发酵、化学法水解，再通过超滤膜分离、凝胶过滤色谱、离子交换色谱和高效液相色谱等分离技术制备得到的小分子生物活性肽，不但容易被人体吸收，而且具有多种生理活性，可用于改善人们的健康状况，用于疾病的预防及治疗，是一种物美价廉、安全健康的功能因子。随着近年来食品营养学的快速发展，国内外学者对于麦胚活性肽营养特性的研究也越来越深入。目前研究表明，麦胚活性肽具有抗氧化（抗衰老）、抗炎、降血糖血脂、延缓老年性骨质疏松、促进伤口愈合、抗癌、调节肠道菌群等功能特性，且相关研究采用多种现代分子生物学等技术手段揭示了相关的分子机制。

　　本书内容来源于编写团队主持和参与的多项国家自然科学基金项目，包含麦胚活性肽概述、麦胚活性肽制备与鉴定、麦胚活性肽改善氧化应激的作用及机制、麦胚活性肽对 2 型糖尿病的改善作用、麦胚活性肽延缓老年性骨质疏松的作用及机制、麦胚活性肽促进伤口愈合的作用及其应用、麦胚活性肽改善 DSS 诱导小鼠结肠炎的作用及机制七章内容，旨在梳理麦胚活性肽的生物学功能及作用机制，阐述最新的麦胚活性肽营养学研究进展，为提高粮油及加工副产物的利用价值提供理论基础，为精准膳食营养与高效制造提供科学依据，也将为食品科学与工程相关专业的高等院校及相关科研院所的科研人员、学生及从事食品生产加工企业相关人员等提供指导。

编者

2024 年 1 月

目录

contents

第3章　麦胚活性肽改善氧化应激的作用及机制 —————— 060

第1章

麦 胚 活 性 肽 概 述

1.1 活性肽（氨基酸、肽与蛋白质）

氨基酸（aminoacid）是含有一个碱性氨基和一个酸性羧基的有机化合物，是生物功能大分子蛋白质的基本组成单位。氨基酸可以分为必需氨基酸（指人或其他脊椎动物自身不能合成，需要从食物中获得的氨基酸）和非必需氨基酸（指人或其他脊椎动物自身能由简单的前体合成，不需要从食物中获得的氨基酸）。肽（peptides）是指结构介于蛋白质和氨基酸之间的一类化合物，作为蛋白质的结构和功能片段，它赋予了蛋白质极其丰富的生理功能。氨基酸是肽的基本组成单位，二肽和三肽分别指由 2 个和 3 个氨基酸脱水缩合而成的小肽。肽链中的氨基酸数目在 10 个以下的称寡肽，10～50 个的称多肽，超过 50 个的称蛋白质（李勇，2007）。

生物活性肽是指可以作为生理活性物质对机体生理活动发挥调节作用的肽，其是由 20 种天然氨基酸以不同组成和排列方式构成的具有一定结构（线性或环状结构）和功能性质的不同肽类的总称（冯怀蓉 等，2002；付建平，2005）。生物活性肽涉及生命体的多种生理活动，如细胞分化、免疫调节、微量元素的运输等，在生命体中发挥着重要的功能。生物活性肽可根据氨基酸的数量分为寡肽（2～10 个氨基酸）和多肽（10～50 个氨基酸）；按肽的来源，生物活性肽可分为内源性生物活性肽（机体内存在的天然生物活性肽，如肽类激素、组织激肽等，常包括类胰岛素生长因子、促甲状腺素、胸腺肽等）和外源性生物活性肽（存在于动植物、微生物体内的天然蛋白质中的特定氨基酸序列，如谷胱甘肽）；按取材不同，则可分为陆地生物活性肽和海洋生物活性肽；按功能可以分为生理活性肽和食品感官肽，前者包括免疫活性肽、抗菌活性肽、抗高血压活性肽等，后者指不发挥重要的生理功能，却能改善食品感官性状的生物活性肽，包括增强风味肽、味觉肽、表面活性肽等。

传统的营养学观点认为，蛋白质在消化道中消化的终产物是氨基酸，氨基酸是蛋白质吸收的单元。经过进一步的研究，现代营养学观点对传统营养学观点进行了补充，表明肠道不仅以氨基酸的形式，更多的是以小肽（二肽或三肽）的形式吸收经胃肠道消化后的蛋白质。小肽的吸收机制与游离氨基酸不同，游离氨基酸主要依赖 Na^+ 转运体系被胃肠道吸收，而小肽则依赖于 H^+ 或 Ca^{2+} 转运体系被吸收，后两种体系能耗低、转运速度快、载体不易饱和，具有很大的优势；人体在吸收氨基酸时会优先选择某些氨基酸，造成了氨基酸之间的吸收竞争，而肽则避免了这种吸收竞争，被吸收进血液后能更快地被机体组织利用；吸收过程中肽比氨基酸表现出更低的高渗性，减少了吸收过程的渗透压问题，大大提高了吸收效率。因此，小肽的吸收机制优于氨基酸，对机体的营养作用更强。不同长度的肽均能完整地被肠道吸收进入血液，在组织水平上引起生物学效应，发挥功能。肽比蛋白质更容易被人体吸收利用，且结构多样、功能多样、安全性高。相对于食用蛋白质，直接口服多肽可以更加快速、高效地补充必需氨基酸，同时还补充了具有一定功能的生物活性肽。上述营养学的观点为生物活性肽的开发奠定了理论基础（陈思远，2016）。

具有生物活性的多肽涵盖了所有生命体系中的各种活动，而现有的许多生物体蛋白质组可以为计算预测其编码的肽的潜在功能提供丰富的资源。它们可以成为药物设计的典范，或者在某些情况下被用作治疗剂（Sun，2004）。例如，生物活性肽可作为一个很好的选择用来研制新的抗生素药物来解决细菌耐药问题。然而，生物活性肽不仅可以作为新型抗生素药物的潜在来源，而且在开发新型抗病毒药物、抗真菌药物和抗寄生虫药物方面也具有潜在的作用，且这些药物不易使机体产生对病原体的抗药性。生物活性肽也可以调节人体血小板功能并促进伤口愈合，用于生物材料的开发（Srinivas，1992）。天然抗氧化肽中的各种氨基酸协同作用使其具有很强的抗氧化能力（吕奕，2018）。生物活性肽的特殊生理调节功能已经在食品、医药甚至美容行业中广泛应用。

由于生物活性肽来源广、营养价值高，我国已制定了海洋鱼低聚肽粉、大豆肽粉、酪蛋白磷酸肽以及胶原蛋白肽的国家标准，控制肽的标准化生产。生物活性肽因其抗氧化以及抑菌功能，可作为食品防腐剂以及保鲜剂。活性肽可不经消化直接吸收，作为保健食品应用也较广泛，例如内蒙古科然生物高新技术有限责任公司成功地从高、低温豆粕中提取完成高纯度的大豆低聚肽（俗称小分子肽）用于修复细胞，增强免疫力；安琪酵母股份有限公司也在研究大豆肽的工艺及产品；九生堂利用多肽研发了九生堂多肽口服液来调节免疫力等（李子健 等，2019）。

此外，多肽药物具有靶向性好、免疫原性低、组织渗透性好、易于合成和改造、安全性高、不易在组织中蓄积等优点，已在医药领域广泛应用（林梦君 等，2020）。自从第一个重组蛋白胰岛素问世以来，已经开发出多种蛋白质基药物产品。一种名为 Lupron 的人工合成九肽被用于治疗男性的前列腺癌，仅在 2011 年就获得了 23 亿美元的收入（Kaspar 等，2013）。2015 年，排名前 15 位的药物中有 5 种是蛋白质肽衍生药物，约占这 15 种药物总销售额的 25%（Agyei 等，2017）。目前，大约 140 种肽疗法已经被 FDA 批准用于临床或正在进行临床评估（Fosgerau 等，2015），而超过 500 种正在进行临床前研发（Agyei 等，2017）。

此外，由于人体皮肤会随着年龄的增长而逐渐衰老，衰老的主要因素就是体内自由基积累过多导致自由基失去稳态，再加上胶原蛋白的不断流失，导致皮肤松弛没有弹性。通常会在化妆品中添加维生素 C、天然蛋白等成分增加皮肤弹性，但大部分活性物质分子量大，难以被吸收，且不稳定。生物活性肽由于活性高、吸收好、稳定性好显示出了它在美容行业中的优势。例如乙酰基六肽-3 能够促进胶原蛋白的产生，比肉毒杆菌更加安全高效易操作，棕榈酰五肽-3 能够诱导细胞级联反应提高皮肤弹性等（林梦君 等，2020）。

1.2　活性肽制备

随着对生物活性肽的制备方法、分子结构、生理效果及作用机制的研究深入，通过对动植物蛋白进行适当的酶解或加工已经获得大量的生物活性肽，此类产物不仅生物活性高，而且具有很好的安全性，便于规模化的工业化生产，受到了科研界和各国政府的关注（Lieselot，2005）。目前，人们已经从大豆蛋白（徐力，2007）、乳蛋白（腾波，2005）、玉米蛋白（刘萍，2006）、菜籽蛋白（易起达，2013）、鱼贝类蛋白（林心銮，2007）、胶原蛋白（贾冬英，2001）等食物蛋白的发酵制品和酶解产物中分离制备了多种生物活性肽。有些生物活性肽已经作为药物或保健食品实现生产，并产生了巨大的经济效益。日本生产的生物活性肽类食品已经在欧洲、美国等地上市（陈亮，2005；Wang，2006）。而我国的活性肽研究较晚，被人们接受的活性肽类食品也较少见。因此，利用我国丰富的动植物蛋白资源，开发具有良好活性的肽类，对人类健康和社会经济发展具有重要意义。

1.2.1　肽的制备

生物活性肽的制备主要有酶解法、发酵法以及化学水解法。酶解法因其制得的肽安全性较高，且易于消化吸收，被广泛利用。用于酶解的酶类主要有动物蛋白酶（胃蛋白酶、胰蛋白酶等）、植物蛋白酶（木瓜蛋白酶、菠萝蛋白酶等）和微生物蛋白酶（碱性蛋白酶、中性蛋白酶等）三大类（张娅楠 等，2014）。通过对酶的种类、用量、底物浓度、酶解时间、酶解温度、pH 等条件的控制可得到不同活性不同质量的多肽。陈思远等（2016）利用胰蛋白酶与碱性蛋白酶进行二步双酶解，结合超滤膜、凝胶过滤色谱和 RP-HPLC 得到具有高活性的抗氧化肽。刘永祥等（2016）用响应面法优化筛选出中性蛋白酶底物浓度 2.4%、加酶量 5900U/g、pH7.04 时酶解产物自由基清除率最高。微生物发酵法生产生物活性肽是利用微生物发酵过程中产生的蛋白酶将蛋白质分子分解成多肽或游离氨基酸的工艺，常用的微生物有黑曲霉、米曲霉、酵母、放线菌等（李晓杰 等，2021）。微生物发酵法具有成本低、产量高的优点，但由于其发酵过程复杂，产物控制难度大，杂质含量多，后期生产纯品具有一定难度。化学水解法主要是利用酸碱水解，但水解条件控制较难，易破坏氨基酸，所以多用于科研，不适合商业生产（李晓杰 等，2021）。

1.2.1.1　酶解法制备麦胚活性肽

酶解法不仅安全性高，其还可在一定程度上改善蛋白质的功能特性，如提高溶解度和乳化性，降低致敏性，易于人体消化吸收，提高生物活性（Miedzianka 等，2014）。多肽的生物活性与氨基酸类型、分子量和氨基酸序列密切相关。根据小麦胚芽蛋白质的氨基酸组成，筛选出合适的蛋白酶来适当地水解该蛋白质，并通过适用的分离纯化技术得到生物活性肽。因此，选择一种合适的蛋白酶进行蛋白质酶解，提取生物活性肽具有重要意义。

酶的特异性、水解时间、水解程度、酶/底物比例、氨基酸序列等多种条件都可影响生物活性肽的组成和功能活性（Merz 等，2015）。有报道称，不同的酶通过不同的肽链上的不同切割方式可以产生不同的功能生物活性产物，底物水解速率随着水解时间的增加而降低，最终达到一个稳定点（Tavanano 和 Luisa，2013）。常用于生产麦胚活性肽的蛋白酶包括碱性蛋白酶（EC 3.4.21.1）、酸性蛋白酶（EC 3.4.23.10）、风味酶（EC 3.4.15.1）、中性酶（EC 3.4.24.28）、胰蛋白酶（EC 3.4.21.4）、胃蛋白酶（EC 3.4.23.15）和木瓜蛋白酶（EC3.4.22.2）（表 1.1）。

表 1.1　各种蛋白酶的优先切割位置

蛋白酶	切割位点
碱性蛋白酶	Tyr、Trp、Phe 和 Leu 位置的优先切割
风味酶	C 端二肽、寡肽位置的优先切割
中性酶	C 末端亮氨酸和苯丙氨酸在 P1 位的优先切割

蛋白酶	切割位点
胰蛋白酶 胃蛋白酶 木瓜蛋白酶 蛋白水解酶 K 胰凝乳蛋白酶	N 末端精氨酸和赖氨酸在 P1 位的优先切割 优先切割疏水性残基，最好是芳香族残基 P2 位大疏水侧链中氨基酸的优先切割 广义特定性 Thr、Tyr 和 Phe 位置的优先切割

各种蛋白酶可分为两大类，内源酶和外源酶。虽然小麦胚芽内源蛋白酶酶解可以分离抗氧化生物活性肽（Hu 等，2012），但小麦胚芽内源蛋白酶含量较低，使得该工艺不适合生物活性肽的工业生产。碱性蛋白酶是一种外源酶，对终止羧基的疏水氨基酸的水解具有很强的特异性（Jaiswal 等，2015）。Claver 等（2005）利用 5 种蛋白酶对小麦胚芽蛋白进行修饰，不同程度地提高了小麦胚芽蛋白的溶解性和保水性，碱性蛋白酶的效果更好。许多研究表明，在不同种类的蛋白酶中，碱性蛋白酶对小麦胚芽蛋白具有较高程度的酶解作用。碱性蛋白酶的水解物具有较强的抗氧化活性和血管紧张素转换酶（ACE）抑制活性（Cheng 等，2006）。Diao 等（2014）利用碱性蛋白酶分离出 10 kDa 大小的小麦胚芽肽，具有显著的抗氧化活性。有趣的是，大部分小麦胚芽蛋白水解物的分子质量在 4.54～5.63kDa 之间。在另一项研究中，通过单因素试验和响应面分析，优化了碱性蛋白酶酶解的工艺条件。结果表明，结合碱性蛋白酶和胰蛋白酶酶解产生的水解产物的抗氧化活性优于用碱性蛋白酶水解的单酶的抗氧化活性（Liu 等，2016）。

作为食品衍生的生物活性肽的来源，在受控条件下使用食品级蛋白酶进行酶解显然优于化学水解（Hmidet 等，2011）。利用碱性蛋白酶酶解和发酵过程生产小麦胚芽蛋白水解物，也是一种重要的抗氧化剂和抗高血压活性多肽的宝贵来源（Niu 等，2013）。Mora 等（2018）证实了食品蛋白质中存在多种蛋白酶的裂解位点。例如，碱性蛋白酶可以在疏水残基的 C 末端裂解蛋白质，在芳香残基和疏水残基的 C 末端裂解凝乳酶，而胃蛋白酶 A 在 Phe、Leu 或 Glu 之后裂解，胰蛋白酶在碱性 Lys 或 Arg 之后裂解。因此，在不同水解条件下用各种蛋白酶处理食物蛋白质时，选择正确的蛋白酶对于高效水解非常重要。

1.2.1.2　微生物发酵法制备麦胚活性肽

除了水解，微生物发酵的酶体系是一种很有前途的制备生物活性多肽的方法，特别是从废弃的蛋白质来源中提取生物活性多肽。近年来，研究乳酸菌（LAB）在小麦胚芽发酵中的作用引起了人们的极大关注（Tovar 和 Gänzle，2021；Zheng 等，2017）。以从小麦胚芽中分离到的两株乳酸菌植物乳杆菌 LB1 和乳杆菌 LB5 为发酵剂发酵小麦胚芽，发现发酵麦芽提取物对结直肠癌细胞株 HT-29、HCT-8 和 DLD-1 的生长有抑制作用（Rizzello 等，2013）。

发酵是利用发酵菌株的酶产量和酶解能力进行蛋白质水解的过程。在小麦胚芽的工业利用中，经常采用发酵的方法来改善其生理功能。在发酵过程中，2,6-二甲氧基-1,4-苯二酚从对苯二酚糖苷中的释放被认为是质量控制的一个标志。在发酵过程中，枯草芽孢杆菌、乳杆菌和真菌可以释放许多不同的多肽，包括二肽、三肽和其他生物活性多肽（Singh 等，2014）。

研究表明,利用枯草芽孢杆菌发酵脱脂小麦胚芽 B1 可以制备抗氧化肽(Niu 等，2013)。发酵后，水解肽的浓度为 8.69mg/mL，分子质量小于 1000Da。并且，水解肽在不同的自由基清除模型中显示出抗氧化活性。重要的是，在水解过程中不会产生导致苦味的游离氨基酸。枯草杆菌和粪肠球菌的固态发酵显著提高了粗蛋白、总磷、小肽和游离氨基酸的水平，而中性洗涤纤维、半纤维素和植酸 P 的水平则下降（Shi 等，2017）。在优化的固态微生物发酵条件下，得到的多肽没有苦味，但发酵过程中涉及的机理和代谢途径尚不清楚。此外，对发酵过程的控制也至关重要。

由酵母菌酿酒酵母发酵的小麦胚芽提取物还具有抗关节炎、抗癌和免疫刺激作用，且目前以 Avemar（Telekes 等，2007）的品牌在商业上作为"非处方药"出售。发酵小麦胚芽提取物的生产工艺标准化为 2,6-二甲氧基-1,4-苯二酚（DMBQ）（Zhang 等，2015）。DMBQ 和甲氧基-1,4-苯二酚（MBQ）是甲氧基对苯二酚的氧化形式，通过 β-1,6-糖苷键与寡糖相连。然而，目前还不清楚 DMBQ 是否对发酵小麦胚芽提取的功能活性有影响。而除了 DMBQ 外，小麦胚芽提取物的其他成分同样具有抗癌和免疫刺激活性（Otto 等，2016）。

1.2.1.3 化学水解法制备麦胚活性肽

食品衍生蛋白的化学水解是增加多肽功能特性的另一种方法，可以促进其在食品和生物医学领域应用的研究和开发（Orsini 等，2018）。蛋白质化学水解法是一种通过肽键的断裂，通过酸碱催化制备生物活性水解物和多肽的化学反应方法。化学水解法分为酸水解法、碱水解法和化学试剂法三大类，常用于从蛋白质中提取生物活性多肽，特别是从大豆、玉米醇溶蛋白和卵黄高磷蛋白中制备功能性水解物（Yoo 等，2017）。例如，用柠檬酸处理的小麦胚芽具有更高的分子弹性，而小麦麸皮具有更好的营养特性，具有更高的三级和二级结构变化（Gabler 等，2020）。

之前，碱性水解法因其成本低、操作简单而被广泛应用于商业上进行蛋白质水解。然而，化学水解法存在着反应过程困难、氨基酸易变性等缺点，使得多肽的分子量分布和氨基酸组成不稳定，功能活性低或可以忽略不计。然而，对反应过程进行更精确的控制可能会产生技术要求，从而会大大增加加工成本。生物活性多肽含有适当的氨基酸平衡和高消化率，这有助于提升它们的功能特性。与酶解法相比，化学水解法更难控制，而且经常会产生各种不受欢迎的二次化合物，如 D-氨基酸和 L-氨基酸，很难去除，这使得化学水解法的过程不可行，也不经济（Yoo 等，2017）。此外，酸碱水解中和后，剩余的酸碱复合体会产生许多无机盐，使淡化和生产过程变得非常复杂。化学水解的最终产品含有更多的盐，并且没有功能性质，包括水溶性、起泡和吸湿（Kim 等，2004）。这些性质限制了化学水解法在生物活性多肽制备中的应用。此外，化学水解法，如酸解，通常需要昂贵的设备和较高的处理成本，大量使用酸碱不符合环保原则。通常情况下，虽然化学水解法很容易导致许多多肽键的断裂，获得高产率的多肽，但由于其加工过程不受控制，缺乏安全性，以及环保问题，很少用于活性多肽的工业化生产。因此，这些方法通常不能用于制备用作开发功能食品配料的生物活性多肽（Pal 和 Suresh，2016）。

　　制备麦胚活性肽的其他制备方法包括化学合成法、重组 DNA 法、分离和提取法。该化学合成方法通过液相或固相化学反应合成目标多肽的肽链上所需的氨基酸。这些分离提取方法被用于直接从小麦胚芽中提取天然生物活性多肽，如谷胱甘肽。谷胱甘肽是一种由谷氨酸、半胱氨酸和甘氨酸缩合而成的生物活性多肽。谷胱甘肽的浓缩方法包括超滤法和离子交换树脂法，在高压下利用超声波可以提取生物活性多肽。然而，这种分离提取方法存在提取时间长、能耗高、效率低等缺点。为了规避这些问题，一些新的技术，如亚临界水萃取（SWE）（Zhang 等，2019）、超声波辅助提取（UE）、高压辅助提取（HPE）和微波辅助提取（MAE），特别是水提油因其萃取率高、对环境友好、有机溶剂消耗量低而引起了人们的极大兴趣。此外，SWE 的热效应可以改变蛋白质的分子结构，进而增加其溶解度。

　　为了避免天然产物提取耗时长、成本高的问题，利用重组 DNA 技术从植物原料中提取生物活性多肽已成为研究热点。重组 OSW（Gln-Thr-Phe-Gln-Tyr-Ser-Gly-Trp-Thr-Asn）多肽的抗氧化活性高于化学合成的 OSW 多肽，因为重组多肽对 DNA 的保护浓度要低得多（重组肽为 42.5～85μg/mL，化学肽为 5000～10000μg/mL，活性约为合成肽的 100 倍）（Kongcharoen 等，2016）。然而，利用 DNA 重组技术获得小麦胚芽活性多肽的研究尚无令人信服的文献依据。此外，由于重组 DNA 合成费时、昂贵，而且只能合成大分子多肽和蛋白质，目前的研究还不成熟，仍处于开发阶段。但一旦重组 DNA 技术体系建立良好，也可以利用廉价的原材料大量生产麦胚活性肽，这将成为其未来发展的主导方向。表 1.2 总结了目前麦胚活性肽的制备方法及其对应的优缺点。

表 1.2　小麦胚芽活性多肽的制备及优缺点

制备方法	优点	缺点	最优条件	参考文献
蛋白水解酶	条件温和，安全性高，可控性强，对氨基酸无损伤，产品纯度高，易分离，成本低，环保，可工业化生产	酶的选择是关键。分离提纯过程复杂，需要脱色、除臭、脱苦	复合酶的水解率高于单一酶。最好的外源酶为碱性蛋白酶。最佳工艺条件为：pH 8.5，温度 50℃，加酶量 0.4AU/g，底物浓度 1%，酶解 150min	（Qi 和 Li，2021）
微生物发酵	不需要额外的酶。该产品具有良好的溶解性。品味较好	其发酵机理尚需进一步研究。发酵工艺不完善。它还不能满足工业生产的要求	主要菌株：枯草芽孢杆菌、植物乳杆菌 LB1 和红色乳杆菌 LB5。最佳工艺条件为：原料粒度 60～80 目；初始 pH 6.5，发酵温度 31℃，发酵时间 48h，接种量 8%	（Zhang 等，2015）
酸碱合成	流程简单	破坏氨基酸。水解度很难控制。有很多副产品	6mol/L HCl，用于高温（110～120℃）的酸解。强碱用于高温（130～180℃）的碱水解	（Zhang 等，2019）
化学合成	流程简单	安全性差、成本高、外消旋现象	液、固相化学合成	（Cheng 等，2014）
生物提取	原理简单，安全性高	需要多次提取和精炼。增加生产成本。产量低	谷胱甘肽富集物	（Ji 等，2020）
重组 DNA 合成	人工合成的长多肽链。一旦重组成功，就可以获得大量的目标活性多肽	时间长。成本很高。只有大分子多肽和蛋白质才能合成。研究还不够成熟		（Gad 等，2014）

1.2.2　肽的分离和纯化方法

蛋白质水解后的体系组分众多、成分复杂，可能含有多肽、寡肽、氨基酸甚至小分子蛋白质，使其难于分离纯化。而纯化出单一的组分是对生物活性肽构效关系阐述的前提。实验中常将不同的分离纯化手段结合起来使用，对蛋白质水解物进行逐级分离，减少混合物的组分。在每一步分离完成后，对每个组分进行活性的测定，筛选出活性最高的部分作为下一步纯化手段的原料，并结合现代检测技术，最终鉴定出所需要的产物。常用的蛋白质的分离纯化方法主要有：超滤膜分离（UF）、凝胶过滤色谱（GFC）、离子交换色谱（IEC）和高效液相色谱（HPLC）等。

超滤膜分离技术是依据物质的分子量大小进行分离的手段。超滤膜使用的材料有聚偏氟乙烯（PVDF）、聚醚砜（PES）、聚丙烯（PP）、聚乙烯（PE）等，它的表面密布着许多细小的微孔，微孔的孔径从几千道尔顿级到几十道尔顿级不等，原液流经膜表面时，在动力的驱使下水分子和体积小于微孔的小分子物质透过膜成为透过液，体积大于微孔的物质不能透过膜而被截留下来成为截留液。这样就将原液分成了分子量不同的两部分，从而对原液起到了分离、纯化和浓缩的作用。超滤膜技术使用广泛，在蛋白质（黄文凯，2007）、多糖（汪维云，2010）和中药（吕宏凌，2005）等物质的分离纯化过程中都有应用。实验室中常用的是美国密理博（Millipore）公司的 Labscale 小型切向流超滤系统进行超滤膜分离。

凝胶过滤色谱（GFC）是体积排阻色谱（SEC）的一种，凝胶是一类多孔性的高分子，如交联葡聚糖凝胶（Sephadex）、琼脂糖凝胶（Sepharose）、聚丙烯酰胺凝胶（Sephacryl）等。凝胶过滤色谱稳定性好，耐碱溶液、弱酸溶液和盐溶液，在 120℃ 高温中 0.5h 仍不变性，很少产生化学降解，可以长期反复使用。当样品溶液通过凝胶柱时，分子量大于凝胶孔径的物质从凝胶颗粒间的空隙随着溶剂的流动首先流出凝胶柱；分子量小于凝胶孔径的物质则可以进入孔径中，由于孔径小的物质迁移速度慢且流经的路径长，因而后流出凝胶柱。根据组成混合物的物质分子量的差异和种类的多少，通过凝胶柱后会产生 2 个或 2 个以上的洗脱峰，分子量越小，洗脱时间越长，出峰时间越晚，经过凝胶过滤色谱后混合物按分子量不同而被分开。凝胶过滤色谱对一种物质的分离效果是否理想，主要取决于该物质的大小和凝胶的排阻体积，当物质的体积小于并比较接近排阻体积时，分离效果好；当物质的最小分子量大于凝胶的排阻体积时，凝胶柱不能对该物质起到分离的作用，但可用于该物质的脱盐。此外，实验条件的控制对分离效果同样重要，如凝胶柱的柱长和直径、物质上样量、洗脱液流速和检测的波长及灵敏度。凝胶过滤色谱已广泛应用于多糖、蛋白质和酚类物质的分离纯化，其中交联葡聚糖在多肽的分离纯化中尤为普遍并发挥了良好的分离作用（Park，2005；覃平，2014）。

离子交换色谱以离子交换树脂为固定相，离子交换树脂是一些带电荷的基团。基团带正电荷时为阳离子交换色谱，可与带负电荷的物质结合；基团带负电荷时为阴离子交换色谱，可与带正电荷的物质结合。以肽为例，肽因带有相反的电荷而被吸附到离子交换树脂上，通过改变洗脱溶液的 pH 或离子强度可以将带电荷量不同的肽依次洗脱下来，从而达到分离的目的。这是因为流动相中存在与固定相相反电荷的离子，根据质量作用定律，这些离子可以将与固定相结合的肽置换下来，肽则随流动相流出，在这一过程中随着溶液的离子强度不断增加，带电荷少与固定相结合不牢固的肽先被洗脱出来，带电荷多与固定相结合牢固的肽被后洗脱出来。章绍兵等（2008）使用强碱性苯乙烯系阴离子交换树脂将菜籽抗氧化肽分成了 3 个组分，总回收率约为 62%，充分降低了菜籽肽混合物的筛分难度。金振涛等（2009）探索了不同洗脱方法对海洋胶原肽的分离效果，结果表明对离子交换色谱 SP-SephadexC-50 采用先等度洗脱，再梯度洗脱的方法能将胶原肽分成 5 个峰，分离效果最佳。离子交换色谱除用于多肽的分离外，在医药领域细菌素（陆泉，2010）、药用质粒（张敏莲，2010）等的纯化或分析上也有应用。

高效液相色谱（HPLC）是一种快速、高效、灵敏的分离方法，它是指由极性固定相和弱极性流动相所组成的液相色谱体系。固定相填料有多孔硅胶、氧化铝、有机聚合物微球和多孔碳等，其中十八烷基键合硅胶最为典型。该方法利用混合物中各组分在两相中的溶解、分配、吸附等化学作用的差异，在两相的相对运动中使混合物在两相中的分配比例不同并最终分离。反相高效液相色谱（RP-HPLC）是当今液相色谱中最主要的分离模式，适于分离极性、非极性或离子型化合物，适用范围十分广泛。与 HPLC 不同的是，RP-HPLC 由非极性固定相和极性流动相组成，甲醇和乙腈是典型的流动相。RP-HPLC 在分离蛋白质的过程中，以水和乙腈作为流动相，通过改变水和乙腈的比例来改变流动相的极性，依据蛋白质混合物疏水性质的不同，而将混合物分开，疏水性弱的蛋白质首先从色谱柱中流出，疏水性强的蛋白质后从色谱柱中流出。RP-HPLC 能否将混合物分开，以及分离度的高低除与色谱柱的柱效有关外主要取决于分离方法的好坏，国内外许多研究人员就高效液相色谱分离方法的建立进行了深入探讨。国际标准（ISO 14502-2-2005）就采用 RP-HPLC 作为测定红茶和绿茶中儿茶素的方法。邹小娟等（2009）建立了苦杏仁中苦杏仁苷的高效液相色谱测定方法，该方法与《中华人民共和国药典》（以下简称《中国药典》）法相比，灵敏度更高、重复性更好且处理样品的方法简单。高效液相色谱常与其他设备联用，如 HPLC-MS/MS 技术可用于对物质的结构进行鉴定，与核磁共振波谱结合的 HPLC-NMR 技术是生物化学和药物化学分析中重要的分子结构鉴定方法。

1.3 麦胚活性肽的功能

小麦是小麦属植物的总称，隶属于禾本科。完整的小麦籽粒由麸皮、胚乳和胚芽三部分组成，虽然胚芽仅占小麦籽粒质量的约 3%，但其却是整个小麦籽粒中营养价值最高的部分。小麦胚芽通常作为小麦面粉加工过程中产生的副产品，资源极为丰富，每年可用于开发的麦胚量可达 30 万～50 万吨。小麦胚芽含有丰富且优质的营养素和非营养素,包括蛋白质、维生素、脂类、碳水化合物、矿物质和其他生物活性化合物。其中麦胚中的蛋白质含量可达 34.5%(Zhu 等,2006)。麦胚活性肽是以麦胚蛋白为原料,经微生物发酵或酶水解得到的小分子生物活性肽,不但容易被人体吸收,而且具有降血压、抗氧化、抗疲劳等生理功能,是一种物美价廉、安全健康的营养因子。迄今为止,已报道出麦胚活性肽具有多种生物活性,包括抗氧化、抗炎、抗癌、降血糖血脂和其他功能特性等。

1.3.1 麦胚活性肽与抗氧化活性

肽的抗氧化活性(抗衰老)主要取决于它们的自由基清除能力(Ding 等,2019)、抑制脂质过氧化和金属螯合能力(Taheri 等,2014)。虽然蛋白质水解物和肽的抗氧化活性与其复杂的结构基础有关,但通常来说,蛋白质水解物和含有许多低分子量肽的肽组分具有更强的抗氧化活性(Jin 等,2016)。疏水性氨基酸残基包括 Tyr、Try、Phe、Leu、Ile 和 Ala,可以作为氢供体来破坏自由基与芳香残基的过氧化链式反应(Lapsongphon,2013)。此外,许多氨基酸序列,例如 N 末端区域(如 Leu 或 Val)、亲核含硫氨基酸残基(Cys 和 Met)、芳香族氨基酸残基(Phe、Trp 和 Tyr)和含有组氨酸的亚胺氮唑环通常具有较强的抗氧化性能(Nwachukwu 和 Aluko,2019)。麦胚活性肽通常含有相对较高水平的 Asp、Glu、Ser、Pro、Ala、Ile、Leu、Phe 和 Tyr。

麦胚活性肽作为一种良好的抗氧化剂,可有效地清除各种自由基,并与 Fe^{2+} 结合。Zhu 等(2006)发现,用碱性蛋白酶水解的小麦胚乳蛋白酶水解产物(1500Da 以下),其抗氧化能力明显增强。研究表明,小麦胚芽蛋白水解产物的抗氧化活性随着蛋白水解化合物浓度的增加而增加(Cheng 等,2006)。研究发现小麦胚芽蛋白衍生白蛋白、球蛋白、醇溶性蛋白和谷氨酶水解物的还原力与浓度有关,其中白蛋白水解物的还原力最强(Jia 等,2010)。

此外,小麦胚芽来源的抗氧化肽 RVF(Arg-Val-Phe)具有保护人神经母细胞瘤 SH-SY5Y 细胞免受 H_2O_2 诱导的氧化应激和异常凋亡的作用(Cheng 等,2014)。陈思远、刘永祥和曹小舟等(2016)通过 SephadexG-15 和 RP-HPLC 从麦胚清蛋白中分离蛋白酶水解物,并筛选出具有以下氨基酸序列的抗氧化活性肽:AREGETVVPG(Ala-Arg-Glu-Gly-Glu-Thr-Val-Val-Pro-Gly)。这种麦胚抗氧化肽可以抑制高糖诱导的血管平滑肌细胞(VSMC)中的氧化应激,减少脂质过氧化反应和脂质过氧化产物的生成,发挥其抗氧化作用,从而抑制 VSMC 的异常增殖,并通过体外模拟胃肠消化系统中的水解证明其具有稳定的抗氧化能力(Chen 等,2017)。此外,将小麦胚芽抗氧化肽 Ala-Arg-Glu-Gly-Glu-Thr-Val-

Val-Pro-Gly 修饰成 AREGEM（Ala-Ar-Glu-Gly-Glu-Met）后，它同样可以抑制高糖诱导的血管平滑肌细胞中的氧化应激，并促进异常增殖的血管平滑肌细胞的凋亡，同时，减少了 VSMC 中 ROS 的积累（Cao 等，2017）。AREGEM 对高糖处理的血管平滑肌细胞的作用机制可能与调节 caspase-3 活性的能力和高糖作用下细胞内 Bcl-2/Bax 蛋白的比率有关。

有研究探究了麦胚蛋白水解物在结肠癌细胞中的吸收和转运，通过建立 Caco-2 细胞模型来检测其抗氧化能力。其中，WG-P-4 的抗氧化活性最高，其主要由 Gly-Pro-Phe、Gly-Pro-Glu 和 Phe-Gly-Glu 构成。用碱性蛋白酶酶解后，Caco-2 细胞模型中顶端室（AP）和基底外侧室（BL）之间的 Paap 比率在 0.5～1.0 之间，WG-P-4 的跨膜转运反映了载体参与了被动转运（Zhang 等，2019）。因此，麦胚蛋白通过肠上皮水解物显示出显著的抗氧化活性。通过肾上腺嗜铬细胞瘤（PC12）细胞的氧化应激模型，证明了麦胚蛋白水解物中的肽可以清除自由基和其他活性氧，并可减少有毒化合物的积累，从而显示出其较好的抗氧化性能（Zhu 等，2013）。另有两种新的抗氧化肽 SGGSYADELVSTAK 和 MDATALHYENQK 首次从蛋白酶 K 酶解麦胚蛋白中被分离，其是一种足够廉价、功能丰富的功能性食品成分、营养物质或改善人类健康和预防疾病的替代来源（Karami 等，2019a）。

据报道，麦胚活性肽对 D-半乳糖诱导的衰老模型小鼠可以发挥较强的抗氧化活性。给小鼠灌胃给予麦胚活性肽 45 天，与模型组相比，经麦胚活性肽干预的小鼠血清中 T-AOC、GSH-Px 和 SOD 活性以及心脏中 SOD 和 T-AOC 含量均升高。同时，小鼠的脑和肝脏中 GSH-Px 活性和 T-AOC 也增加；此外，血清和组织中 MDA 含量显著降低（Chen 等，2010）。其机制可能是麦胚活性肽中存在 Fe^{2+}、Cu^{2+} 等金属离子螯合和催化脂质链式反应，能强烈抑制体内脂质过氧化，在一定程度上延缓衰老，发挥抗氧化作用。此外，我们团队近期通过建立高糖诱导的 VSMCs 氧化应激模型，来研究小麦胚芽的抗氧化作用。结果显示，一定浓度的麦胚活性肽 ADWGGPLPH 可以有效抑制高糖诱导的氧化应激，从而抑制 ROS 引起的 VSMCs 增殖过快并抑制 NOX4 的表达。同时，麦胚活性肽处理组细胞内的 AMPKα 活性显著提高，PKCζ 活性显著降低。此外，建立 STZ 诱导的糖尿病小鼠模型，对抗氧化肽 ADWGGPLPH 的功能进行动物实验验证。结果表明，经过 ADWGGPLPH（20mg/kg）腹腔注射一周的实验组小鼠，相比模型组 STZ 小鼠，主动脉细胞增殖的标记蛋白 PCNA 表达得到明显的抑制；麦胚活性肽 ADWGGPLPH 还增强了 STZ 诱导的糖尿病小鼠的抗氧化能力，并降低了炎症因子的生成。ADWGGPLPH 可有效降低糖尿病小鼠肝脏中的 MDA、T-AOC 和 SOD 含量以及血液中的 TNF-α 和 IL-1β，减轻体内高血糖诱导的氧化应激和炎症反应（Wang 等，2020）。同样，在其他关于高脂肪饮食诱发的肥胖或糖尿病模型中，麦胚活性肽可以调控氧化应激相关的信号通路，并改善线粒体的能量代谢（Ojo 等，2017、2019）。

近期，我们还建立了 H_2O_2 诱导的 HepG2 衰老模型，并采用自然增龄大鼠作为动物模型，研究麦胚活性肽改善大鼠肝脏增龄性损伤的作用及其机制。结果显示，麦胚源活性肽能够有效缓解 H_2O_2 诱导的衰老细胞增殖下降以及细胞 G2/M 期阻滞，抑制衰老细胞内 ROS 异常增加，降低自由基对 DNA 造成的损伤及衰老标志蛋白 p53、p21 的表达量，减缓了细胞的衰老进程。其次，麦胚活性肽能够增加大鼠血清及肝脏中 SOD、GSH-Px、CAT 等抗氧化酶活性及 T-AOC，同时降低 MDA 水平，表明其能够改善大鼠肝脏中氧化应激水平，提升大鼠肝脏抗氧化能力。并且，麦胚活性肽能够有效地改善老化肝脏中细胞的结构及生长状态异常，减少增龄过程中肝脏质量损失，降低了衰老标志蛋白 p53、p21 的表达量，减轻肝脏老化损伤程度并减缓了肝脏的老化进程。机制上，麦胚活性肽能够通过激活 AMPK/Sirt1 信号通路以调控衰老相关进程。目前，麦胚活性肽的抗氧化活性虽然已被许多研究者证实，但其作用机制并没有被统一阐明。因此，麦胚抗氧化肽的作用需在临床上进一步研究（汪芳，2024）。

1.3.2 麦胚活性肽与糖脂代谢

人类生活水平的提高导致了多种代谢性疾病的发生概率增加，尤其是糖尿病。目前，已被临床诊断为 2 型糖尿病患者的人数激增，其中 α-葡萄糖苷酶抑制剂是一类重要的降糖药物，可抑制低聚糖在小肠内水解为单糖，导致单糖吸收减少，以达到降低血糖的目的（Ibrahim 等，2014）。由于合成药物的副作用明显，从植物资源中寻找新的 α-葡萄糖苷酶抑制剂已成为研究热点。近年来，基于肽的 α-葡萄糖苷酶抑制剂的研究和开发引起了人们的极大关注。丝素蛋白和蛋清蛋白酶解产生的多肽可以抑制 α-葡萄糖苷酶活性，并在降低血糖水平方面发挥重要作用。

不同的蛋白质在酶解后可以产生不同的具有 α-葡萄糖苷酶抑制活性的肽产物。有研究分离并鉴定了从大麻籽蛋白水解产物中分离的两种肽的 α-葡萄糖苷酶抑制活性，即二肽 Leu-Arg（287.2Da）和五肽 Pro-Leu-Met-Leu-Pro（568.4Da）（Ren 等，2016）。还有研究从蚕茧的酶水解物中鉴定出两种具有 α-葡萄糖苷酶抑制活性的三肽，包括 Gly-Glu-Tyr（367Da）和 Gly-Tyr-Gly（295Da）（Lee 等，2011）。

以往关于小麦胚芽有益健康作用的大部分研究都是在动物模型中探究的，

关于对人群的研究甚少，尤其是在 2 型糖尿病（T2DM）患者中。已经有报道指出摄入小麦胚芽对 2 型糖尿病患者代谢调节和氧化应激的影响。在一项为期 12 周的随机双盲临床试验中，80 名 2 型糖尿病患者被随机分为两组：每天摄入 20g 小麦胚芽组或每天摄入安慰剂组。结果显示，给予小麦胚芽 12 周可显著降低 2 型糖尿病患者的血清总胆固醇水平（Incalza，2018）。氧化应激是由机体氧化还原状态失衡引起的，在 2 型糖尿病的发展中起着重要作用。一项研究确定了摄入小麦胚芽对 2 型糖尿病患者氧化应激和心脏代谢生物标志物的影响。尽管此研究没有测定任何特定的生物标记物，并仅通过使用自报告的方法来评估了与氧化应激相关的糖尿病并发症（Mohammadi 等，2020）。

麦胚中的几种活性肽表现出较好的改善糖尿病的作用，如 α-葡萄糖苷酶抑制剂、α-淀粉酶抑制剂、二肽基肽酶Ⅳ抑制剂、葡萄糖转运系统抑制剂和模拟胰岛素。用胰蛋白酶水解麦胚蛋白获得的多肽在四氧嘧啶诱导的高血糖小鼠模型中具有一定的降血糖作用。研究了在体外检测活性肽对 α-葡萄糖苷酶的抑制作用，并鉴定出 7 种具有高 α-葡萄糖苷酶抑制活性的肽，包括 1 种二肽（Val-Arg）和 6 种三肽（Thr-Gly-Pro、Gly-Thr-Pro、Ser-Pro-Ala、Pro-Ser-Ala、Ile-Ala-Ala 和 Leu-Ala-Ala）（Yan 等，2018）。麦胚肽对 α-葡萄糖苷酶的 IC_{50} 为 10.98mg/L，其显著改善了糖尿病小鼠的饮水量、采食量、体重和血糖值，并有效控制了糖尿病并发症。此外，麦胚多肽可以抑制 α-葡萄糖苷酶活性和氧化应激，并调节脂代谢，从而预防糖尿病（Ibrahim 等，2014）。二肽基肽酶Ⅳ在糖尿病的预防和治疗中起着关键作用（deSouzaRocha 等，2015）。

利用麦胚活性肽 ADWGGPLPH 干预胰岛素抵抗 HepG2 细胞，显示麦胚活性肽 ADWGGPLPH 显著增加胰岛素抵抗 HepG2 细胞的葡萄糖消耗量和糖原含量，并提高己糖激酶（HK）和丙酮酸激酶（PK）活性。使用 STZ 联合高脂饲料喂养 SD 大鼠构建 2 型糖尿病模型，并利用麦胚活性肽 ADWGGPLPH 进行干预后，能够缓解大鼠体重缓增、多饮症状，显著降低大鼠空腹血糖含量，降低胰岛素抵抗指数，从而缓解大鼠的胰岛素抵抗，并且能够改善大鼠血液中的脂质沉积，增加大鼠肝脏糖原含量。在机制上，麦胚活性肽 ADWGGPLPH 能够通过 SOCS3/IRS1/AKT 信号通路促进胰岛素信号传递，上调核转录因子 PPARα 的表达，下调下游固醇调节元件 SREBP1 的表达，改善下游 ACC、FAS 的表达，从而促进糖代谢，改善 2 型糖尿病，并且能够缓解 2 型糖尿病大鼠的脂代谢异常（张羽，2021）。小麦胚芽来源广泛，酶水解法可便于大规模制备功能性降血糖肽，从而促进小麦胚芽的深加工，扩大其工业应用。同时，小麦胚芽的酶解也可以用于开发适用于糖尿病患者的新功能性降糖食品。

1.3.3　麦胚活性肽与成骨活性

世界卫生组织（WHO）关于骨质疏松的定义是，以骨量减少、骨组织微结构破坏、骨脆性增加和易于骨折为特征的代谢性疾病，其组织病理学特点是单位体积内的骨量降低而骨矿物质与骨基质的比例仍正常或基本正常。骨质疏松曾被认为是一种自然衰老的必然过程，而不是一种可以预防或者治疗的疾病。近年来，越来越多的研究为骨质疏松的预防和干预提供了方案，同时也对骨代谢的复杂过程逐渐有了更深刻的认识。骨质疏松是目前世界上公认的最常见的代谢性骨病综合征。

大量研究表明生物活性肽能够促进成骨细胞增殖并作为骨生长因子干预骨质疏松的发生。有研究表明，牦牛骨肽 YBP 对骨质疏松大鼠具有保护作用，从血清生化指标、骨组织形态计量学、骨生物力学指标和代谢组学研究了 YBP，其有望成为预防绝经后骨质疏松的天然替代品（Ye 等，2019、2020）。Fan 等（2017）采用阳离子交换法和凝胶过滤色谱法从乳铁蛋白胃蛋白酶水解物中分离纯化肽，并验证该多肽具有促进成骨细胞增殖作用。经过进一步实验发现，骨质疏松和炎症之间有密切的关系，乳铁蛋白不仅可以增加股骨的最大载荷，增加钙磷含量，而且通过 OPG/RANKL/RANK 通路调节骨免疫，同时促进抗炎因子的表达（Fan 等，2018）。

老年性骨质疏松是一种与氧化应激密切相关的原发性骨质疏松，大量研究表明，通过降低氧化应激水平，可以有效改善老年性骨质疏松。麦胚肽是一种天然的生物活性肽，团队前期研究表明麦胚活性肽 ADWGGPLPH 能够有效降低氧化应激水平，因此，我们建立成骨细胞-破骨细胞（OB-OC）共育体系下氧化应激模型，并采用老龄大鼠作为老年性骨质疏松动物模型，进一步研究麦胚活性肽延缓老年性骨质疏松的作用及其机制。结果显示，麦胚活性肽 ADWGGPLPH 能够有效促进共育体系下成骨细胞增殖活性并且能够抑制其凋亡，有效提高共育体系下成骨细胞分化活性并抑制破骨细胞分化活性。并且，ADWGGPLPH 能够有效降低老龄大鼠血清和骨组织氧化应激水平，促进老龄大鼠的骨微结构、骨密度。在机制上，ADWGGPLPH 能够促进老龄大鼠股骨成骨细胞增殖蛋白 Ki67 及分化蛋白 Ⅰ 型胶原（COL-I）、骨钙素（OCN）的表达，还可以抑制成骨细胞凋亡蛋白 Bax/Bcl-2 的表达。此外，ADWGGPLPH 能够通过调节肿瘤坏死因子受体相关蛋白 6（TRAF6）通路，抑制老龄大鼠股骨中成骨细胞核因子 κB 受体活化因子配体（RANKL）及破骨细胞膜上受体核因子 κB 受体活化因子（RANK）的表达，促进成骨细胞中诱饵受体骨保护素（OPG）的表达，从而抑制破骨细胞的分化，延缓老年性骨质疏松的发展（李宇，2021）。

1.3.4　麦胚活性肽与抗炎活性

　　炎症是一种机体发挥保护性的生理过程，可用于清除体内的有害物质。因为炎症产生时，邻近的正常细胞也会同时被破坏，所以必须抑制炎症反应的发生。当前，评价多肽抗炎作用的方式主要用于细胞模型和动物模型中。通过体内试验，可以较好地反映和评估多肽对啮齿类动物的影响。目前，常用的方法是通过葡萄糖硫酸钠诱发的小鼠结肠炎模型，探讨肽的抗炎作用（Li 等，2020）。

　　高脂饮食与肥胖相关疾病之间的联系是肠道菌群的破坏会诱发局部及系统性炎症。有研究发现补充小麦胚芽对高脂高糖饮食饲喂的小鼠肠道菌群和系统性炎症反应有调节作用。小麦胚芽的补充显著增加了肠道乳酸杆菌科 Lactobacillaceae、回肠抗菌肽的含量。小麦胚芽还具有调节肠道 CD4+T 细胞转向抗炎表型的潜力。并且，小麦胚芽降低了血清中的促炎细胞因子，这可能暗示了它在降低高脂高糖饮食诱导的 C57BL/6 小鼠的胰岛素抵抗方面的作用（Ojo 等，2019）。此外，柠檬酸处理的小麦胚芽提取物（CWG）在 LPS 诱导的巨噬细胞模型中显示出较强的抗炎活性。与未经处理的小麦胚芽提取物（UWG）相比，CWG 干预会导致 DMBQ 的释放。在 LPS 刺激巨噬细胞 15min 后，CWG 有效地抑制了 NF-κB、p65 和 p38 的磷酸化。CWG 和 UWG 均会增加抗炎因子 IL-10 和血红素加氧酶 HO-1 的水平。同时，CWG 还抑制了促炎细胞因子 TNF-α、白细胞介素 IL-6 和 IL-12 以及 COX-2 的分泌，而 UWG 仅减少了 IL-12 的产生（Jeong 等，2017）。

　　研究表明，麦胚可以促进动物对急性和慢性炎症的耐受性，并通过减少血清促炎细胞因子来促进抗炎肠道环境产生，从而治疗佐剂性关节炎（Chang 等，2014）。基于之前的报道，研究了麦胚对大鼠伤口愈合的影响。在研究麦胚活性肽 YDWPGGRN 对巨噬细胞 RAW264.7、成纤维细胞 L929 和角质形成细胞 HaCaT 活性影响的基础上，构建了 SD 大鼠创伤动物模型，研究了其对伤口愈合的促进作用。结果显示，YDWPGGRN（Tyr-Asp-Trp-Pro-Gly-Arg-Asn）可显著抑制 LPS 诱导的巨噬细胞中 NO、IL-1β、IL-6 和 TNF-α 的产生，并促进抗炎因子 IL-10 的释放及增强 HaCaT 和 L929 细胞的增殖和迁移。其次，YDWPGGRN 能够加速伤口愈合，降低了伤口组织中 NO 含量，减少炎症因子的分泌，抑制巨噬细胞等炎性细胞，促进了肉芽组织的生成和皮肤表面器官成熟，提高体内胶原蛋白含量，促进血管生成，并开发了一种具有良好稳定性的麦胚肽乳膏（Sui 等，2020）。这些研究可以为皮肤创伤的治疗提供一定的理论依据。

1.3.5　麦胚活性肽与抗癌活性

　　癌症是诱发死亡的主要原因之一，随着人口的增长和生活方式风险因素的增加，癌症病例和因癌症死亡的人数也迅速增加。生物活性肽已被发现具有在不同阶段抑制多种癌细胞的潜力（Dıaz-Gomez 等，2017）。多种植物源蛋白质中都可鉴定出抗癌肽，例如从抗骨癌的苋菜中分离出的苋菜蛋白、从抗皮肤癌的大豆中提取的月桂苷、从米糠中提取的抗结肠癌的五肽（Glu-Gly-Arg-Pro-Arg），以及从菜籽中分离出来的菜籽肽对宫颈癌相关海拉细胞（HeLa 细胞）中的形态变化和 DNA 损伤具有特异性作用。此外，一些动物源蛋白，如鳀鱼蛋白和金枪鱼黑肌肉中的肽可以抑制人类乳腺癌细胞（Hsu 等，2011）。

　　虽然临床抗肿瘤药物效果很显著，但同时也会导致机体出现不同程度的副作用。因此，从天然产物中提取抗肿瘤活性肽，进而作为一种安全、健康的功能因子对多种癌症进行预防与治疗已成为目前抗肿瘤治疗的热点之一。植物蛋白衍生的抗肿瘤活性肽作为一种安全健康的功能因子，在预防和治疗多种癌症方面具有很大的潜力。有研究利用体外细胞培养技术测定了麦胚蛋白酶水解物对人小细胞肺癌 H466 株生长的抑制作用。结果显示，麦胚蛋白酶水解物可显著抑制人小细胞肺癌 H466 株的生长并诱导肿瘤细胞凋亡（Cheng 等，2006）。以 A549 肺癌细胞系为实验材料，研究麦胚水解物的抗肿瘤活性，结果表明，三种酶解物显著降低了细胞活力，其中胃蛋白酶和蛋白酶 K 的酶解物的 IC_{50} 值略高于碱性蛋白酶。同时，三种酶衍生肽也以剂量-时间依赖性的方式抑制 A549 细胞的增殖。并且，Ser-Ser-Asp-Glu-Glu-Val-Arg-Glu-Glu、Lys-Glu-Leu-Asp-Leu-Ser-Asn-Glu 和 Lys-Glu-Leu-Pro-Ser-Asp-Ala-Asp-Trp 的效果和得分最高。这些肽不仅富含丝氨酸，还含有许多酸性（谷氨酸、天冬氨酸）残基（Karami 等，2019b）。

　　研究表明，胃蛋白酶是从食物蛋白中产生抗癌肽的最有效的肽酶，通常含有丝氨酸（S）和谷氨酰胺（Q）的肽对结肠癌细胞有抑制作用（Chalamaiah 等，2018）。RVF（Arg-Val-Phe）干预显著增加了 37% 的活细胞数量，并减少了乳酸脱氢酶的释放。此外，用 RVF（Arg-Val-Phe）预处理也会增加 Bcl-2/Bax 比例，并通过抑制 caspase-3 激活阻断裂解聚腺苷二磷酸（ADP）核糖聚合酶，从而降低凋亡率（Cheng 等，2014）。此外，体外和体内的抗癌活性表明，*Lactobacillus plantarum* dy-1 发酵的麦胚提取物（LFWGE）对人结肠癌细胞（HT-29 细胞）的增殖和凋亡有较强的抑制作用（Zhang 等，2015）。LFWGE 可诱导裸鼠皮下 HT-29 移植瘤细胞凋亡，可作为治疗结肠癌的天然营养补充剂或化学预防剂（Zhang 等，2015）。其机制可能与通过改变底物的结构或特异性来影响诱导凋亡的特定信号分子有关,例如增加 Bax 和 caspase-3 基因的表达水平,同时降低 Bcl-2 和 CyclinD1 基因的表达水平。目前,挖掘抗肿瘤肽的研究并不多,因此还需要进一步研究其他抗肿瘤肽及其在人体内的精确抗癌机制和作用。

1.3.6 麦胚活性肽与肠道菌群

肠道菌群稳态在菌群-肠道-大脑轴中起着关键作用。生物活性肽可调节肠道菌群组成,进而影响肠道和黏膜免疫系统。例如,膳食蛋白质的数量和来源可调节肠道菌群的代谢物产生和直肠黏膜基因表达(Beaumont 等,2017)。研究发现,个体肠道代谢产物的变化与氨基酸水平有关。水解蛋白可以通过减少病原体的丰度来改变微生物群落的结构,从而降低肠道菌群失调的严重程度(Li 等,2020)。研究表明,每天摄入富含小麦胚芽的面包可以促进健康的肠道菌群的增殖。将小麦胚芽添加到工业制作的白面包中,不仅可以改变感官特性,还可以促进健康的肠道环境,有益于维持胃肠道健康(Moreira-Rosário 等,2020)。结果发现,摄入富含小麦胚芽面包的参与者有很高的双歧杆菌/大肠杆菌比例,这些菌被认为是肠道菌群平衡和健康的重要指标。小麦胚芽不仅能够改善肠道菌群组成,也可以增加有益菌的相对丰度,降低有害菌的相对丰度。

此外,保持肠道微生态的稳定是一种潜在的干预衰老的策略(Vaiserman 等,2017)。发酵小麦胚芽是一种极具潜力的功能性食品,它能减少氧化损伤,抑制了肠道细菌的活性从而达到延缓衰老的作用(Zhao 等,2021)。D-半乳糖诱导的衰老小鼠与对照组小鼠相比具有显著不同的认知水平及生理功能。与衰老小鼠相比,摄入发酵小麦胚芽可以提高衰老小鼠的认知能力,增强抗氧化能力,延缓衰老过程。重要的是,摄入发酵小麦胚芽可调节肠道菌群的丰度和多样性,显著抑制支原体科、肠杆菌科、螺旋杆菌科和瘤胃球菌科等潜在病原菌的生长,促进乳酸杆菌科和鼠杆菌科的生长。小麦胚芽蛋白可以提高小鼠的免疫力并重塑肠道菌群,是一种安全的功能性补充食品(Yu 等,2021)。在门水平上,与对照组相比,麦胚蛋白组的类杆菌减少,厚壁菌增多。在属水平上,产生短链脂肪酸的菌属显著增加,如 *Blautia*、*Roseburia* 等。其中,*Roseburia* 的丰度增加了三倍以上。

近期,我们团队运用模拟胃肠道消化法和超滤膜分离技术对麦胚抗炎多肽进行分离纯化,采用 Nano-LC-MS/MS 进行组分分析,并通过脂多糖(LPS)诱导 RAW264.7 巨噬细胞构建的体外炎症模型和葡聚糖硫酸钠(dextransulphatesodiumsalt,DSS)诱导的 C57BL/6 小鼠溃疡性结肠炎模型探究麦胚活性肽的抗炎活性及作用机制。筛选出麦胚活性肽 APEPAPAF 可显著抑制 LPS 诱导的 RAW264.7 巨噬细胞 NO、IL-6、TNF-α 和 IL-1β 的分泌,促进 IL-10 的分泌。此外,经 APEPAPAF

干预抑制了 NF-κB p65 和 PKCζ 的激活。此外，APEPAPAF 灌胃干预后，肠炎小鼠的体重降低，腹泻和便血等生理水平明显得到改善，并显著抑制了结肠炎小鼠血清炎症因子及结肠紧密连接蛋白质的损失，且 APEPAPAF 通过抑制 PKCζ-NF-κB 信号通路有效改善结肠炎。同时进一步分析了 APEPAPAF 干预后对结肠炎小鼠肠道菌群多样性及丰富度的影响。APEPAPAF 显著逆转了肠炎小鼠肠道菌群组成，改善了 DSS 诱导的菌群失调，显著降低了拟杆菌属 *Bacteroides* 的丰度，提高了杜氏杆菌 *Dubosiella* 和毛螺旋菌属 UCG-006 的丰度（陈元蓉，2022）。

参考文献

陈亮. 2005. 生物活性肽生产工艺及其生理活性研究［D］. 无锡：江南大学.

陈思远，刘永祥，曹小舟，等. 2016. 从麦胚清蛋白制备高活性抗氧化肽的工艺研究［J］. 中国农业科学，49（12）：2379-2388.

陈思远. 2005. 小麦胚芽抗氧化肽的制备及其抗氧化活性的研究［D］. 南京：南京财经大学.

陈元蓉. 2022. 小麦胚芽活性肽对 DSS 诱导小鼠结肠炎的改善作用及机制研究［D］. 南京：南京财经大学.

冯怀蓉，张慧涛，茆军，等. 2002. 多肽简介及应用［J］. 新疆农业科学，39（1）：38-39.

付建平，靳烨，云战友，等. 2005. 乳蛋白生物活性肽的来源及其生理重要性［J］. 农产品加工，（10）：92-94.

黄文凯. 2007. 膜分离方法制备免疫活性大豆肽的研究［D］. 无锡：江南大学.

贾冬英，王文贤，姚开，等. 2001. 胶原蛋白多肽功能特性的研究［J］. 食品科学，22（6）：21-24.

金振涛，任玮，陈亮，等. 2009. 离子交换色谱分离海洋胶原肽及其抗氧化活性研究［J］. 食品与发酵工业，35（2）：71-75.

李晓杰，李富强，朱丽萍，等. 2021. 生物活性肽的制备与鉴定进展［J］. 齐鲁工业大学学报，35（01）：23-28.

李勇. 2007. 生物活性肽研究现况和进展［J］. 食品与发酵工业，33（1）：3-9.

李宇. 2021. 小麦胚芽肽延缓老年性骨质疏松的作用机制研究［D］. 南京：南京财经大学.

李子健，刘秀丽，裴乐，等. 2019. 生物活性肽的研究进展［J］. 畜牧与饲料学，40（12）：20-24.

林梦君，宋晓艳，韩江升，等. 2020. 生物活性多肽产品开发及应用进展［J］. 山东化工，49（20）：42-43.

林心銮. 2007. 海洋鱼、虾、贝类的生物活性肽研究进展［J］. 福建水产，（3）：58-61.

刘萍，陈黎斌，杨严俊，等. 2006. 酶解玉米蛋白制备降血压肽的研究［J］. 食品工业科技，27（5）：117-119.

刘永祥，张逸婧，陈思远，等. 2016. 响应面法优化麦胚清蛋白制备抗氧化肽的酶解工艺［J］. 食品工业，37（5）：88-93.

陆泉，施波，李瑞胜，等．2010．离子交换色谱在细菌素分离纯化中的应用［J］．中国微生态学杂志，22（6）：570-572.

汪芳，罗涛，陈烩铃，等．小麦胚芽活性肽通过 AMPK/SIRT1 改善大鼠肝脏衰老损伤的作用机制研究．中国科学：生命科学，2024，54（3）：537-547.

吕宏凌，王保国．2005．微滤、超滤分离技术在中药提取及纯化中的应用进展［J］．化工进展，24（1）：5-9.

吕弈．2018．麦胚抗氧化肽抗高糖诱导的氧化应激的作用机制研究［D］．南京：南京财经大学.

覃平，张国栋，黄清霞．2014．绿茶抗氧化肽的分离纯化与抗氧化活性研究［J］．食品工业科技，（9）：105-108.

腾波，陈成，徐速，等．2005．乳蛋白活性肽功能性的研究［J］．中国乳品工业，33（2）：16-18.

汪维云，施燕，时宏斌等．2010．超滤膜分离灰树花多糖的工艺条件优化［J］．食品与发酵工业，（4）：190-193.

徐力，赵忠岩，李鸿梅，等．2007．大豆蛋白的小分子酶解产物抗氧化活性研究［J］．吉林农业大学学报，29（1）：48-52.

易起达．2013．酶解制备菜籽肽及其抗氧化作用研究［D］．南京：南京财经大学.

张敏莲，胡丁，刘孟儒，等．2010．离子交换色谱在药用质粒分析中的应用［J］．化学进展，（2）：482-488.

张娅楠，赵利，袁美兰，等．2014．水产品加工中蛋白酶的应用进展［J］．食品安全质量检测学报，5（11）：3705-3710.

张羽．2021．麦胚活性肽对Ⅱ型糖尿病的改善作用及机制研究［D］．南京：南京财经大学.

章绍兵，石云，王璋，等．2008．离子交换色谱和凝胶过滤分离纯化菜籽抗氧化肽［J］．中国粮油学报，23（5）：154-159.

邹小娟，谢和兵，钱芳，等．2009．HPLC 法测定苦杏仁中苦杏仁苷含量的方法研究［J］．中国药事，23（1）：33-36.

Agyei D，Ahmed I，Akram Z，et al.，2017. Protein and peptide biopharmaceuticals：an overview［J］. Protein and Peptide Letters，24（2）：94-101.

Beaumont M，Portune K J，Steuer N，et al.，2017. Quantity and source of dietary protein influence metabolite production by gut microbiota and rectal mucosa gene expression：a randomized，parallel，double-blind trial in overweight humans［J］. The American Journal of Clinical Nutrition，106（4）：1005-1019.

Cao X，Lyu Y，Ning J，Tang X，et al.，2017. Synthetic peptide，Ala-Arg-Glu-Gly-Glu-Met，abolishes pro-proliferative and anti-apoptotic effects of high glucose in vascular smooth muscle cells. Biochemical and Biophysical Research Communications，485（1）：215-220.

Chalamaiah M h, Yu M W, Wu J. 2018. Immunomodulatory and anticancer protein hydrolysates (peptides) from food proteins: A review. Food chemistry, 245: 205-222.

Chang X, Chen G, Zhang J, et al., 2014. Study advances in wheat germ biotransformation. Cereal & Food Industry, 2: 6-11.

Chen S, Lin D, Gao Y, Cao X, et al., 2017. A novel antioxidant peptide derived from wheat germ prevents high glucose-induced oxidative stress in vascular smooth muscle cells in vitro. Food & Function, 8 (1): 142-150.

Chen Y C, Hou Ma L J, Hui M, 2021. Potential anti-aging effects of fermented wheat germ in aging mice. Food Bioscience, (9): 1-10.

Cheng Y H, Wang Z, Xu S Y, 2006. Preparation of antioxidant peptide from wheat germ protein by enzymatic hydrolysis. Food Science, 27 (6): 147-151.

Cheng Y, Zhang L, Sun W, Tang J, Lv Z, Xu Z, Yu H, 2014. Protective effects of a wheat germ peptide (RVF) against H_2O_2-induced oxidative stress in human neuroblastoma cells. Biotechnology Letters, 36 (8): 1615-1622.

Claver I P, Zhou H, 2005. Enzymatic hydrolysis of defatted wheat germ by proteases and the effect on the functional properties of resulting protein hydrolysates. Journal of Food Biochemistry, 29 (1): 13-26.

Dıaz-Gomez J L, Castorena-Torres F, Preciado-Ortiz R E, and S. Garc Ia-Lara. 2017. Anti-cancer activity of maize bioactive peptides. Frontiers in Chemistry, 5: 44.

Ding Y, Ko S C, Moon S H, et al., 2019. Protective effects of novel antioxidant peptide purified from alcalase hydrolysate of velvet antler against oxidative stress in chang liver cells in vitro and in a zebrafish model in vivo. International Journal of Molecular Sciences, 20 (20): 5187.

Fan F J, Shi P J, Liu M, et al., 2018. Lactoferrin preserves bone homeostasis by regulating RANKL/RANK/OPG pathway of osteoimmunology [J]. Food & Function, 9 (5): 2653-2660.

Fan F J, Tu M L, Liu M, et al., 2017. Isolation and characterization of lactoferrin peptides with stimulatory effect on osteoblast proliferation [J]. Journal of Agricultural and Food Chemistry, 65 (33): 7179-7185.

Fosgerau K, 2015. Peptide therapeutics: current status and future directions [J]. Drug Discovery Today, 20 (1): 122-128.

Gabler A M, Scherf K A, 2020. Comparative Characterization of Gluten and Hydrolyzed Wheat Proteins [J]. Biomolecules, 10 (9): 1227.

Gad W, Ben-Abderrazek R, Wahni K, Vertommen D, et al., 2014. Wheat germ in vitro translation to produce one of the most toxic sodium channel specif ic toxins. Bioscience Reports, 34 (4): e00122.

Hmidet N, Balti R, Nasri R, et al., 2011. Improvement of functional properties and antioxidant activities of cuttlefish (Sepia officinalis) muscle proteins hydrolyzed by Bacillus mojavensis A21 proteases. Food Research International, 44 (9): 2703-2711.

Niu L, Jiang S, Pan L, 2013. Preparation and evaluation of antioxidant activities of peptides obtained from defatted wheat germ by fermentation. Journal of Food Science and Technology, 50 (1): 53-61.

Hsu K C, Li-Chan E C Y, Jao C L, 2011. Antiproliferative activity of peptides prepared from enzymatic hydrolysates of tuna dark muscle on human breast cancer cell line MCF-7. Food Chemistry, 126 (2): 617-622.

Ibrahimm M A, Koorbanally N A, Islam M S, 2014. Antioxidative activity and inhibition of key enzymes linked to type-2 diabetes (α-glucosidase and α-amylase) by Khaya senegalensis. Acta Pharmaceutica, 64 (3): 311-324.

Incalza M A, D'Oria R, Natalicchio A, et al., 2018. Oxidative stress and reactive oxygen species in endothelial dysfunction associated with cardiovascular and meta bolic diseases. Vascular Pharmacology, 100: 1-19.

Jeong H Y, Choi Y S, Lee J K, et al., 2017. Anti-inflammatory activity of citric acid-treated wheat germ extract in lipopolysaccharide-stimulated macrophages. Nutrients, 9 (7): 730.

Ji X, Zhang D, Li L, et al., 2020. Efficient β-carboline alkaloid-based probe for highly sensitive imaging of endogenous glutathione in wheat germ tissues. International Journal of Analytical Chemistry, 2020: 8675784.

Jia J, Ma H, Zhao W, et al., 2010. The use of ultrasound for enzymatic preparation of ACE-inhibitory peptides from wheat germ protein. Food Chemistry, 119 (1): 336-342.

Jin D, Liu X, Zheng X, et al., 2016. Preparation of antioxidative corn protein hydrolysates, purification and evaluation of three novel corn antioxidant peptides. Food Chemistry, 204: 427-436.

Karami Z, Peighambardoust J, Hesari B, et al., 2019a. Antioxidant, anticancer and ACEinhibitory activities of bioactive peptides from wheat germ protein hydrolysates. Food Bioscience, 32: e100450.

Karami Z, Peighambardoust S H, Hesari J, et al., 2019b. Antioxidant, anticancer and ACE inhibitory activities of bioactive peptides from wheat germ pro tein hydrolysates. Food Bioscience, 32: e100450.

Kaspar A A, Reichert J M. 2013. Future directions for peptide therapeutics development [J]. Drug Discovery Today, 18 (17-18): 807-817.

Kim J M, Whang J H, Kim K M, et al., 2004. Preparation of corn gluten hydrolysate with angiotensin I converting enzyme inhibitory activity and its solubility and moisture sorption. Process

Biochemistry，39（8）：989-994.

Kongcharoen A，Poolex W，Wichai T，et al.，2016. Production of an antioxidative peptide from hairy basil seed waste by a recombinant Escherichia coli. Biotechnology Letters，38（7）：1195-1201.

Lee S E，Jeong S I，Yang H，et al.，2011. Fisetin induces Nrf2-mediated HO-1 expression through PKC-δ and p38 in human umbilical vein endothelial cells［J］. Journal of Cellular Biochemistry，112（9）：2352-2360.

Li P，Xiao N，Zeng L，et al.，2020. Structural characteristics of a mannoglucan isolated from Chinese yam and its treatment effects against gut microbiota dysbiosis and DSS-induced colitis in mice ［J］. Carbohydrate Polymers，250：116958.

Liu Y，Zhang Y，Chen S，et al.，2016. Optimization of enzymatic hydrolysis of antioxidant peptide from wheat germ albumin by response surface methodology. Food Industry，37（5）：88-93.

Merz M，Eisele T，Claaßen W，et al.，2015. Continuous long-term hydrolysis of wheat gluten using a principally food-grade enzyme membrane reactor system. Biochemical Engineering Journal，99：114-123.

Mohammadi H，Karimifar M，Heidari Z，et al.，2020. The effects of wheat germ supplementation on metabolic profile in patients with type 2 diabetes mellitus：A randomized，double-blind，placebo-controlled trial. Phytotherapy Research：PTR，34（4）：879-885.

Mora L，Toldrá-Reig F，Reig M，et al.，2018. Meat by-products：New insights into potential technical and health applications. In Novel proteins for food，pharmaceuticals and agriculture，ed. M. Hayes，102–116.

Moreira-Rosário A，Marques C，Pinheiro H，et al.，2020. Daily intake of wheat germ-enriched bread may promote a healthy gut bacterial microbiota：A randomised controlled trial. European Journal of Nutrition，59（5）：1951-1961.

Niu L，Jiang S，Pan L，2013. Preparation and evaluation of antioxidant activities of peptides obtained from defatted wheat germ by fermentation. Journal of Food Science and Technology，50（1）：53-61.

Nwachukwu I D，Aluko R E，2019. Structural and functional properties of food protein-derived antioxidant peptides. Journal of Food Biochemistry，43（1）：e12761.

Otto C，Hahlbrock T，Eich K，et al.，Kämmerer. 2016. Antiproliferative and anti metabolic effects behind the anticancer property of fermented wheat germ extract. BMC Complementary and Alternative Medicine，16：160.

Pal G K，Suresh P V，2016. Sustainable valorisation of seafood by-products：Recovery of collagen and development of collagen-based novel functional food ingredients. Innovative Food Science & Emerging Technologies，37（Part B）：201-215.

Park P J，JE J Y，KIM S K，2005. Antioxidant activity of a peptide isolated from Alaska pollack（Theragra chalcogramma）frame protein hydrolysate. Food Research International，38（1）：45-50.

Qi H，Li S，2021. Study on enzymatic preparation of wheat germ protein bioactive peptide and its antioxidant activity. Cereals & Oils，34（11）：41-45.

Ren Y，Liang K，Jin Y，et al.，2016. Identification and characterization of two novel α-glucosidase inhibitory oligopeptides from hemp（Cannabis sativa L.）seed pro tein. Journal of Functional Foods，26：439-450.

Rizzello C G，Mueller T，Coda R，et al.，2013. Synthesis of 2-methoxy benzoquinone and 2,6-dimethoxybenzoquinone by selected lactic acid bacteria during sourdough fermentation of wheat germ. Microbial Cell Factories，12：105.

Shi C，Zhang Y，Lu Z，et al.，2017. Solid-state fermentation of corn-soybean meal mixed feed with Bacillus subtilis and Enterococcus faecium for degrading antinutritional factors and enhancing nutritional value. Journal of Animal Science and Biotechnology，8：50.

Srinivas L，Shalini V K，Shylaja M. 1992. Turmerin：A water soluble antioxidant peptide from turmeric Curcuma longa ［J］. Archives of Biochemistry & Biophysics，292（2）：617-623.

Sui H，Wang F，Weng Z，et al.，2020. A wheat germ-derived peptide YDWPGGRN facilitates skin wound-healing processes. Biochemical and Biophysical Research Communications，524（4）：943-950.

Sun J，He H，Xie B J. 2004. Novel antioxidant peptides from fermented mushroom ganoderma lucidum ［J］. Journal of Agricultural & Food Chemistry，52（21）：6646-6652.

Taheri A，Sabeena Farvin K H，Jacobsen C，et al.，2014. Antioxidant activities and functional properties of protein and pep tide fractions isolated from salted herring brine. Food Chemistry，142：318-326.

Tavano L O. 2013. Protein hydrolysis using proteases：An import ant tool for food biotechnology. Journal of Molecular Catalysis B：Enzymatic，90：1-11.

Tovar L，Gänzle M G，2021. Degradation of wheat germ agglutinin during sourdough fermentation. Foods（Basel，Switzerland），10（2）：340.

Lieselot V，John V C，Guy S，et al.，2005. ACE inhibitory peptides derived from enzymatic hydrolysates of animal muscle protein：a review. J. Agric. Food Chem，53（21）：8106-8115.

Vaiserman A M，Koliada A K，Marotta F，2017. Gut microbiota：A player in aging and a target for anti-aging intervention. Ageing Research Reviews，35：36-45.

Wang W，Mejia E G，2006. A new frontier in soy bioactive peptides that may prevent age-related chronic diseases ［J］. Comp. Rev. Food Sci. Food Safety，4（4）：63-78.

Wang F，Weng Z，Lyu Y，et al.，2020. Wheat germ-derived peptide ADWGGPLPH abolishes high glucose-induced oxidative stress via modulation of the pKCζ/AMPK/NOX4 pathway. Food & Function，11（8）：6843-6854.

Wang L，Li T，Sun D，et al.，2019. Effect of electron beam irradiation on the functional properties and antioxidant activity of wheat germ protein hydrolysates. Innovative Food Science & Emerging Technologies，54：192-199.

Yan H，Zhang Q，Jiang M，et al.，2018. Isolation and structural identification of hypoglycemic peptides from wheat buff. Food Science，039（20）：92-98.

Ye M L，Jia W，Zhang C H，et al.，2019. Preparation，identification and molecular docking study of novel osteoblast proliferationpromoting peptides from yak（Bos grunniens）bones［J］. The Royal Society of Chemistry，9，14627-14637.

Ye M L，Zhang C H，Jia W，et al.，2020. Metabolomics strategy reveals the osteogenic mechanism of yak（Bos grunniens）bones collagen peptides on ovariectomyinduced osteoporosis in rats ［J］. Food & Function，11（2）：1498-1512.

Yoo H，Bamdad F，Gujral N，et al.，2017. High hydrostatic pressure-assisted enzymatic treatment improves antioxidant and anti-inflammatory properties of phosvitin. Current Pharmaceutical Biotechnology，18（2）：158-167.

Yu G，Ji X，Huang J，et al.，2021. Immunity improvement and gut microbiota remodeling of mice by wheat germ globulin. World Journal of Microbiology & Biotechnology，37（4）：64.

Zhang M Y，Zhao Y，Yao Y，et al.，2019. Isolation and identification of peptides from simulated gastrointestinal digestion of preserved egg white and their anti-inflammatory activity in TNF-α-induced Caco-2 cells. The Journal of Nutritional Biochemistry，63：44-53.

Zhang J，Xiao X，Dong Y，et al.，2015. Effect of fermented wheat germ extract with Lactobacillus plantarum DY-1 on HT-29 cell proliferation and apoptosis. Journal of Agricultural and Food Chemistry，63（9）：2449-2457.

Zhang Y L，Tao Y，Xie J，et al.，2019. Recombinant expression of Mytilus coruscus Mytilin-1 mature peptide in Pichia pastoris and its antibacterial activity. Biotechnology Bulletin，35（07）：54-60.

Zhao Y，Liao A-M，Liu N，et al.，2021. Potential anti-agingeffects of fermented wheat germ in aging mice. Food Bioscience，42：101182-104292.

Zhao Y，Liao A-M，Liu N，et al.，2017. Artificial neural network - Genetic algorithm to optimize wheat germ fermentation condition：Application to the production of two anti-tumor benzoquinones. Food Chemistry，227：264-270.

Zheng Z，Guo X，Zhu K，et al.，2017. Artificial neural network-Genetic algorithm to optimize wheat germ fermentation condition：Application to the production of two anti-tumor benzoquinones. *Food Chemistry* 227：264-270. doi：10.1016/j. foodchem. 2017. 01. 077.

Zhu K X，Zhou H M，Qian H F，2006．Comparative study of chemical composition and physicochemical properties of defatted wheat germ flour and its protein isolate．Journal of Food Biochemistry，30（3）：329-341．

Zhu K，Xu G，Guo X，et al.，2013．Protective effects of wheat germ protein isolate hydrolysates against hydrogen peroxide-induced oxidative stress in PC12 cells［J］．Food Research International，53（1）：297-303．

Zhu K，Zhou H，Qian H，2006．Antioxidant and free radical-scavenging activities of wheat germ protein hydrolysates（WGPH）prepared with alcalase．Process Biochemistry，41（6）：1296-1302．

第 2 章

麦胚活性肽制备与鉴定

小麦胚芽蛋白由清蛋白（白蛋白）、球蛋白、谷蛋白、醇溶蛋白组成，其中清蛋白含量最高约占 30.2%。这 4 种麦胚蛋白中清蛋白的氨基酸评分最高，其蛋白质效率比（PER）和体外消化率（IVPD）均优于其他 3 种蛋白质（贾俊强，2009）。对小麦胚芽清蛋白、球蛋白、醇溶蛋白和谷蛋白的碱性蛋白酶解物的抗氧化活性进行研究后的结果显示：清蛋白酶解物的抗氧化活性最强，球蛋白最弱（殷微微，2008）。本章内容选取小麦胚芽清蛋白为研究对象，利用单因素试验和正交试验优化小麦胚芽清蛋白的提取工艺。通过酶解清蛋白提取高活性的抗氧化肽，经过超滤膜分离与凝胶色谱等分离小肽，采用基质辅助激光解吸电离飞行时间质谱（MALDI-TOF-MS）测抗氧化肽的分子量，HPLC-MS/MS 测其氨基酸序列。

2.1 麦胚清蛋白提取与鉴定

2.1.1 脱脂麦胚粉的制备

小麦胚芽中脂肪含量高达 10%，并富含活性较高的脂肪酶（Singer 和 Hofstee，1948）和脂肪氧化酶（Sumner，1943），使得小麦胚芽在储藏过程中极易酸败变质。脂肪的存在还会影响小麦胚芽的粉碎粒度，进而降低蛋白质的提取率。因此，为了便于储藏和提高清蛋白的提取率，须脱除小麦胚芽中的脂肪。常用的脱脂方法有：超临界 CO_2 萃取（任飞，2010）、氯仿/甲醇脱脂法（田家亮，2009）、乙醚脱脂法（范馨文，2014）和正己烷脱脂法（赵晓园，2007）。

本实验采用正己烷进行脱脂。新鲜小麦胚芽用孔径 1.5mm 标准筛筛掉细粉。在 30℃的恒温振荡器中先用 5 倍体积的正己烷浸泡小麦胚芽脱脂 12h，倒掉含有脂肪的正己烷后换用 3 倍体积的正己烷继续脱脂 12h，弃去正己烷，将小麦胚芽平铺于托盘上在通风橱中晾干备用。脱脂后的小麦胚芽用高速万能粉碎机粉碎并过 100 目筛得到脱脂麦胚粉，并在-20℃冰箱中储存。

2.1.2 清蛋白提取单因素实验

2.1.2.1 温度对清蛋白提取率的影响

由图 2.1 可知，20℃到 40℃的范围内随着温度的升高清蛋白的提取率显著增加，继续升高温度到达 50℃时提取率稍有下降。可能是由于在一定的温度范围内，升高温度清蛋白的溶解性逐渐增大，但当温度接近其变性温度时，会导致部分清蛋白变性沉淀，提取率因而下降。吴淑娟（2008）对麦胚蛋白提取条件进行优化，认为 40～50℃为麦胚蛋白提取的最佳温度。结合前人的研究和实验结果，选取的最适提取温度为 40℃。

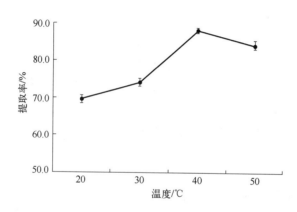

图 2.1 温度对清蛋白提取率的影响

2.1.2.2 时间对清蛋白提取率的影响

由图 2.2 可知，提取时间从 20min 增加到 60min 的过程中清蛋白的提取率显著提高，再继续增加提取时间清蛋白的浸出率并没有明显的增加，且提取时间过长会影响蛋白质的活性。因此，选取的最适提取时间为 60min。

2.1.2.3 料液比对清蛋白提取率的影响

由图 2.3 可知，料液比由 1∶8 增加到 1∶12 的过程中清蛋白的提取率显著上升，当料液比为 1∶14 时提取率较 1∶12 时没有明显的提高。因此，选取的最适提取料液比为 1∶12。

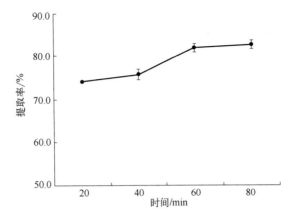

图 2.2　时间对清蛋白提取率的影响

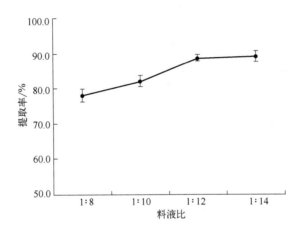

图 2.3　料液比对清蛋白提取率的影响

2.1.3　清蛋白提取正交实验

根据表 2.1 因素与水平表设计 L_9（3^4）3 因素 3 水平正交表，实验结果如表 2.2 所示。

表 2.1　麦胚清蛋白提取工艺正交实验结果

实验号	A	B	C	清蛋白提取率/%
1	1	1	1	73.4

实验号	A	B	C	清蛋白提取率/%
2	1	2	2	81.8
3	1	3	3	85.9
4	2	1	2	84.5
5	2	2	3	89.3
6	2	3	1	80.7
7	3	1	3	84.3
8	3	2	1	91.7
9	3	3	2	86.6
K_1	241.1	242.2	245.8	
K_2	254.5	262.8	252.9	
K_3	262.6	253.2	259.5	
k_1	80.4	80.7	81.9	
k_2	84.8	87.6	84.3	
k_3	87.5	84.4	86.5	
R	7.1	6.9	4.6	

表 2.2　正交实验方差分析表

因素	自由度	离均差平方和	均方	F	Sig
A 温度/℃	2	173.938	86.969	8.080	0.003
B 时间/min	2	195.869	97.934	9.099	0.002
C 料液比	2	47.342	23.671	2.199	0.137
e	20	215.273	10.764		

由表 2.2 可知，各因素对清蛋白提取率影响程度由大到小的排序为温度＞时间＞料液比，与刁大鹏等（2013）的研究结果一致，但刁大鹏的结果缺乏对各因素的方差分析，各因素的影响是否显著没有进行说明。本实验通过对正交实验结果进行方差分析（见表 2.2）可知，温度和时间对清蛋白提取率的影响是极显著的（**$P < 0.01$），料液比对清蛋白提取率影响不显著（$P > 0.05$）。综上所述，清蛋白提取的最佳因素配比为 A3B2C1，即提取温度 50℃，提取时间 60min，料液比 1∶10，此条件下清蛋白的提取率为 91.7%。

2.1.4　清蛋白含量测定

经微量凯氏定氮法测定，制备得到的清蛋白粉的蛋白质含量为 88.5%，蛋白质含量高，将被用于后续的酶解实验。

2.2 酶解法制备麦胚活性肽工艺优化与纯化

2.2.1 酶解法制备麦胚活性肽Ⅰ工艺优化与纯化

本部分内容首先利用胰蛋白酶消化清蛋白分离得到活性较高的结构域，再利用碱性蛋白酶（水解效率高，有多个酶切位点）进一步酶解成小于 20 个氨基酸的小分子片段，结合多种分离纯化手段制备出抗氧化肽。胰蛋白酶和碱性蛋白酶二步水解法降低了分离纯化过程的难度，为抗氧化肽的高效筛选提供了有力保障。

2.2.1.1 胰蛋白酶酶解条件

由图 2.4 可知，在 37℃、pH7.6 的条件下胰蛋白酶加入量和水解时间不同，清蛋白的水解程度有很大的不同。随着加酶量的增加和水解时间的延长清蛋白水解程度增大；当加酶量为 5000U/g、6000U/g、7000U/g，水解时间 12h 时清蛋白的水解程度相差不多，说明水解时间达到 12h 时，清蛋白的水解程度达到最大化，此时继续增加酶量水解程度也不再增加；加酶量为 7000U/g 时，水解时间 6h 与 12h 相比，水解程度略低，但相差不大，考虑到反应时间过长会使清蛋白的活性损失较大，因此选择水解时间为 6h。由此可见，胰蛋白酶酶解条件为温度 37℃，pH7.6，加酶量 7000U/g，水解时间 6h。

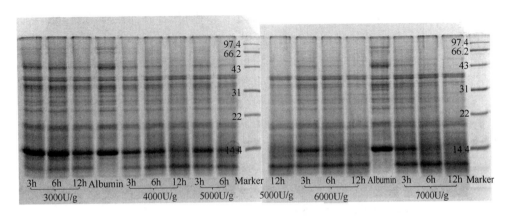

图 2.4 胰蛋白酶酶解麦胚清蛋白电泳图

2.2.1.2　胰蛋白酶水解物的分离和筛选

① 超滤膜分离

采用 30kDa 和 10kDa 的超滤膜将麦胚清蛋白胰蛋白酶水解物分成 >30kDa、10~30kDa 和 <10kDa 3 个分子质量范围，用 ABTS 法和氧化自由基吸收能力（ORAC）法对它们的体外抗氧化活性进行测定，结果如图 2.5 所示：

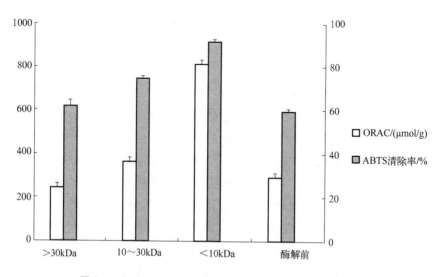

图 2.5　超滤膜分离胰蛋白酶水解物各组分的抗氧化活性

结果表明，对超滤膜分离后所获得的 3 个不同分子质量范围的胰蛋白酶水解物组分进行体外抗氧化活性的测定，采用 ABTS 法和 ORAC 法测得的结果一致，分子质量与抗氧化活性呈现出显著的反向相关性。随着分子质量的减小，ABTS 清除率和 ORAC 值逐渐增大，其中分子质量 <10kDa 的组分体外抗氧化活性最高，ABTS 清除率为（91.1±0.012）%，ORAC 值为（811.5±19）μmol/g，分子质量为 10~30kDa 的组分抗氧化活性次之，分子质量 >30kDa 组分的抗氧化活性最弱。这一结果表明，蛋白质的抗氧化高低与分子质量的大小有关，分子质量越小抗氧化活性越强，与其他人的研究结果一致（刘志东，2010；贾韶千，2011）。依据这一结果，选择分子质量 <10kDa 的组分进行交联葡聚糖凝胶过滤色谱分离并测其抗氧化活性。

② 凝胶过滤色谱分离

用交联葡聚糖凝胶过滤色谱 Sephadex G-75 对分子质量 <10kDa 的组分进

行进一步的分离，分离图谱如图 2.6 所示：

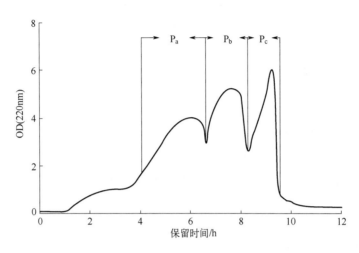

图 2.6　Sephadex G-75 分离色谱图

从图谱来看，超滤后的组分经 Sephadex G-75 分离后，得到了 3 个峰，按出峰时间由早到晚分别设为 P_a、P_b、P_c，将 3 个峰所对应的组分合并收集并冷冻干燥后用 ORAC 法测定其抗氧化活性。结果表明，3 个组分的 ORAC 值从高到低排序为 $P_b > P_c > P_a$，P_b 的抗氧化活性是 P_a 的 1.6 倍，是 P_c 的 1.3 倍。经 Tricine-PAGE（Schägger，2006）测定，P_b 蛋白质组分的分子质量为 7.8kDa 左右。

综合以上结果，选择组分 P_b 进行下一步的碱性蛋白酶酶解实验。

2.2.1.3　碱性蛋白酶酶解条件

① pH-stat 法测碱性蛋白酶水解度

采用 pH-stat 法对碱性蛋白酶 Alcalase 2.4L 酶解 P_b 过程的水解度进行测定，设定不同的加酶量，水解度曲线如图 2.7 所示：

由图可知，随着时间的延长和加酶量的增加水解度增大，0～30min 水解度增加的幅度较大，30min 以后水解度增加趋势渐趋缓和，这与碱性蛋白酶酶促反应的动力学规律有关（翟爱华，2012）。水解时间 6h，加酶量 0.1AU/g、0.15AU/g、0.2AU/g 时对应的水解度分别为 18.7%、21.8%、22.8%。但水解度只能反映水解程度与加酶量和时间的关系，本研究的目的是筛选出抗氧化活性最高的肽段，因此还要结合抗氧化活性的高低共同确定酶解工艺。

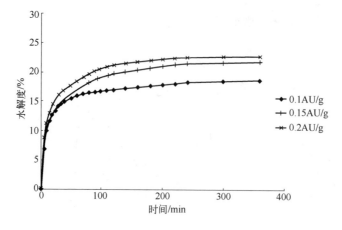

图 2.7　不同加酶量的水解度曲线图

② 抗氧化活性测定

根据水解度曲线选取 30min、60min、90min、180min、240min、360min 这 6 个时间点，用 ORAC 法测定加酶量为 0.1AU/g、0.15AU/g、0.2AU/g 时的抗氧化活性，结果如图 2.8 所示：

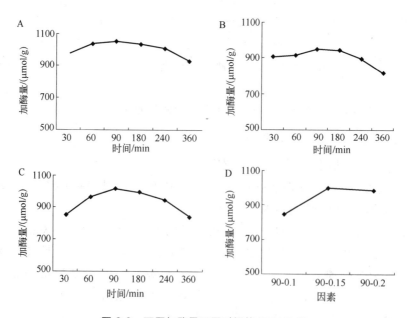

图 2.8　不同加酶量不同时间的 ORAC 值

图 A、B、C 分别表示加酶量为 0.1AU/g、0.15AU/g、0.2AU/g 时不同反应时间的 ORAC 值，它们的变化趋势均是随着时间的延长抗氧化活性先增大然后降低，在 90min 时 ORAC 值最大。根据图 A、B、C 的结果对加酶量为 0.1AU/g、0.15AU/g、0.2AU/g，水解时间 90min 的酶解物进行抗氧化测定，其结果如图 D 所示，其中加酶量为 0.1AU/g 的抗氧化活性最低，0.15AU/g 的 ORAC 值略高于 0.2AU/g，但相差不大，说明过度的水解不仅不会增大抗氧化活性反而会使活性下降。综合以上结果，确定碱性蛋白酶酶解工艺为：酶解温度 50℃，酶解 pH8.0，加酶量 0.15AU/g，酶解时间 90min。

2.2.1.4　碱性蛋白酶酶解物的分离和筛选

① 凝胶过滤色谱分离和筛选

选用交联葡聚糖 Sephadex G-15 对碱性蛋白酶酶解后的多肽进行分离，其分离图谱如图 2.9 所示：

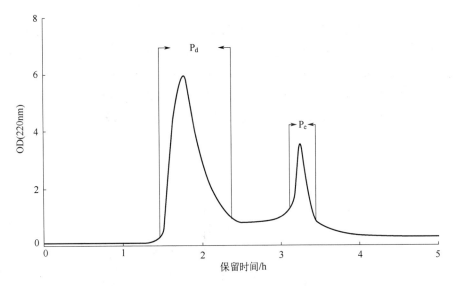

图 2.9　Sephadex G-15 分离色谱图

Alcalase 2.4L 酶解后的组分经 Sephadex G-15 分离后，得到了 2 个峰，按出峰时间由早到晚分别设为 P_d、P_e，将这两个峰所对应的组分合并收集、冷冻干燥后，ORAC 法测定抗氧化活性。结果表明，P_d 的抗氧化活性高于 P_e，其 ORAC 值是 P_e 的 1.34 倍。因此，选取酶解组分 P_d 进行 RP-HPLC 疏水性分离。

② RP-HPLC 疏水性分离和筛选

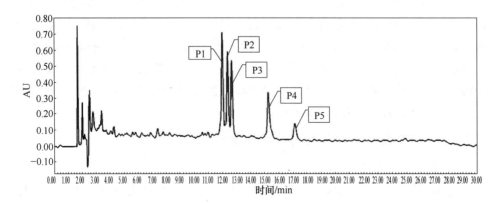

图 2.10 P_d 分离液相图

P_d 经由 RP-HPLC 疏水性分离，将该组分分成了 5 个峰 P_1、P_2、P_3、P_4、P_5（图 2.10）。出峰时间分别为 P_1：11.90～12.17min；P_2：12.28～12.55min；P_3：12.61～12.88min；P_4：15.04～15.64min；P_5：16.99～17.38min。手动对这 5 个峰进行收集，将收集后的组分冷冻干燥并测定其抗氧化活性，设活性最小的峰为 100%，其余峰以它为对照进行比较，结果如图 2.11 所示：

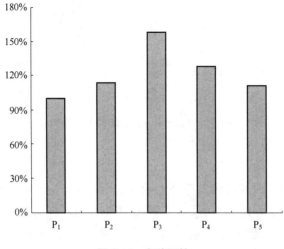

图 2.11 各峰活性

由上图可知，抗氧化活性由高到低为 $P_3 > P_4 > P_2 > P_5 > P_1$，$P_3$ 的活性为 P_1 的 1.58 倍。经过各步分离纯化并结合抗氧化活性测定方法比较后，筛选出抗氧化活性最高的组分为 P_3。下面将对该组分肽段的序列进行测定，并测定其体内抗氧化活性。

2.2.2 酶解法制备麦胚活性肽Ⅱ工艺优化与纯化

本部分以麦胚清蛋白为底物，选用四种蛋白酶酶解麦胚清蛋白，以 DPPH 自由基清除率作为酶解产物的实验指标，从而筛选得到最佳使用酶及响应面实验优化确定其最优工艺参数，进而筛选出活性较高的抗氧化肽。

2.2.2.1 小麦胚芽清蛋白的制备与酶解方法

脱脂麦胚→粉碎（过 100 目筛）→加去离子水（体积比 1∶10）→水浴搅拌（40℃，1h）→离心（8000r/min，30min）→取上清液→饱和硫酸铵盐析→离心（10000r/min，30min）→取沉淀→溶于去离子水→调 pH7.0→透析脱盐→冷冻干燥→麦胚清蛋白→酶解→沸水浴灭酶10min→离心（10000r/min，20min）→取上清液→脱盐→冷冻干燥→麦胚清蛋白酶解产物→测定抗氧化能力。

2.2.2.2 麦胚清蛋白抗氧化肽制备最适用酶的筛选

① 蛋白酶酶解麦胚清蛋白的进程曲线

不同蛋白酶对麦胚清蛋白酶解过程中的水解度（DH）影响如图 2.12 所示，

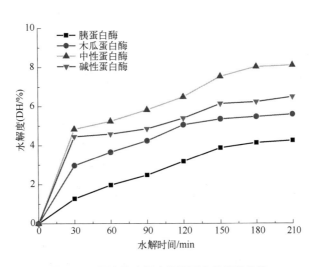

图 2.12 蛋白酶水解麦胚清蛋白的进程曲线

可以看出在不同时间点，中性蛋白酶酶解麦胚清蛋白产物的水解度均高于其他3种酶，水解30min中性蛋白酶对麦胚清蛋白的水解度达到4.83%，然后逐渐上升，180min达到8.11%，之后趋于稳定。这种现象出现的原因可能是随着酶解时间变长，底物逐渐充分地与酶结合，水解度随之增高，当蛋白质水解产物浓度至一定值后，酶自身的反馈抑制发挥作用，酶解反应逐渐平衡，酶解产物的浓度也趋于稳定（张志清，2014）。另外三种酶对麦胚清蛋白的水解度影响也是随着时间增加而逐渐增大，其中木瓜蛋白酶和碱性蛋白酶在150min前水解度增加明显，之后趋于稳定，而胰蛋白酶在180min后趋于稳定。这说明各种酶对产物的水解效果存在明显不同，是由它们的反馈抑制浓度不同造成的。

② 不同蛋白酶水解麦胚清蛋白产物的抗氧化能力

表2.3　蛋白酶水解麦胚清蛋白产物抗氧化性

蛋白酶	DPPH 自由基清除率/%	ORAC 值/（μmol/g）
胰蛋白酶	29.83±0.36	894.13±1.35
木瓜蛋白酶	35.42±0.72	969.22±2.67
中性蛋白酶	48.95±0.25	1293.07±1.15
碱性蛋白酶	35.66±0.42	1276.75±3.87

由表2.3得出，中性蛋白酶水解麦胚清蛋白产物的DPPH自由基清除率达到48.95%，在4种酶中最高，而碱性蛋白酶、木瓜蛋白酶、胰蛋白酶水解产物的DPPH自由基清除率较低，分别为35.66%、35.42%、29.83%。同时麦胚清蛋白中性蛋白酶水解产物的ORAC值达到1293.07μmol/g（以Trolox计），同样为4种酶中最高，而碱性蛋白酶、木瓜蛋白酶、胰蛋白酶水解后的产物的ORAC值由高到低依次为1276.75μmol/g、969.22μmol/g、894.13μmol/g。

综上所述，通过考察4种酶水解麦胚清蛋白的进程曲线和酶解产物的抗氧化活性得出，中性蛋白酶是制备麦胚清蛋白抗氧化肽的最适用酶，其酶解产物的DPPH自由基清除率、水解度和ORAC法测得抗氧化性在4种蛋白酶水解产物中都为最高，分别为48.95%、8.11%、1293.07μmol/g。

2.2.2.3　中性蛋白酶酶解制备抗氧化肽单因素试验

① 底物浓度

中性蛋白酶在加酶量4000U/g及其推荐的pH值、温度（表2.4）条件下，底物浓度对酶解产物的DPPH自由基清除率和水解度的影响如图2.13所示，随着底物浓度的增大，DPPH自由基清除率和水解度都呈现明显的上升趋势，但底物浓度为 1.5%~2% 左右时，两个指标的增长趋于平缓甚至略有下降。在底物浓度较低时，反应保持较高的速率，且同底物浓度呈正相关，因为此时底物与酶的结合比较充分，故 DPPH 自由基清除率和水解度也同时增加；但随着底物浓度进一步加大，反应底物料液的黏度逐渐增加，影响到底物与酶之间的接触和有效反应（胡筱波，2007）。水解度和 DPPH 自由基清除率增长到一定程度后会趋于稳定，甚至略有下降，这与薛照辉（2004）、马海乐（2010）等发现的情况一致。

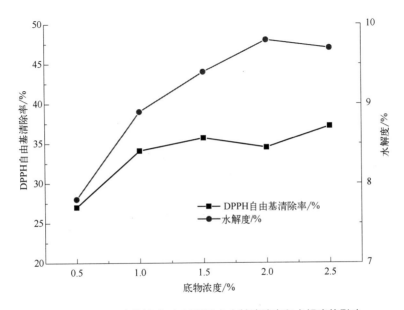

图 2.13 不同底物浓度对 DPPH 自由基清除率和水解度的影响

表 2.4 小麦胚芽清蛋白水解用酶推荐条件

蛋白酶	酶解温度/℃	pH	加酶量/（U/g）	酶解时间/h
胰蛋白酶	37	8.0	5000	4
木瓜蛋白酶	45	7.0	4000	4
碱性蛋白酶	45	8.0	4000	4
中性蛋白酶	40	7.0	4000	4

② 加酶量

中性蛋白酶在底物浓度 2.5% 及其推荐的 pH、温度条件下，加酶量对酶解产物的DPPH自由基清除率和水解度的影响如图2.14所示。随着加酶量的增大，酶解产物的DPPH自由基清除率和水解度均明显增加，当加酶量增至5000U/g时，水解度的增加变平缓，当加酶量为6000U/g时甚至出现了缓慢下降；当加酶量增至7000U/g时，酶解液的DPPH自由基清除率也出现了下降。蛋白质随着酶的浓度增加，水解得越充分，小肽就越多，水解度必然也上升（丁青芝，2008）；如果酶浓度高到了一定程度，反应就会因底物不足而引起水解度上升缓慢，此时多肽会进一步被降解，生成具有活性的小肽；如果酶浓度再进一步增加，则具有活性的肽被降解致使自由基清除率下降。

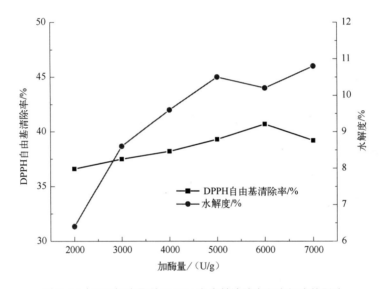

图2.14　不同加酶量对DPPH自由基清除率和水解度的影响

③ 酶解 pH

中性蛋白酶在底物浓度2.5%、加酶量4000U/g及其推荐的温度条件下，pH值对酶解液水解度和DPPH自由基清除率的影响如图2.15所示。在pH7.0处，中性蛋白酶的麦胚清蛋白酶解产物的DPPH自由基清除率和水解度达到最大；当pH值大于或者小于7.0时，DPPH自由基清除率和水解度随着pH值的增加或者减小而减小。

④ 酶解温度

中性蛋白酶在底物浓度2.5%、加酶量4000U/g及其推荐的pH值条件下，温度对酶解液DPPH自由基清除率和水解度的影响如图2.16所示。中性蛋白酶在 55℃时，水解度和对 DPPH 自由基清除率为一个高值，这个温度相对于推荐温度要高，意味着酶的活性此时不是最高的，可能因为抗氧化肽分子较大，无须降解过多（林琳，2007）。

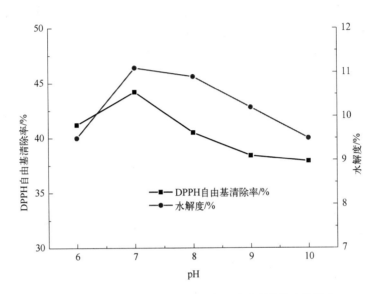

图 2.15　不同 pH 对水解度和 DPPH 自由基清除率的影响

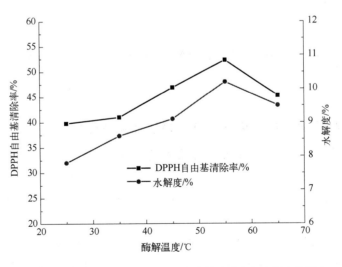

图 2.16　不同酶解温度对 DPPH 自由基清除率和水解度的影响

⑤ 酶解时间

中性蛋白酶在底物浓度 2.5%、加酶量 4000U/g 及其推荐的 pH 值、温度条件下，时间对酶解液水解度和 DPPH 自由基清除率的影响如图 2.17 所示。水解度随着时间的增加逐渐增大，反应至 3.5h 时，水解度逐渐稳定；而 DPPH 自由基清除率随着时间的增加而先升高后降低，因为蛋白质先从分子外部开始水解，在反应过程中，蛋白质先水解为许多小肽段，接着进一步被水解成游离氨基酸，导致 DPPH 自由基清除率降低（张志清，2014）。

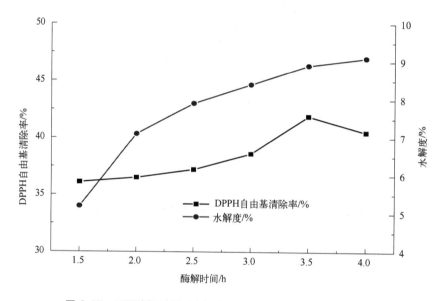

图 2.17　不同酶解时间对水解度和 DPPH 自由基清除率的影响

2.2.2.4　响应面分析优化制备具有高抗氧化活性肽

① 小麦胚芽清蛋白制备抗氧化肽的设计模型及其显著性检验

实验设计与结果见表 2.5。利用 Design Expert 软件，对表 2.5 中的实验设计结果进行二次多项式拟合，得到制备麦胚清蛋白抗氧化肽的二次多元回归方程，如下：

DPPH 自由基清除率（%）$=62.74+2.84X_1+1.80X_2+0.29X_3-1.28X_4-0.58X_1X_2+0.38X_1X_3-0.098X_1X_4+0.60X_2X_3+0.11X_2X_4-1.54X_3X_4-1.81X_1^2-0.093X_2^2-3.79X_3^2-6.48X_4^2$

表 2.5 Box-Behnken 实验设计及结果表

实验号	X_1	X_2	X_3	X_4	DH/%	DPPH 自由基清除率/%
1	1	0	−1	0	11.12	60.60
2	1	1	0	0	11.89	62.50
3	−1	1	0	0	11.52	57.62
4	0	0	−1	1	10.32	50.04
5	0	0	0	0	10.75	61.84
6	0	0	0	0	10.63	61.53
7	0	−1	0	1	10.63	50.97
8	0	1	−1	0	10.65	59.33
9	0	1	0	−1	10.75	62.64
10	0	1	1	0	11.50	60.52
11	0	0	0	0	11.14	65.91
12	1	0	0	1	11.32	56.75
13	1	0	1	0	11.98	60.18
14	−1	0	1	0	12.21	54.39
15	−1	−1	0	0	12.87	54.71
16	0	−1	−1	0	9.67	60.22
17	−1	0	−1	0	11.26	56.34
18	1	−1	0	0	7.86	61.89
19	−1	0	−1	0	11.26	56.34
20	0	0	1	1	10.28	49.87
21	0	0	−1	−1	9.95	48.68
22	0	0	1	−1	10.18	54.67
23	−1	0	0	−1	10.27	53.80
24	−1	0	0	1	10.23	50.95
25	0	−1	1	0	11.34	59.03
26	0	−1	0	−1	8.38	54.12
27	0	1	0	1	10.75	59.93
28	1	0	0	−1	8.25	59.99
29	0	0	0	0	8.77	62.27

注: *表示差异显著（$P<0.05$）; **表示差异极显著（$P<0.01$）。

表 2.6 响应面二次模型方差分析结果

方差来源	平方和	自由度	均方	F 值	$P>F$	显著性
模型	503.35	14	35.95	5.17	0.0020	**
X_1	96.90	1	96.90	13.94	0.0022	**
X_2	38.88	1	38.88	5.59	0.0330	*
X_3	0.99	1	0.99	0.14	0.7113	
X_4	19.74	1	19.74	2.84	0.1141	

方差来源	平方和	自由度	均方	F 值	$P>F$	显著性
X_1X_2	1.32	1	1.32	0.19	0.6693	
X_1X_3	0.59	1	0.59	0.084	0.7759	
X_1X_4	0.038	1	0.038	0.005	0.9421	
X_2X_3	1.42	1	1.42	0.20	0.6586	
X_2X_4	0.048	1	0.048	0.007	0.9347	
X_3X_4	9.49	1	9.49	1.36	0.2622	
X_1^2	21.32	1	21.32	3.07	0.1018	
X_2^2	0.056	1	0.056	0.008	0.9298	
X_3^2	93.37	1	93.37	13.44	0.0025	**
X_4^2	272.08	1	272.08	39.15	<0.0001	**
残差 e	97.30	14	6.95			
失拟差	84.43	10	8.44	2.62	0.1287	
纯误差	12.87	4	3.22			
总方差	596.03	28				
	模型的确定系数 $R^2=0.8953$			模型的调整确定系数 $R^2_{\text{Adj}}=0.8506$		

注：*表示差异显著（$P<0.05$）；**表示差异极显著（$P<0.01$）。

从表 2.6 可以看出，回归方程的 F 值为 5.17，P 值为 0.2%，可知模型是显著的，此模型回归方程能够解释响应结果并较好地预测中性蛋白酶酶解麦胚清蛋白的最佳条件。模型调整系数 $R^2_{\text{Adj}}=0.8506$，说明该模型可以解释 85.06% 的响应值变化。根据模型回归方程系数的显著性检验可知：对 DPPH 自由基清除率作用显著因素的是 X_1 底物浓度、X_2 酶解温度、X_3^2（酶解 pH×酶解 pH）、X_4^2（加酶量×加酶量），各因素对 DPPH 自由基清除率影响的大小顺序为底物浓度＞酶解温度＞加酶量＞酶解 pH。

② 响应面分析及优化

图 2.18 直观反映了中性蛋白酶水解麦胚清蛋白酶解产物对 DPPH 自由基清除率各个因素之间的相互作用和影响。从图 2.18（a）可以看出等高线沿加酶量变化对于底物浓度轴向变化相对密集，曲面较陡，说明加酶量对 DPPH 自由基清除率影响较显著。从图 2.18（b）可以看出，等高线沿 pH 轴向变化较稀疏，而沿底物浓度轴向变化相对密集，说明底物浓度对 DPPH 自由基清除率的影响较大；同时，在底物浓度和 pH 较大范围内均可以达到较大的响应值，且曲面最陡，说明两因素之间的交互作用对 DPPH 自由基清除率影响最显著。从图 2.18（c）可以看出，等高线沿加酶量轴向变化相对密集，而酶解温度轴向变化较稀疏，说明加酶量对 DPPH 自由基清除率的影响较大。从图 2.18（d）可以看出，

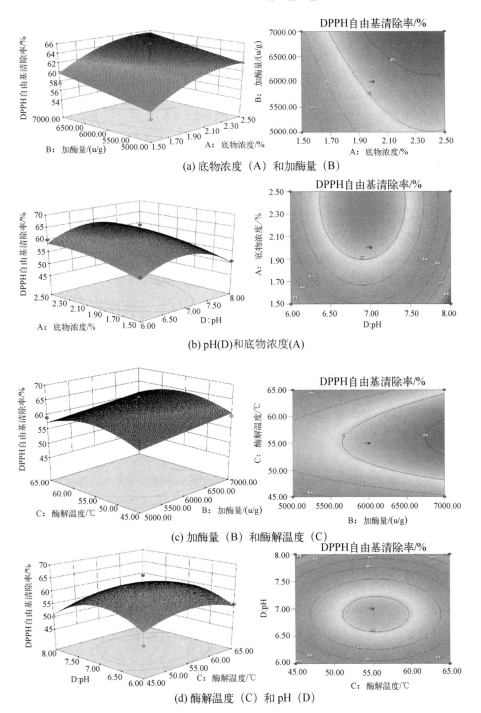

图 2.18　两因素交互影响响应面及等高线图

等高线沿 pH 轴向变化较密集，曲面较陡，而酶解温度轴向相对稀疏，说明 pH 对 DPPH 自由基清除率影响较显著。软件优化所得最优酶解条件为：底物浓度 2.4%、加酶量 5900U/g、pH 为 7.04、温度 55℃、酶解时间 4h。其 1mg/mL 酶解液的 DPPH 自由基清除率高达 65.67%。按上述最佳条件进行验证实验（n=3），得出 DPPH 自由基清除率 65.93%，这与理论值 65.67%的误差在 1%以内，表明本研究优化得到的中性蛋白酶酶解麦胚清蛋白的工艺参数可靠。

2.2.2.5 超滤法分离麦胚清蛋白抗氧化肽

实验采用 30kDa 和 10kDa 两种超滤膜将麦胚清蛋白酶解液 WGAH 截留分为 3 个组分，分别为 WGAH-Ⅰ（＞30kDa）、WGAH-Ⅱ（10～30kDa）及 WGAH-Ⅲ（＜10kDa）不同分子质量范围，并对这 3 个组分进行体外抗氧化活性测定，ABTS（1mg/mL）法和 ORAC 法测定结果（如表 2.7）一致，分子质量的大小与抗氧化活性的高低呈显著负相关。WGAH 超滤得到 3 个组分的抗氧化活性随着分子质量的减小而增高，其中 WGAH-Ⅲ组分的 DPPH 自由基清除率为 65.94%，ORAC 值为（1258.98±4.11）μmol/g，两种结果分别是超滤前 WGAH 的 1.15 倍和 1.14 倍，是酶解前蛋白 WGA 活性的 1.68 倍和 1.41 倍（P＜0.05），而 WGAH-Ⅱ组分活性次之，但其活性与超滤前的 WGAH 差异不显著，WGAH-Ⅰ组分则抗氧化活性最低。结果表明，蛋白质酶解产物分子质量越小，其抗氧化活性越高，这与 Zhang（2012）、You（2010）等人的研究结果一致。依此，选择 WGAH-Ⅲ（＜10kDa）组分进行下一步分离纯化。

表 2.7 超滤膜分离麦胚清蛋白酶解产物 WGAH 的抗氧化活性

	WGA	WGAH	WGAH-Ⅰ	WGAH-Ⅱ	WGAH-Ⅲ
DPPH 清除率/%	39.21±0.22[d]	57.28±0.18[b]	51.42±0.32[c]	56.73±0.39[b]	65.94±0.14[a]
ORAC 值/（μmol/g）	890.33±2.33[d]	1102.11±1.95[b]	995.86±3.21[c]	1124.42±3.92[b]	1258.98±4.11[a]

注：表中不同字母代表不同肽的 ORAC 值之间存在显著差异（P＜0.05）。

2.2.2.6 Sephadex G-75 凝胶柱分离色谱

采用交联葡聚糖 Sephadex G-75 凝胶柱分离 WGAH-Ⅲ（＜10kDa）组分，凝胶柱根据样品分子质量大小进行分离，大分子物质从凝胶颗粒之间的孔隙中流出，而小分子物质进入凝胶内部，导致样品在凝胶柱中保留时间不同，所以大小物质能被先后洗脱出来，达到分离的目的。如图 2.19，可以看出 WGAH-Ⅲ组分经 Sephadex G-75 分离后，得到 5 个峰，分别为 A、B、C、D、E，收集冻干后，测定 5 个峰的 DPPH 自由基清除率，如图 2.20a 可以看出 5 个峰中 D 组分的 DPPH

自由基清除率明显高于另外 4 个组分（$P<0.05$），且与表 2-7 中 WGAH-Ⅲ 的 DPPH 清除率增长率相比增加了 29.21%。分离纯化过程中，以相对抗氧化能力表示 ORAC 法测得的各个峰的抗氧化活性，即设最低活性峰的抗氧化能力为 1，其余 峰以它为对照进行比较，如图 2.20b 所示。由图可知 C、D 组分的相对抗氧化活 性最高，是活性第 3 高的 E 组分的 2.1 倍（$P<0.05$）。D 组分的活性较高且分子 质量较小，因此，选择该组分进行下一步分离。

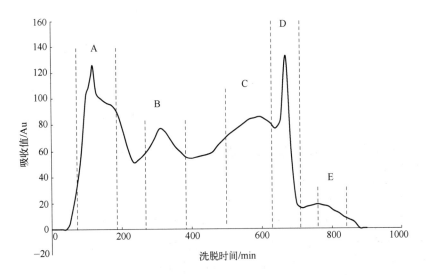

图 2.19　Sephadex G-75 分离 WGAH-Ⅲ 洗脱图

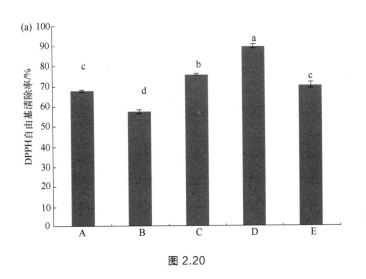

图 2.20

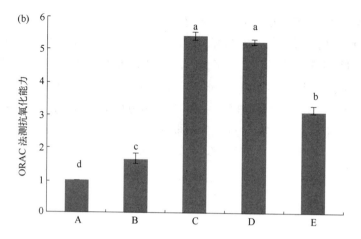

图 2.20　洗脱组分的 DPPH 自由基清除率（a）和 ORAC 法所测抗氧化能力（b）

2.2.2.7　SP Sephadex C-25 阳离子交换色谱

SP Sephadex C-25 阳离子交换色谱根据样品溶质带有不同性质电荷和电荷量的差异，使物质在交换柱中的速度不同，实现分离效果。如图 2.21 所示，WGAH-Ⅲ-D 组分分离得到 3 个峰，其中峰 2 的含量较高，对分离得到的 3 个峰分段收集、脱盐冻干，并进行 DPPH 自由基清除率和 ORAC 抗氧化能力的测定。结果如图 2.22（a）、（b），可以看出 3 个峰都具有抗氧化活性，其中峰 2 的 DPPH 自由基清除率及 ORAC 测得的抗氧化能力均最高，说明峰 2 具有最高的抗氧化活性，峰 1 次之，峰 3 活性最低，3 个峰的抗氧化活性两两之间差异显著（$P < 0.05$）。因此，选择峰 2 组分继续分离。

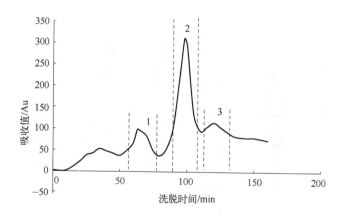

图 2.21　SP Sephadex C-25 分离 WGAH-III-D 洗脱图

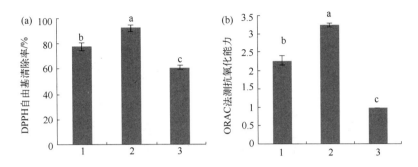

图 2.22　洗脱组分的 DPPH 自由基清除率（a）和 ORAC 法所测抗氧化能力（b）

2.2.2.8　Sephadex G-25 凝胶柱分离色谱

Sephadex G-25 凝胶柱的分离原理是根据分子筛效应，按分子质量的大小进行分离，因为大分子蛋白质在分离过程中不能进入凝胶孔，所以只能从路径较短的颗粒孔隙先流出，而小分子蛋白质较小则进入凝胶颗粒内部，经历较长的洗脱路径，所以后被洗脱出来，从而达到分离目的，它分离的分子质量范围是 1～5kDa。如图 2.23 所示，Sephadex G-25 凝胶柱对组分 WGAH-Ⅲ-D-2 分离得到 5 个峰，其中峰 a、c、e 的含量较高，对 5 个峰分段收集、冻干备用。测定 5 个峰的 DPPH 自由基清除率和 ORAC 抗氧化能力，如图 2.24（a）、和图 2.24（b）所示，e 组分的 DPPH 自由基清除率和 ORAC 测得的抗氧化能力均为最高，其中相对抗氧化能力明显高于其他 4 个组分（$P<0.05$）。然而分离峰的 DPPH 自由基清除率较分离前略有降低，这可能与肽在生产、纯化过程中发生的氧化、水解等因素造成的活性降低有关（唐宁，2015）。综上所述，说明 e 组分具有最高的抗氧化活性，因此将该组分用于进一步研究。

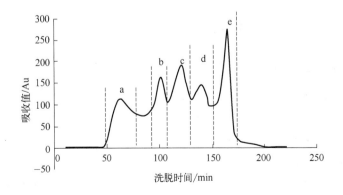

图 2.23　Sephadex G-25 分离 WGAH-III-D-2 洗脱图

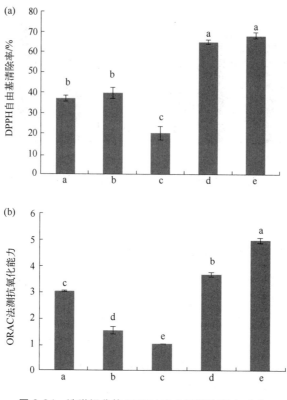

图 2.24　洗脱组分的 DPPH 自由基清除率（a）和
ORAC 法所测抗氧化能力（b）

2.3　麦胚活性肽的结构鉴定

2.3.1　麦胚活性肽 I 结构鉴定

2.3.1.1　MALDI-TOF/TOF 测抗氧化物质的分子量

① 标准品校准测试

标准品校准测试是为了保证测试样品分子量测试的准确性，在测试样品分子量之前，通过测试标准品对样品靶进行校准，校准测试标准品图谱如图 2.25 所示。

② P_3 测试分析

标准品校准测试通过后，测试 P_3 的分子量，结果如图 2.26 所示。

图谱报告

Final- Shots 500-MW_ 20140218; Run #67; Label O18_ Mid Standard

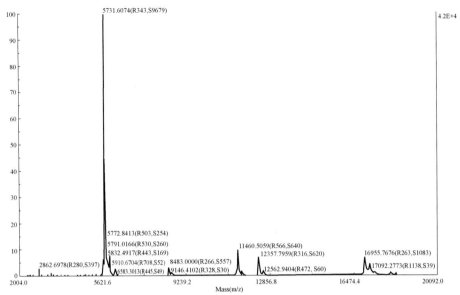

图 2.25　标准品校准测试图谱

图谱报告

Final-Shots 500- MW_ 20140218; Run #107: Label D23_ 20143645

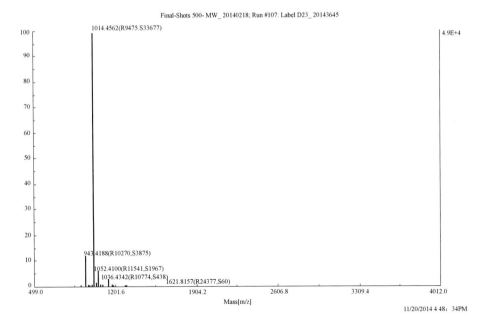

11/20/2014 4 48: 34PM

图 2.26　P₃分子量测试图谱

综上所述，P_3 的分子质量为 1014.46Da。

2.3.1.2　LC-MS/MS 分析

P_3 样品中含有 3 种物质，保留时间分别为 1.19min、3.53min 和 3.84min（图 2.27）。保留时间为 3.53min 的物质含量最高，其他两种物质可忽略不计，对保留时间为 3.53min 的物质进行一级和二级质谱分析。结果如图 2.28、图 2.29 所示。

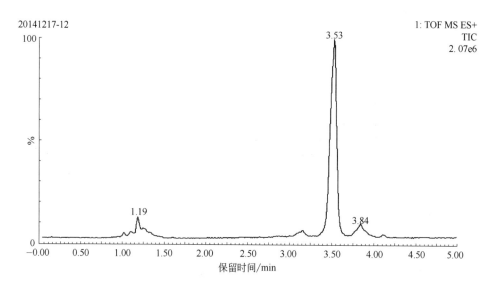

图 2.27　P_3 样品 MS TIC 图

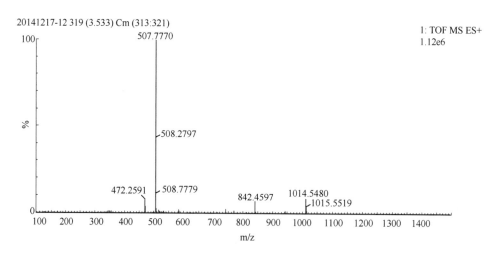

图 2.28　保留时间 3.53min 色谱峰的 MS 谱图

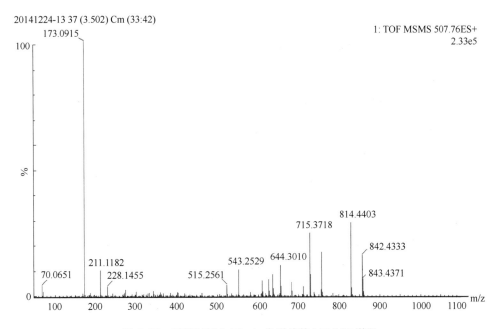

图 2.29　保留时间 3.53min 色谱峰的 MS/MS 谱图

运用软件分析图 2.28、图 2.29 的分子碎片得到结果如图 2.30 所示：

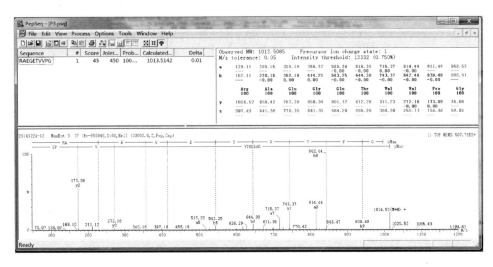

图 2.30　软件分析结果

分子碎片分析结果表明，P₃ 样品中 3.53min 的色谱峰肽段序列可能为 RAEGETVVPG 或者 AREGETVVPG，在蛋白质数据库中与植物类蛋白进行序列比对后，确定氨基酸序列为 AREGETVVPG。

2.3.2 麦胚活性肽 Ⅱ 结构鉴定

LC-MS/MS 结构鉴定，由前面的研究可知，WGAH-Ⅲ-D-2 经过 Sephadex G-25 凝胶柱分离后得到的 e 组分具有最高的 DPPH 自由基清除率和 ORAC 值，说明其具有最好的抗氧化活性。由于 WGAH-Ⅲ-D-2 经分离纯化得到的峰 e 活性最高，故选用 e 组分进行 LC-MS/MS 结构鉴定，再采用 Mascot 2.3 软件（Matrix Science）分析后得到与小麦胚芽蛋白质组中同源性最高的 20 个短肽，如表 2.8 所示。从表中可以看出这些肽由 6～10 个氨基酸组成，研究表明这种由 10 个以下氨基酸组成的短肽的抗氧化活性要高于其母蛋白及多肽（Ma，2010），因为在蛋白质水解的过程中，肽链断裂使具有高抗氧化活性的肽段暴露出来，利于自由基的清除、螯合过氧化金属离子和抑制脂质过氧化（Elias，2008）。

表 2.8　LC-MS/MS 分析鉴定目标肽段的氨基酸序列

编号	序列	实测分子量	理论分子量	得分
1	NDWKQPGW	1029.4612	1029.4668	56
2	ADWGGPLPH	948.4392	948.4454	59
3	ANPWVPSM	900.4078	900.4164	46
4	YDWPGGRN	963.4156	963.4199	48
5	GGEDPIRW	928.4328	928.4403	49
6	PWVPSM	715.328	715.3363	53
7	TNPLPNPW	937.4592	937.4658	48
8	LNYPPY	765.3642	765.3697	50
9	QQPGQGQPW	1024.4652	1024.4727	46
10	GQQPGQGQPW	1081.4884	1081.4941	60
11	TMMAMAT	702.2422	702.2387	45
12	GNPVPPVDQY	1084.5164	1084.5189	60
13	YEDWSMPHT	900.3368	900.3436	47
14	QPYPQQPQ	856.401	856.4079	49
15	VDYPSF	726.312	726.322	47
16	MPFPSKT	806.3878	806.3997	48
17	FGADLDAAT	879.4044	879.3974	46

续表

编号	序列	实测分子量	理论分子量	得分
18	MPFPSKT	806.3878	806.3997	48
19	EAQANATVFL	1062.5392	1062.5346	45
20	GWRGPVPD	882.4272	882.4348	50

肽段本身的氨基酸的组成情况和排列顺序也会对其活性产生影响（Chen，1998）。短肽中含有较多疏水性氨基酸，如脯氨酸（Pro）、亮氨酸（Leu）和酪氨酸（Tyr）等，疏水性氨基酸与组氨酸（His）同时存在可以提高所在肽段的抗氧化能力（孙月梅，2008），多项研究已经证实含有组氨酸（His）的短肽一般都具有较高的抗氧化能力（Chen，1995）。Saito 等（2003）合成 40 余种与大豆抗氧化肽（LLPHH）结构相关的短肽，考察其活性后发现，Leu-Pro-His 是其抗氧化活性中心。本研究得到的短肽序列 ADWGGPLPH（拟合图谱如图 2.31）中不仅同时含有疏水性氨基酸（Pro）和组氨酸（His），而且含有 Leu-Pro-His 片段，说明此序列应该具有抗氧化活性，这个肽序列来源于 tr/W5FT04/W5FT04_WHEAT。因此，选择序列 ADWGGPLPH 作为体外合成和进一步研究的肽段。

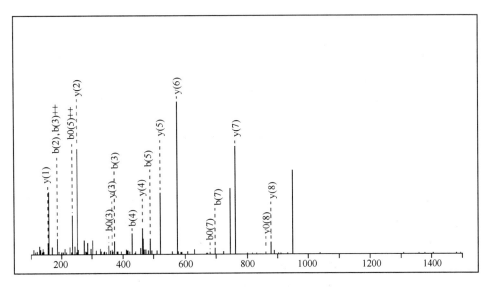

图 2.31　肽段（ADWGGPLPH）的二级拟合 MS 图谱

此外，Shewry 等人（1995）研究发现，从大麦蛋白中分离得到高活性的抗氧化肽一般都具有谷氨酰胺（Gln）和脯氨酸（Pro）两种氨基酸交替排列的序列，这种残基结构对氨基酸的活性具有重要作用已被多个研究证明（Levine，1996）。脯氨酸（Pro）已经在由不同来源的蛋白质制备的抗氧化肽中被发现，是被普遍认可的抗氧化残基（Sabeena，2010），而 Marques 等人（2011）也通过研究证实了含有谷氨酰胺（Gln）的短肽能控制细胞内的氧化平衡，避免过氧化对细胞带来的伤害。而 PYPQ 作为一种高抗氧化活性的短肽，已经从酸奶（Sabeena，2010）和酪蛋白（Rival，2001）中被分离出来。本研究得到的短肽序列 QPYPQQPQ（拟合图谱如图 2.32）中不仅存在交替排列的 Gln 和 Pro，而且具有已被证明了的高抗氧化活性的短肽序列，这个序列来源于 sp/P06659/GDBB_WHEAT。因此，选择序列 QPYPQQPQ 作为另一个体外合成肽段。

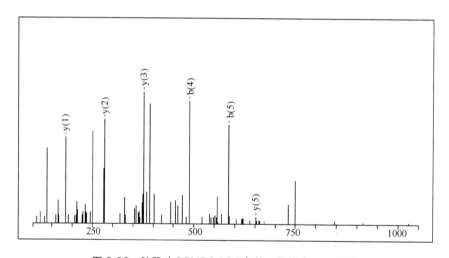

图 2.32　肽段（QPYPQQPQ）的二级拟合 MS 图谱

另一方面，有人提出一个氨基酸序列存在疏水性氨基酸的同时，C 端是酪氨酸（Tyr）的短肽具有较强的抗氧化能力（Saito，2003），Dvalos 等人（2004）发现去掉肽链中的一个 Tyr 会显著降低其抗氧化活性，说明 Tyr 对短肽的抗氧化活性有较大影响。本研究得到的短肽序列 LNYPPY（拟合图谱如图 2.33）除了天冬酰胺（Asn）外，其他氨基酸均为疏水性氨基酸，而且其 C 端是酪氨酸（Tyr），说明其可能具备较高的抗氧化活性，这个序列来源于 tr/W5FHK4/

W5FHK4_WHEAT。因此序列 LNYPPY 作为第三个体外合成肽段。

最终，从 20 个序列中选择了 3 个氨基酸序列进行体外合成并进行下一步研究。

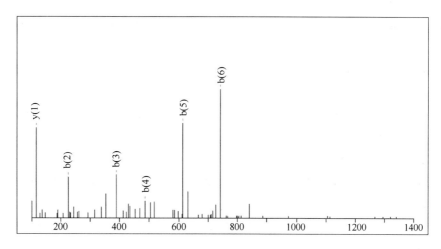

图 2.33　肽段（LNYPPY）的二级拟合 MS 图谱

本章小结

本章采用超滤、凝胶过滤色谱柱分析和离子交换色谱柱分析等分离纯化技术，根据麦胚清蛋白酶解产物的分子量大小及所带电荷、电荷量的差异对其逐级纯化，通过 ABTS 法和 ORAC 法测定各分离产物的抗氧化活性，选择最高活性的组分逐步分离。最终，利用 LC-MS/MS 技术确定目标产物中肽的氨基酸序列及分子量大小，根据所得肽段的分子量大小及氨基酸序列的组成结构，结合其他研究已经得到的高活性抗氧化肽的结构特点，筛选可能具有高抗氧化活性的序列进行体外合成及进一步研究。

参考文献

翟爱华，李新华，2012. 碱性蛋白酶水解米糠蛋白动力学特性研究 [J]. 中国粮油学报，27（12）：

1-5.

刁大鹏，黄继红，李锦等，2013. 小麦胚芽清蛋白提取工艺及分子量测定［J］. 食品工业科技，34（3）：247-249.

丁青芝，骆琳，张连波等，2008. 酶法制备米糠蛋白 ACE I 活性肽［J］. 粮食加工，（2）：5-8.

范馨文，2014. 不同脱脂条件对米糠蛋白提取及结构的影响研究［D］. 大庆：黑龙江八一农垦大学.

胡筱波，徐明刚，刘志伟等，2007. 响应面法优化油菜花粉谷蛋白酶解条件［J］. 食品科学，28（7）：117-121.

贾俊强，马海乐，骆琳等，2009. 脱脂小麦胚芽蛋白分类及其氨基酸组成分析［J］. 中国粮油学报，24（2）：40-45.

贾韶千，吴彩娥，范龚健等，2011. 银杏抗氧化肽的分离纯化及活性鉴定［J］. 农业机械学报，42（6）：152-155.

林琳，2007. 鱼皮胶原蛋白的制备及胶原蛋白多肽活性的研究［D］. 青岛：中国海洋大学：52-65.

刘志东，郭本恒，王荫榆等，2010. 乳抗氧化肽的分离纯化与结构鉴定［J］. 天然产物研究与开发，22（5）：740-746.

马海乐，刘斌，李树君等，2010. 酶法制备大米抗氧化肽的蛋白酶筛选［J］. 农业机械学报，41（11）：119-123.

任飞，韩发，石丽娜等，2010. 超临界 CO_2 萃取技术在植物油脂提取中的应用［J］. 中国油脂，35（5）：14-19.

孙月梅，2008. 大豆抗氧化肽酶法制备及其活性保护技术研究［D］. 哈尔滨：东北农业大学.

唐宁，庄红，2015. 玉米抗氧化肽 Leu-Pro-Phe 抗氧化稳定性研究［J］. 中国食品学报，15（2）：49-55.

田家亮，周宗科，廉永云等，2009. 三种不同脱脂方法对猪骨脱脂的效应［J］. 中国组织工程研究与临床康复，13（16）：3133-3136.

吴淑娟，2008. 小麦胚芽蛋白提取工艺的研究［J］. 粮食与食品工业，15（4）：24-26.

薛照辉，2004. 菜籽肽的制备及其生物活性的研究［D］. 武汉：华中农业大学：42-48.

殷微微，2008. 麦胚蛋白提取及其酶解产物抗氧化活性研究［D］. 大庆：黑龙江八一农垦大学.

张志清，宋燕，姜太玲等，2014. Alcalase 蛋白酶水解花椒籽蛋白制备抗氧化肽的条件优化［J］. 食品工业科技，35（11）：179-184.

赵晓园，2007. 大豆脂肪氧化酶活性影响因素研究及其应用［D］. 合肥：合肥工业大学.

Chen H M，Muramoto K，Yamauchi F，1995. Structural analysis of antioxidative peptides from soybean β-conglycinin［J］. J. Agric. Food Chemistry，43（3）：574-578.

Chen H M，Muramoto K，Yamaguchi F，et al，1998. Antioxidative properties of histidinecontaning peptides designed from peptide fragments found in the digests of a soybean protein［J］. J. Agric. Food Chemistry，46（1）：49-53.

Dvalos A，Miguel M，Bartolom B，2004. Antioxidant activity of peptides derived from egg white proteins by enzymatic hydrolysis [J]. J Food Prot，67：1939-1944.

Elias R J，Kellerby S S，Decker E A，2008. Antioxidant activity of proteins and peptides [J]. Critical Review in Food Sci. Nutr，48：430-441.

Levine R，Mosoni L，Berlett B，et al.，1996. Methionine residues as endogenous antioxidants in proteins [J]. Proc. Natl. Acad. Sci. 93：15036-15040.

Ma Y Y，Xiong Y L，Zhai J J，et al.，2010. Fractionation and evaluation of radical scavenging peptides from in vitro digests of buckwheat protein [J]. Food Chem，118：582-588.

Marques C，Mauriz J L，Simonetto D，et al.，2011. Glutamine prevents gastric oxidative stress in an animalmodelof portal hypertension gastropathy [J]. Ann Hepatol，10：531-539.

Rival S，Boeriu C，Wichers H，2001. Caseins and casein hydrolysates. 2. Antioxidative properties and relevance to lipoxygenase inhibition [J]. Agric. Food Chem，49：295-302.

Sabeena Farvin，Baron K H，Nielsen C P，et al.，2010. Antioxidant activity of yoghurt peptides：part 2—characterisation of peptide fractions [J]. Food Chem，123：1090-1097.

Saito K，Jin D H，Ogawa T，et al.，2003. Antioxidative properties of tripeptide libraries prepared by the combinatorial chemistry [J]. J Agric Food Chem，51：3668-3674.

Schägger H，2006. Tricine-SDS-PAGE [J]. Nature Protocols，1（1）：16-22.

Shewry P，Napier J，Tatham A，1995. Seed storage proteins—structures and biosynthesis [J]. Plant Cell，7：945-956.

Singer T P，Hofstee B H J，1948. Studies on wheat germ lipase；methods of estimation，purification，and general properties of the enzyme [J]. Archives of biochemistry，18（2）：229-243.

Sumner R，1943. Lipoid oxidase studies A method for the determination of lipoxidaseactivity [J]. Industrial & Engineering Chemistry Analytical Edition，15（1）：14-15.

You L，Zhao M，Regenstein J M，et al.，2010. Purification and identification of antioxidative peptides from loach（Misgurnus anguillicaudatus）protein hydrolysate by consecutive chromatography and electrospray ionization-mass spectrometry [J]. Food Research International，43（4）：1167-1173.

Zhang L P，Mao J J，Diao J J，et al.，2012. Study on antioxidant and mechanism of wheat germ hydrolysates. Journal of the Chinese Cereals and Oils Association，27（6）：14-19.

第3章

麦胚活性肽改善氧化
应激的作用及机制

自从 Harman（1956）提出自由基理论以来，许多研究结果都显示：自由基与人类的多种疾病（糖尿病、心肌缺血、癌症、脑血栓及动脉粥样硬化等心脑血管疾病）的发生与衰老都密切相关（Fang，2002；King，2004；Libby，2002）。自由基是许多生理生化反应不可避免的副产物，对于人体的新陈代谢具有非常重要的意义。健康状态下，机体中自由基的产生与清除维持在一个平衡的状态。但是在异常条件下，如病理情况，体内的自由基含量会大大增加，机体产生自由基的能力大于其清除能力，就会导致氧化应激的发生。当机体处于氧化应激状态时，就会对细胞内的大分子产生氧化损伤，进而导致细胞的功能退化、衰老，并对机体造成不可逆的损害。因此，无论是从营养学的角度还是临床医学的角度来看，氧化应激对人体健康的影响已不可忽视。

随着人们生活水平的提高和社会老龄化这一现状，开发和深度利用安全高效、天然的抗氧化肽等功能性产品具有良好的经济利益和广阔的市场前景。但是，目前对于抗氧化肽的研究，还多为体外的化学评价和细胞水平的研究，对于分子生物水平的研究还比较缺乏。因此，从分子生物学角度来阐明抗氧化肽的作用机制，已成为了目前亟待解决的问题。由此可见，抗氧化肽的氧化应激抑制作用及其机制的基础研究，可以为预防氧化应激对人体带来的伤害提供一种新的方法与思路。

3.1 麦胚活性肽体外抗氧化性研究

3.1.1 麦胚活性肽氧自由基吸收能力

ORAC 法可以测定待测物质抑制过氧化自由基诱发氧化反应的能力，可直接反映该物质阻断自由基链式反应的能力（Ou，2001）。抗氧化肽的 ORAC 值如表 3.1 所示。在肽序列 AREGETVVPG 的 N 端，增加一个氨基酸（甲硫氨酸，Met）后，得到的肽序列 MAREGETVVPG，其 ORAC 值上升至（1.83±0.15）μmol/L，是肽序列 AREGETVVPG 的 ORAC 值的 1.65 倍。说明对肽序列 AREGETVVPG 进行修饰后，能够提高其抗氧化活性。主要原因可能是在序列中增加了一个亲核性的含硫氨基酸 Met，而 Met 上的 S 原子可以提供电子从而被氧化成 Met 亚砜而发挥抗氧化功能（Hernández-Ledesma，2005）。Hernández-Ledesma 等（2005）通过化学法合成了 3 条乳球蛋白来源的肽段，其中 1 条含有 Met 的肽段 MHIRL 也具有 ORAC 活性，并指出主要是由于序列中 Met 残基的供电子作用。

当去掉肽序列 MAREGETVVPG 中的 TVVPG 后得到的肽序列 MAREGE，其 ORAC 值为（1.82±0.11）μmol/L，说明主要是肽序列中的小分子肽序列 MAREGE 在发挥抗氧化作用。Hernández-Ledesma 等（2007）研究发现当把肽序列 WYSLAMAASDI 中的 AASDI 去掉后，得到的小分子肽序列 WYSLAM 的抗氧化活性大大增加，这进一步说明了小分子肽具有更强的抗氧化活性。

研究表明，多肽的抗氧化活性不仅与组成其结构的氨基酸残基有关，其序列中氨基酸的排列顺序对抗氧化活性也具有非常重要的作用。为了探究增加的亲核性含硫氨基酸 Met 的排列顺序对肽序列抗氧化活性的影响，我们另外设计了一条新的肽序列，AREGEM，让 Met 处于肽序列的 C 末端位置。实验结果发现，Met 处于 C 端的肽序列 AREGEM，其 ORAC 值高于 Met 处于 N 端的肽序列 MAREGE。Suetsuna K 等（2000）对由酪蛋白进行酶解后分离纯化得到的抗氧化肽序列 YFYPEL 进行了不同的结构设计，结果发现当把 N 端的 Tyr 去除后，得到的肽序列 FYPEL 的抗氧化性降低，结果表明氨基酸的构成是其次的，其所构成的序列是抗氧化活性的第一影响因素。

表 3.1　抗氧化肽的氧自由基吸收能力（ORAC 值）

抗氧化肽序列	ORAC 值/（μmol/L）
AREGETVVPG	1.11±0.12[a]
MAREGETVVPG	1.83±0.15[b]
MAREGE	1.82±0.11[b]
AREGEM	2.13±0.07[c]

注：不同字母代表各抗氧化肽序列的 ORAC 值之间存在显著差异（$P < 0.05$）。

另一组抗氧化肽的 ORAC 值如表 3.2 所示。序列为 LNYPPY 的肽具有最高的氧自由基吸收能力，其 ORAC 值为 3.01μmol/L，主要原因可能为序列中含有两个酪氨酸 Tyr，而 Tyr 上的酚羟基具有一定的抗氧化作用；而序列 6 PWVPSM，ORAC 值为 2.65μmol/L，序列 3 ANPWVPSM（ORAC 值为 2.16μmol/L），在序列 6 前添加氨基酸丙氨酸 Ala、天冬酰胺 Asn 后，氧自由基吸收能力下降，表明主要是肽序列中的小分子肽序列，PWVPSM 在发挥抗氧化作用。

表 3.2　抗氧化肽的氧自由基吸收能力（ORAC 值）

序列	ORAC 值/μmol/L
LNYPPY	3.01 ± 0.10^{a}
PWVPSM	2.65 ± 0.24^{b}
YDWPGGRN	2.47 ± 0.10^{b}
NDWKQPGW	2.35 ± 0.31^{bc}
ANPWVPSM	2.16 ± 0.14^{c}
GGEDPIRW	1.82 ± 0.06^{d}
ADWGGPLPH	1.62 ± 0.12^{de}
TNPLPNPW	1.50 ± 0.08^{e}

注：图中不同字母代表不同肽的 ORAC 值之间存在显著差异（$P<0.05$）。

3.1.2　麦胚活性肽 $ABTS^{+}\cdot$ 清除能力

$ABTS^{+}\cdot$ 清除能力也是常用的测定某种物质体外抗氧化活性的方法。它的优势在于反应较为简单，易于操作，只需要读出吸光值便可以对抗氧化物质的抗氧化活性进行一个初步的了解，因此它被广泛使用。表 3.3 所示为不同浓度的小肽清除 $ABTS^{+}\cdot$ 的能力。基于相同的反应机制，实验结果与氧自由基吸收能力（ORAC 值）的趋势一致。AREGEM 清除 $ABTS^{+}\cdot$ 的活性最高，在浓度为 5mmol/L、7.5mmol/L、10mmol/L、12.5mmol/L、15mmol/L 时，其清除率分别为（11.70±3.45）%、（25.90±4.27）%、（36.05±3.26）%、（55.65±5.12）%、（73.10±4.68）%。其次为肽序列 MAREGE，在浓度为 5mmol/L、7.5mmol/L、10mmol/L、12.5mmol/L、15mmol/L 时，其自由基清除率分别为（9.51±2.49）%、（25.50±3.47）%、（30.86±3.74）%、（52.70±4.27）%、（68.20±2.63）%。Li 等（2011）采用相同来源的 226 种多肽，以 DPPS（疏水性指数、空间结构指数、电性指数、氢键指数）为指标进行定量构效分析，最后得出与 C 末端相邻氨基酸的氢键指数和疏水性指数以及 N 端的氨基酸疏水性指数和电性指数对于多肽的抗氧化活性影响最大。2011 年，Li 等（2011）再次对相同来源的 226 种多肽进行定量构效建模分析，总结得出 N 末端的氨基酸远比 C 末端的氨基酸重要。而且，当多肽的 N 末端含有高疏水性和低带电性（如丙氨酸 Ala、甘氨酸 Gly、缬氨酸 Val 和亮氨酸 Leu）的氨基酸时，其活性更高。此外，N 末端的氨基酸疏水性指数和带电性对于肽的活性也起着非常重要的作用，其次是中心氨基酸的氢键。由此可见，肽序列 AREGEM 具有较强的清除 ABTS$^+$· 的能力，可能与其 N 末端具有较强疏水性和较低带电性的 Ala 有关。

表 3.3　抗氧化肽清除 ABTS$^+$·能力（$X\pm S$, $n=3$，%）

抗氧化肽序列	5mmol/L	7.5mmol/L	10mmol/L	12.5mmol/L	15mmol/L
AREGETVVPG	5.49±2.23[a]	9.53±3.27[a]	19.65±2.48[a]	23.48±1.84[a]	22.50±3.57[a]
MAREGETVVPG	8.39±3.86[b]	21.60±2.48[b]	31.99±5.47[b]	43.88±3.47[b]	62.30±3.15[b]
MAREGE	9.51±2.49[b]	25.50±3.47[c]	30.86±3.74[b]	52.70±4.27[c]	68.20±2.63[b]
AREGEM	11.70±3.45[c]	25.90±4.27[c]	36.05±3.26[c]	55.65±5.12[c]	73.10±4.68[c]

注：不同字母代表相同浓度下各抗氧化肽清除 ABTS$^+$·能力之间的显著差异（$P<0.05$）。

表 3.4 所示为另一组多肽清除 ABTS$^+$· 的能力。在浓度为 0.5mmol/L 时，LNYPPY 清除 ABTS$^+$· 的能力最高，其清除率为 95.58%。其次为肽序列 YDWPGGRN，其清除率为 93.07%。Li 等（2011）采用相同来源的 226 种多肽，以 DPPS（疏水性指数、空间结构指数、电性指数、氢键指数）为指标进行定量构效分析，最后得出与 C 末端相邻氨基酸的氢键指数和疏水性指数以及 N 端的氨基酸疏水性指数和电性指数对于多肽的抗氧化活性影响最大，并通过定量构效建模分析，总结得出 N 末端的氨基酸远比 C 末端的氨基酸重要。而且，当多肽的 N 末端含有高疏水性和低带电性的氨基酸时（如丙氨酸 Ala、甘氨酸 Gly、缬氨酸 Val 和亮氨酸 Leu），其抗氧化活性更高。此外，中心氨基酸的氢键也起着非常重要的作用。由此可见，肽序列 LNYPPY 具有较强的清除 ABTS$^+$· 的能力，可能与其 N 末端具有较强疏水性和较低带电性的 Leu 有关。

表 3.4　抗氧化肽清除 ABTS$^+$·能力（$X\pm S$, $n=6$，%）

序列	ABTS$^+$·清除率/%
LNYPPY	95.58±0.36[a]
YDWPGGRN	93.07±0.19[a]
NDWKQPGW	89.48±0.20[b]
ADWGGPLPH	77.18±0.25[c]

续表

序列	ABTS$^+$·清除率/%
GGEDPIRW	72.98±0.29[cd]
ANPWVPSM	72.47±0.25[cd]
PWVPSM	72.40±0.24[cd]
TNPLPNPW	68.90±0.28[d]

注：图中不同字母代表不同肽的 ABTS$^+$·清除率之间存在显著差异（$P<0.05$）。

3.1.3　麦胚活性肽 DPPH$^+$·清除能力

DPPH$^+$·清除能力也是常见的体外抗氧化活性测定方法。它的优势在于快速、简便、灵敏，只需要读出吸光值，便可以对抗氧化物质的抗氧化活性进行一个初步的了解。小肽清除 DPPH$^+$·的能力如表 3.5 所示。当小肽的浓度较低（0.5mmol/L）时，四种肽的 DPPH$^+$·的清除能力都较低。随着小肽浓度的不断升高，四种肽清除 DPPH$^+$·的能力也在不断提高。当小肽的浓度提高到 4mmol/L时，肽序列 AREGEM 清除 DPPH$^+$·的能力最强，为（80.00±4.43）%。

表 3.5　抗氧化肽清除 DPPH$^+$·能力（X±S，$n=3$，%）

抗氧化肽序列	0.5mmol/L	1mmol/L	2mmol/L	3mmol/L	4mmol/L
AREGETVVPG	6.49±2.62[a]	13.20±3.24[a]	20.78±2.84[a]	38.39±3.24[a]	50.20±2.64[a]
MAREGETVVPG	9.74±2.37[b]	17.40±2.94[b]	29.84±3.41[b]	39.94±2.14[a]	60.50±3.16[b]
MAREGE	8.23±3.61[b]	19.00±3.01[b]	33.60±2.63[b]	44.66±1.85[b]	71.33±2.36[c]
AREGEM	10.20±3.89[b]	25.40±3.58[c]	48.36±4.26[c]	58.25±3.02[c]	80.00±4.43[d]

注：不同字母代表相同浓度下各抗氧化肽清除 DPPH$^+$·能力之间存在显著差异（$P<0.05$）。

课题组研究另一组多肽清除 DPPH$^+$·的能力结果如表 3.6 所示。结果选取 DPPH$^+$·清除能力达到 50%时（IC_{50}）的多肽浓度进行比较。序列 ADWGGPLPH 达到 50%清除率时的浓度最低，为 3.76mmol/L，与其他序列相比具有极强的 DPPH$^+$·清除能力。研究发现，组氨酸中的咪唑基团相对容易氧化，这种抗氧化能力来自于其咪唑环基团，咪唑环可以干扰由金属离子氧化还原反应导致的羟自由基的产生，还可以与单线态氧直接作用，因此 ADWGGPLPH 清除 DPPH$^+$·的能力可能与其 C 端的组氨酸有关。

表 3.6　抗氧化肽清除 DPPH$^+$·能力（$X\pm S$, n=6, %）

序列	IC$_{50}$/（mmol/L）
ADWGGPLPH	3.76±0.04[a]
PWVPSM	6.87±0.03[b]
TNPLPNPW	6.95±0.06[b]
NDWKQPGW	7.60±0.09[bc]
LNYPPY	8.03±0.09[c]
YDWPGGRN	8.09±0.12[c]
GGEDPIRW	8.39±0.10[c]
ANPWVPSM	10.21±0.20[d]

注：不同字母代表相同浓度下各抗氧化肽清除 DPPH$^+$·能力之间存在显著差异（$P<0.05$）。

我们探讨了另外一条从麦胚中分离出的抗氧化肽 AREGETVVPG 对 DPPH$^+$·的清除效果。

图 3.1 为 DPPH$^+$·法的测定结果，由图可知 DPPH$^+$·自由基的清除率与麦胚抗氧化肽浓度呈正相关线性关系，随着抗氧化肽浓度的提高，DPPH$^+$·自由基清除率也随着增大。经计算，麦胚抗氧化肽的 IC$_{50}$ 为 1mg/mL。

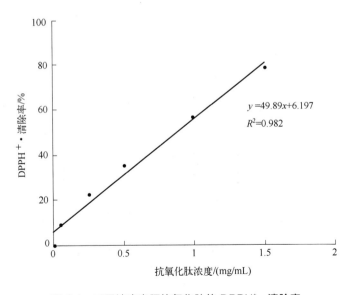

$$y=49.89x+6.197$$
$$R^2=0.982$$

图 3.1　不同浓度麦胚抗氧化肽的 DPPH$^+$·清除率

3.2　麦胚活性肽抗细胞氧化应激的作用

3.2.1　麦胚活性肽对 H_2O_2 诱导的 VSMCs 氧化应激的抑制作用

内源或外源性的氧自由基刺激会导致细胞产生相应的反应，包括增殖、分化或凋亡。H_2O_2 是常见的活性氧成分，在机体中容易分解产生羟自由基或氧自由基导致细胞过氧化损伤；H_2O_2 不仅是自由基发生物，且由于比一般的氧自由基稳定，因此 H_2O_2 易透过并破坏细胞膜，导致细胞内细胞器和 DNA 受损，在 H_2O_2 诱导的氧化胁迫下，细胞中 ROS 的积累与细胞活力的丧失有关。因此，H_2O_2 诱导作为氧化损伤的常见模型而被广泛认可。Liu 等（2014）研究鸡蛋清小肽对细胞的抗凋亡作用时，选择 H_2O_2 诱导 HEK-293 细胞损伤。H_2O_2 在肌细胞、HT22 细胞、视网膜色素上皮细胞、BEL-7402 等细胞体系均可作为氧化损伤的诱导剂（Jiang，2014）。

建立体外氧化应激模型的关键是确定适宜的 H_2O_2 氧化损伤浓度，本研究选取不同浓度的 H_2O_2，浓度梯度为25μmol/L、50μmol/L、100μmol/L、150μmol/L、200μmol/L，对 VSMCs 细胞进行诱导损伤，结果如图 3.2 所示。当初始 VSMCs

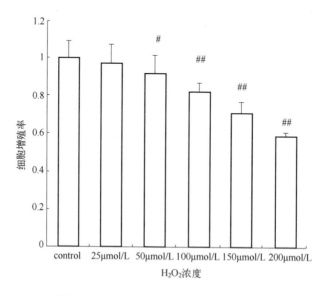

图 3.2　H_2O_2 诱导的 VSMCs 氧化应激模型

control：对照；##：与正常组相比有极显著差异（$P<0.01$）；#：与正常组相比有显著差异（$P<0.05$）

细胞浓度为 5×10^5 个/mL，培养 48h 后，经过 H_2O_2 处理 12h，H_2O_2 对细胞存活率呈现明显的剂量效应，当浓度达到 50μmol/L 时，H_2O_2 即对 VSMCs 的增殖产生显著的抑制作用（$P<0.05$），当浓度达到 100μmol/L 时，H_2O_2 即对 VSMCs 的增殖产生极显著的抑制作用（$P<0.01$）。已有研究表明，10~1000μmol/L H_2O_2 可引起 VSMCs 细胞不同程度的氧化损伤（Peng，2008）。在本研究结果中（如图 3.2），当 H_2O_2 浓度为 200μmol/L 时，VSMCs 细胞存活率降低至 60% 左右，因此选择 200μmol/L H_2O_2 为建立模型的最适剂量。

经 H_2O_2 诱导后，加入不同浓度的抗氧化肽 ADWGGPLPH 和 LNYPPY 可以显著修复由 H_2O_2 诱导产生的氧化损伤，结果如图 3.3 所示。与对照组相比，200μmol/L H_2O_2 显著抑制了 VSMCs 细胞的增殖，使细胞增殖率下降到 60%（$P<0.01$）。在加入抗氧化肽后，随着抗氧化肽浓度的增加（5μmol/L、10μmol/L、20μmol/L、40μmol/L），细胞增殖率随之增加，且与模型组相比均具有显著性差异（$P<0.01$）。说明这两种抗氧化肽对于 H_2O_2 诱导的 VSMCs 氧化应激模型均具有很好的抗氧化作用。

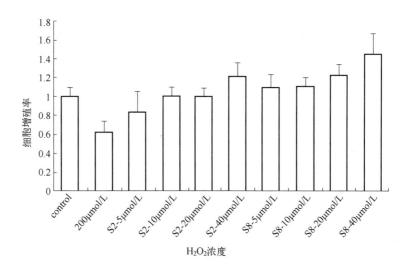

图 3.3　抗氧化肽对 H_2O_2 诱导的 VSMC 氧化损伤的影响

control：对照；**：与正常组相比有极显著差异（$P<0.01$）；*：与正常组相比有显著差异（$P<0.05$）

之后探讨了另外一条从麦胚中分离出的抗氧化肽 AREGETVVPG 对 H_2O_2 诱导的 VSMCs 氧化应激的抑制作用。

以低糖组（NG）为对照组，记其细胞内 ROS 的量为 1，其它组与低糖组作比值进行比较。由图 3.4 可知，高糖组（HG）和阳性对照组（NG+H$_2$O$_2$）的胞内 ROS 量均显著高于低糖组，分别高出 42.5%（**$P<0.01$）和 22.4%（**$P<0.01$）。通过在高糖中加入抗氧化肽可显著地抑制高糖所引起的血管平滑肌细胞内 ROS 的增加：肽含量为 5μg/mL 时，细胞内 ROS 水平较高糖组降低了 19.2%；肽含量为 10μg/mL 时，细胞内 ROS 水平较高糖组降低了 27.2%（**$P<0.01$），比低糖组低 5.2%。上述结果表明：抗氧化肽能有效抑制高糖引起的血管平滑肌细胞内 ROS 水平增高，抑制了氧化应激的发生。

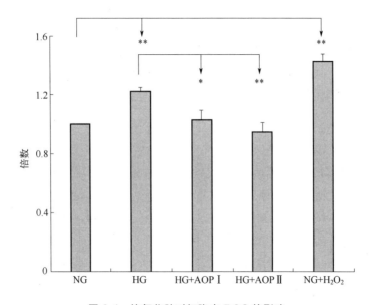

图 3.4　抗氧化肽对细胞内 ROS 的影响

　　细胞有氧呼吸过程中，由于少部分氧不能被完全还原，生成了具有强氧化活性的 ROS。细胞中存在的抗氧化酶可以清除不断产生的 ROS，使 ROS 维持在一定的水平内。在低糖（5μmol/L）环境中 VSMCs 内的 ROS 水平维持在稳定的状态，当用高糖（25μmol/L）孵育细胞时，会导致葡萄糖有氧氧化作用加剧，超出线粒体呼吸链的处理能力而发生单电子传递，产生更多的 ROS。本实验中，高糖组的 ROS 水平明显高于低糖组，与上述理论一致。在高糖中加入抗氧化肽可以抑制细胞内 ROS 的水平增加：一方面这可能是由于抗氧化肽阻断了自由基的链式反应，抑制了 ROS 的产生；另一方面抗氧化肽可能通过抑制参与

ROS 生成的相关酶（如 PKCζ、NADPH 氧化酶），从而降低了 ROS 的水平。对于抗氧化肽的作用机制还需进一步研究。

此外，还探讨了抗氧化肽 LNYPPY 对 H_2O_2 诱导的 VSMCs 氧化应激的抑制作用。

如图 3.5 所示，高糖能诱导 VSMCs ROS 水平极显著上升并使细胞异常增殖（$P < 0.01$），抗氧化肽 LNYPPY 的添加并没有显著抑制高糖诱导的 VSMCs 的异常增殖和 ROS 产生，说明 LNYPPY 对高糖诱导的 VSMCs 氧化应激损伤无保护作用。

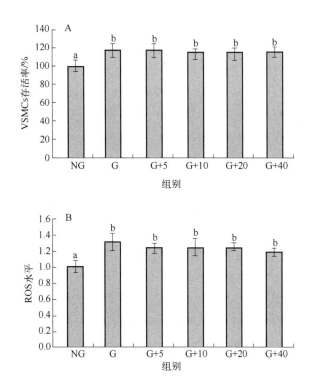

图 3.5 LNYPPY 对高糖诱导的 VSMCs 增殖及 ROS 水平的影响

氧化应激参与许多慢性疾病，如酒精性肝病、病毒性肝炎、肝纤维化、动脉粥样硬化等的发生过程，研究氧化应激模型对于筛选抗氧化药物以及功能性食品的开发具有重要意义。接下来，还分析了 LNYPPY 对 H_2O_2 诱导的 VSMCs 氧化损伤的作用。当 H_2O_2 浓度为 200μmol/L 时，VSMCs 存活率降低幅度大于

30%，因此选择 200μmol/L H_2O_2 为建立模型的最适剂量，结果显示加入不同浓度的 LNYPPY 能够显著改善由 H_2O_2 诱导的 VSMCs 活性降低的现象（图 3.6）。该结果进一步说明抗氧化肽 LNYPPY 对 H_2O_2 诱导的 VSMCs 氧化应激损伤具有很好的保护作用。

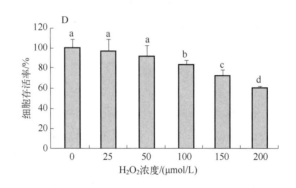

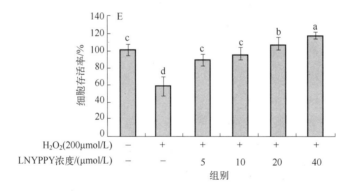

图 3.6　LNYPPY 对 H_2O_2 诱导的 VSMCs 细胞存活率及 ROS 水平的影响

3.2.2　麦胚活性肽对 H_2O_2 诱导的 HepG2 氧化应激的抑制作用

本实验在选取 H_2O_2 诱导的 VSMCs 氧化应激模型的同时，选择了 H_2O_2 诱导的 HepG2 氧化应激模型来进一步验证两种抗氧化肽对于不同细胞系氧化损伤的作用，结果见图 3.7、图 3.8。当设置初始 HepG2 细胞浓度为 $1×10^5$ 个/mL，培养箱培养 48h 后，加入 H_2O_2 处理 12h 后，H_2O_2 对细胞存活率呈现明显的剂量效应，从图 3.7 可以发现，当 50μmol/L H_2O_2 刺激 HepG2 细胞时，即显著抑制细胞的增殖（$P<0.01$），当 H_2O_2 浓度为 150μmol/L 时，HepG2 细胞存活率降至

50%左右，因此选择 150μmol/L H₂O₂ 为最适剂量，用于抗氧化肽抑制氧化应激作用的研究。

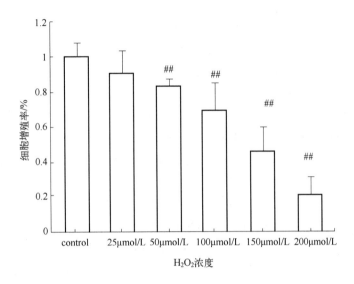

图 3.7　H₂O₂ 诱导的 HepG2 氧化应激模型

control：对照；$^{\#\#}$：与正常组相比有高度差异（$P < 0.01$）；$^{\#}$：与正常组相比有显著差异（$P < 0.05$）

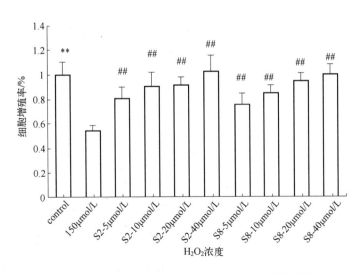

图 3.8　抗氧化肽对 H₂O₂ 诱导的 HepG2 氧化损伤的影响

control：对照；$^{\#\#}$：与正常组相比有高度差异（$P < 0.01$）；$^{\#}$：与正常组相比有显著差异（$P < 0.05$）

在加入抗氧化肽 ADWGGPLPH 和 LNYPPY 后，随着肽浓度的增加（5μmol/L，10μmol/L，20μmol/L，40μmol/L），细胞增殖率随之增加，且加样组均与模型组相比具有显著性差异（$P<0.01$），如图 3.8 所示。说明两种抗氧化肽对于 H_2O_2 诱导的 HepG2 氧化应激模型均具有很好的抗氧化作用。然而，抗氧化肽发挥其保护功能的机制仍有待验证。

此外，我们还探究了抗氧化肽 LNYPPY 对细胞氧化应激损伤作用的影响。选取不同浓度的 H_2O_2（浓度梯度为 25μmol/L、50μmol/L、100μmol/L、150μmol/L、200μmol/L）对 HepG2 细胞进行诱导损伤，如图 3.9 所示，加入 H_2O_2 处理 12h 后，H_2O_2 对 HepG2 细胞存活率的影响呈现明显的剂量依赖效应。当 50μmol/L H_2O_2 刺激 HepG2 细胞时，可极显著抑制 HepG2 细胞的增殖（$P<0.01$），当 H_2O_2 浓度为 150μmol/L 时，HepG2 细胞存活率降至 50%，因此选择添加 150μmol/L H_2O_2 的 HepG2 为细胞氧化损伤模型。在 150μmol/L H_2O_2 诱导处理的 HepG2 细胞中添加抗氧化肽 LNYPPY 共同培养后，随着抗氧化肽浓度的增加（5μmol/L、10μmol/L、20μmol/L、40μmol/L），细胞存活率随之提高，且抗氧化肽处理组（10μmol/L、20μmol/L、40μmol/L）与模型组相比具有极显著差异（$P<0.01$），说明抗氧化肽 LNYPPY 能够有效改善由 H_2O_2 诱导 HepG2 细胞的活力降低。当 H_2O_2 浓度为 150μmol/L 时，HepG2 细胞 ROS 水平是正常细胞的 3.26 倍，加入抗氧化肽 LNYPPY 后，随着肽浓度的增加（5μmol/L、10μmol/L、20μmol/L、40μmol/L），ROS 水平极显著下降（$P<0.01$），当肽浓度为 40μmol/L 时，该条件下 ROS 水平降至正常细胞的 1.47 倍。说明抗氧化肽 LNYPPY 能够有效地减少由外源性 H_2O_2 引起的 HepG2 细胞 ROS 异常增多的现象，对 HepG2 细胞氧化损伤具有保护作用，从而维护细胞的代谢平衡。

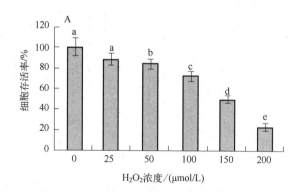

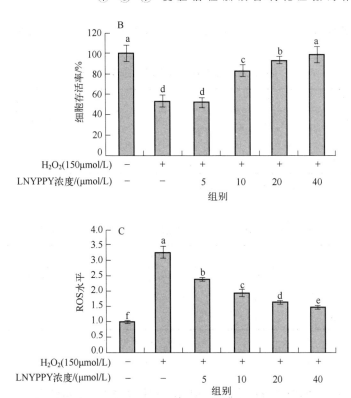

图 3.9　LNYPPY 对 H_2O_2 诱导的 HepG2 细胞存活率及 ROS 水平的影响

3.3　麦胚活性肽抗 2 型糖尿病小鼠体内氧化应激的作用

本部分内容以氧化肽 ADWGGPLPH（2；AOP）探讨麦胚活性肽抗 2 型糖尿病小鼠体内氧化应激的作用。

3.3.1　麦胚活性肽对 STZ 小鼠血糖的影响

如表 3.7 所示，STZ 诱导后，与正常组相比，STZ 诱导的小鼠血糖显著升高，达到（261.19±35.42）mg/dL 和（264.29±33.70）mg/dL。分组进行 AOP 处理一周后，如表 3.8 所示，STZ 模型组血糖长期维持在较高水平，为（265.1±21.9）mg/dL，与正常组相比有显著差异。实验组（STZ+AOP）血糖为（252.4±21.9）mg/dL，较 STZ 组有所降低，但没有显著差异。实验结果表明，AOP 注射对 STZ 小鼠的血糖没有明显的作用，这可能是由于 AOP 处理的时间较短，需要后期进行长期的干预实验以进一步研究 AOP 对糖尿病小鼠血糖的影响。

表 3.7　STZ 诱导造模后小鼠空腹血糖

组别	数量	体重/g	血糖/（mg/dL）
WT	8	21.94 ± 0.79	107.50 ± 18.46^{a}
STZ	8	19.75 ± 0.95	261.19 ± 35.42^{b}
STZ+AOP	8	20.14 ± 1.11	264.29 ± 33.70^{b}

注：图中不同字母代表不同组之间存在显著差异（$P<0.05$）。

表 3.8　AOP 对 STZ 诱导糖尿病小鼠空腹血糖的影响

组别	数量	体重/g	血糖/（mg/dL）
WT	8	23.2 ± 1.1^{a}	90.6 ± 7.4^{a}
STZ	8	17.2 ± 0.9^{b}	265.1 ± 21.9^{b}
STZ+AOP	8	19.3 ± 1.2^{a}	252.4 ± 21.9^{b}

注：图中不同字母代表不同组之间存在显著差异（$P<0.05$）。

3.3.2　麦胚活性肽对糖尿病小鼠主动脉异常增殖的作用

通过对小鼠主动脉组织切片进行免疫组化染色分析，结果如图 3.10 所示，STZ 诱导的小鼠主动脉中增殖细胞核抗原（PCNA）阳性率显著增加（$P<0.01$），而经过 AOP 处理的小鼠其 PCNA 阳性比例显著降低（$P<0.05$）。PCNA 是 DNA 聚合酶的辅酶，直接参与细胞核中 DNA 的合成，与细胞增殖活性密切相关。大量的研究证明 PCNA 是对细胞增殖高度敏感的指标。PCNA 仅在增殖细胞中合成并表达，其合成在细胞周期的 S 期达到峰值，而在 G／M 期则降低，因此其含量能反映细胞增殖的程度（Maga，2003）。结果表明，AOP 对糖尿病小鼠主动脉的异常增殖起到抑制作用。

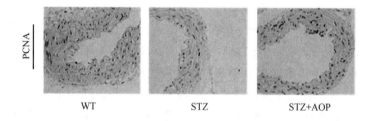

WT　　　　　　STZ　　　　　　STZ+AOP

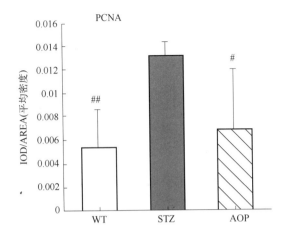

图 3.10　抗氧化肽对 STZ 诱导小鼠主动脉 PCNA 水平的影响

与 STZ 组对比，$^{**}P < 0.01$，$^{*}P < 0.05$

3.3.3　麦胚活性肽对糖尿病小鼠保护作用可能的机制

通过细胞中对 AOP 作用机制的研究发现，AOP 抑制 NOX4 表达的可能作用机制是其对 AMPKα 的激活作用。因此，本研究在 STZ 诱导的糖尿病小鼠模型中进行验证，结果如图 3.11 所示，STZ 诱导的糖尿病小鼠主动脉内 NOX4 的表达量显著提高，经 AOP 处理的小鼠主动脉内 NOX4 表达量显著下降（$P < 0.01$）；同时，STZ 小鼠体内 AMPKα 活性受到了显著的抑制（$P < 0.05$），AOP 具有激活 AMPKα 作用，其结果与细胞内结论一致。

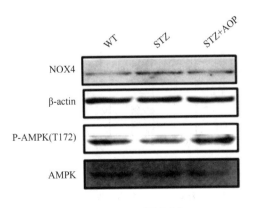

图 3.11

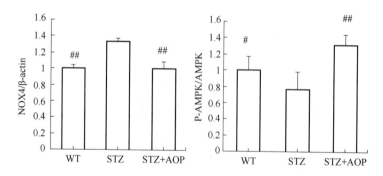

图 3.11　抗氧化肽对小鼠主动脉中 NOX4 和 AMPKα 表达的影响

与 STZ 组对比，$^{**}P<0.01$，$^{*}P<0.05$

3.3.4　麦胚活性肽对糖尿病小鼠肝脏中 T-AOC 和 SOD 水平的影响

超氧化物歧化酶（SOD）、过氧化氢酶（CAT）、谷胱甘肽过氧化物酶（GSH-Px）和谷胱甘肽还原酶（GSH-Rx）在内的抗氧化酶对维持细胞和系统健康至关重要：SOD 将超氧化物转化为 H_2O_2，CAT 将 H_2O_2 转化为 H_2O，GSH-Px 促进 GSH 消除 H_2O_2。在本研究中，通过测定 AOP 对 STZ 诱导糖尿病小鼠肝脏中 T-SOD、T-AOC 含量的影响来说明，AOP 对 STZ 诱导糖尿病小鼠的保护是否与内源性抗氧化防御系统的调节有关。

由图 3.12、图 3.13 可知，在正常条件下，对照组小鼠（WT）肝脏中的 T-AOC 和 SOD 活性均在较高的水平，而 STZ 小鼠肝脏中的 T-AOC 和 SOD 活性分别降低至（1.48±0.35）U/mg 和（151.39±53.58）U/mg（$P<0.01$）。与 STZ 组相

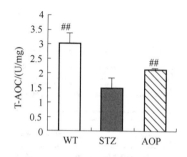

图 3.12　抗氧化肽对小鼠肝脏中 T-AOC 水平的影响

与 STZ 组对比，$^{**}P<0.01$，$^{*}P<0.05$

比，实验组小鼠肝脏中 T-AOC 和 SOD 的活性均有不同程度的提高：T-AOC 的活力提高至（2.12±0.05）U/mg（$P<0.01$）；SOD 的活力提高至（237.91±50.78）U/mg（$P<0.05$）。作为生物抗氧化防御系统中酶类物质的重要组成部分，SOD 能够清除外源性产生的活性氧，减轻自由基对细胞的攻击，其活力的变化可间接反映细胞受损的情况及修复能力的强弱。本实验结果表明，抗氧化肽能通过增加机体清除自由基的能力来减轻氧化应激，从而维持细胞的稳定状态，发挥保护组织细胞的功能。

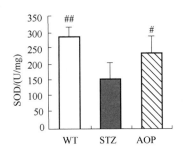

图 3.13　抗氧化肽对小鼠肝脏中 SOD 酶水平的影响

与 STZ 组对比，$^{\#\#}P<0.01$，$^{\#}P<0.05$

3.3.5　麦胚活性肽对糖尿病小鼠肝脏中 MDA 水平的影响

丙二醛（MDA），作为机体内脂质过氧化反应的最终产物，其含量的变化可以间接反映细胞的受损伤程度（彭新颜，2010）。通过对小鼠肝脏组织内 MDA 含量的测试，结果如图 3.14 所示：STZ 组小鼠肝脏内的 MDA 含量与正常组相

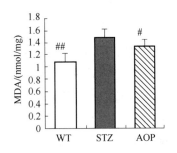

图 3.14　抗氧化肽对小鼠肝脏中 MDA 水平的影响

与 STZ 组对比，$^{\#\#}P<0.01$，$^{\#}P<0.05$

比显著升高（$P<0.01$），说明高糖环境使质膜脂质过氧化而积累大量 MDA 产物。而实验组小鼠肝脏中 MDA 的含量为（1.34 ± 0.10）nmol/mg。统计分析结果表明，抗氧化肽处理后，小鼠肝脏中的 MDA 含量显著降低（$P<0.05$）。研究表明具有抗氧化性的物质可能是通过清除自由基的方式来保护细胞内的抗氧化酶促系统免受氧化损伤。结合上述研究可推断，抗氧化肽可以减少机体受高糖诱导的氧化损伤，来保护机体。

3.3.6 麦胚活性肽对糖尿病小鼠血清中炎症因子水平的影响

通过对小鼠血清中炎症因子的含量测试，其结果如图 3.15 所示，STZ 诱导显著增加了血清中 TNF-α 和 IL-1β 含量（$P<0.01$），AOP 处理组与模型组相比，TNF-α 和 IL-1β 含量显著下降（$P<0.01$）。炎症因子在糖尿病相关动脉粥样硬化中的作用只引起了适度的关注。然而，已经出现的证据越来越倾向于由炎症因子衍生的细胞因子对糖尿病及其并发症的发生发展产生作用。在糖尿病引起的内皮功能障碍的短期模型中，通过 IL-1 受体拮抗剂 anakinra 的治疗，恢复了内皮依赖性松弛，同时伴随着血管氧化酶的减少和 NF-κB 的活化（van Asseldonk，2015）。此外，研究表明一些炎症因子成分如 NLRP3、ASC 和 IL-1β 在糖尿病猪动脉粥样硬化模型中基因表达水平显著升高（Caroline，2016）。在链脲佐菌素（STZ）诱导的糖尿病小鼠中，NLRP3、ASC、caspase-1、IL-1β 和 IL18 等主动脉蛋白的表达量与非糖尿病模型组比较显著上升，与增强的病变发育和 ROS 水平升高有关（Masters，2010），这些结果在离体骨髓源性巨噬细胞中被证实，这表明在高葡萄糖刺激下，IL-1β 等炎症因子的蛋白质表达随之增加。Thioredoxin 相互作用蛋白（TXNIP）作为一种氧化还原信号调节器，在高血糖作用下表达显著提高（Singh，2013）。在 2 型糖尿病中，胰岛淀粉样多肽蛋白（IAPP）是一种在胰腺中沉积淀粉蛋白的蛋白质，作为一种炎症因子的触发物，能促进胰腺胰岛的成熟 IL-1β 分泌，从而进一步促进糖尿病的炎症反应（Masters，2010）。饱和游离脂肪酸，如棕榈酸，在肥胖的糖尿病患者体内积聚，通过 ROS 介导的途径诱导炎症因子的活化，最终导致靶组织中胰岛素信号的损伤，降低葡萄糖耐受性和胰岛素敏感性（Westwell-Roper，2013）。然而，虽然已经发现了可能触发炎症因子机制的内源性"危险信号"，但它们与糖尿病引起的血管并发症的直接联系需要进一步研究。实验结果表明，抗氧化肽能抑制血清中炎症因子的生成，这可能与抗氧化肽有效地抑制了高糖诱导的 ROS 过量产生有关，同时，AOP 降低小鼠体内炎症因子水平的作用，进一步证明了其对糖尿病小鼠氧化应激的抑制作用。

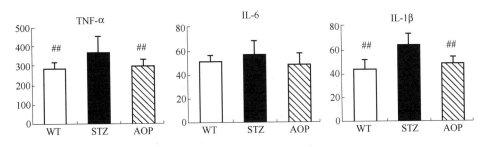

图 3.15　抗氧化肽对小鼠血清中炎症因子水平的影响

与 STZ 组对比，$^{**}P < 0.01$，$^{*}P < 0.05$

3.4　麦胚活性肽抗氧化应激作用机制

本部分内容采用蛋白质免疫印迹技术（Western blotting），从生物分子水平及免疫学角度，探讨抗氧化肽 ADWGGPLPH（2;AOP）抗高糖诱导的 VSMCs 氧化应激的作用机制。

3.4.1　麦胚活性肽对 NOX4 表达的影响

通过 Western blotting 法检测平滑肌细胞中 NOX4 蛋白表达，结果由图 3.16 可知：与正常组相比，高糖组 VSMCs 内的 NOX4 表达量明显增加。加入抗氧化肽处理后，NOX4 蛋白表达量显著降低，而正常组在加入抗氧化肽后 NOX4 无变化。NADPH 氧化酶被认为是响应 HG 和晚期糖基化终产物（AGEs）的血管性 ROS 产生的主要来源（Guo，2014）。血管 NADPH 氧化酶（NOX）是一类异源寡聚酶（NOX1～5），其独特功能是以高度调节的方式产生 ROS（Manea，2015）。NOX 衍生的 ROS 增加，在包括糖尿病在内的许多病理学中是非常有害的。通常，平滑肌细胞表达 NOX1、NOX4 和 NOX5 亚型以及较低水平的 NOX2。NOX4 已被证明在血管平滑肌细胞黏着斑形成和细胞分化状态的维持中起重要作用（Chang，2016）。研究表明，NOX4 通过活化 p38 和血清反应因子/心肌素相关转录因子途径产生的 H_2O_2，对转化生长因子 β 调控的 VSMCs 分化标志物表达如平滑肌 α-肌动蛋白的表达至关重要（Deliri，2007）。同时，研究表明 NOX4 产生的 H_2O_2 在平滑肌细胞的肥大、增殖、迁移和炎症反应中起重要作用，在先前的研究中，我们发现在高糖诱导 VSMCs 中 ROS 的产生主要来源于 NOX4，而不是 NOX1、NOX2 和 NOX5。此外，在 db/db 小鼠的主动脉中观察到 NOX4 表达量显著升高。因此，在生理和病理条件下抑制 ROS 产生的治疗策略的发展中，NOX4 酶已被认为是非常重要的靶标。实验结果表明，抗氧化肽 ADWGGPLPH（AOP）抑制高糖环境大量产生的 ROS，与降低 VSMCs 内的 NOX4 有关。

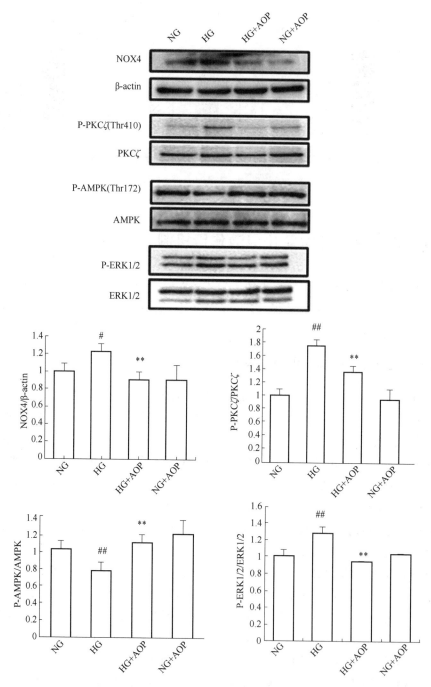

图 3.16　抗氧化肽对高糖诱导的 VSMCs 中 NOX4 相关信号通路的影响

NG：正常组；HG：高糖组；*：与正常组相比有显著差异（$P < 0.05$）；##：与正常组相比有极显著差异

（$P < 0.01$）；**：与高糖组相比有极显著差异（$P < 0.01$）

3.4.2 麦胚活性肽对 PKCζ 磷酸化水平的影响

由图 3.17 可知：在高糖环境下，通过高糖诱导的 PKCζ 的 Thr410 位点磷酸化水平，明显高于正常组和高糖加抗氧化肽组（$P<0.01$）。加入抗氧化肽处理之后，可以降低高糖诱导的 VSMCs 内 PKCζ 的磷酸化水平（$P<0.01$）。说明 AOP 的作用可能与其抑制 PKCζ 的磷酸化水平有关。PKC 又被称为蛋白激酶 C（protein kinase C，PKC），可参与调节机体内的多条信号通路，在系膜细胞中，高糖通过 PKCζ 依赖途径增加了 NOX4 的表达。之前的研究也发现通过 PKCζ Ser311 上的 p65（RelA）的活化，可以激活 NF-κB 并导致 VSMCs 中 NOX4 合成增加（Kai，2009）。因此，我们通过靶向 ROS 产生和 PKCζ/NOX4/ROS 信号通路进一步探讨高糖刺激的 VSMCs 中 AOP 作用的分子机制。

3.4.3 麦胚活性肽对 AMPKα 磷酸化水平的影响

由图 3.17 可知：在高糖环境下，通过高糖诱导的 AMPKα 的 Thr172 位点磷酸化水平，明显低于正常组和高糖加抗氧化肽组（$P<0.01$）。加入抗氧化肽处理之后，可以显著提高高糖诱导的 VSMCs 内 AMPKα 的磷酸化水平（$P<0.01$）。先前的研究表明，AMPK 活化可抑制 VSMCs 增殖，而通过基因或药物抑制 AMPK 活性可恢复 VSMCs 的增殖反应（Chan，2015）。广泛用于治疗 2 型糖尿病的磺酰脲类格列齐特表现出抗氧化性能并能抑制肿瘤细胞增殖。格列齐特以剂量和时间依赖性方式诱导 AMPK 磷酸化，并在血小板衍生生长因子（PDGF）刺激后抑制 VSMCs 增殖（Osman，2016）。格列齐特也增加了 AMPK 上游激酶 Ca^{2+}/钙调蛋白依赖性蛋白激酶 β(CaMKKβ)的水平。口服给予 2mg/kg 格列齐特可导致体内 CaMKKβ 和 AMPK 的激活，表明格列齐特通过 CaMKKβ-AMPK 信号转导途径抑制 VSMCs 增殖，可能起到预防糖尿病相关动脉粥样硬化的作用（Green，2011）。同时，研究者发现 K-877，一种新型选择性 PPARα 调节剂可通过抑制肾脏脂质合成和氧化应激来改善 db/db 小鼠的肾病。其机制可能是通过调节肾脏 AMPK-ACC 途径，随后加速脂肪酸 β-氧化和抑制脂肪酸合成从而抑制 DAG-PKC-NAD（P）H 氧化酶途径，进而改善血浆脂质含量和控制血糖水平（Lee，2005）。研究表明，高糖可以使 AMPK 失活、上调 NOX4、增强 NADPH 氧化酶活性并诱导足细胞凋亡（Kong，2012）。HG 对 AMPK 的抑制作用上调了 p53 的表达和磷酸化，并且 p53 在 NOX4 下游起作用。因此，通过靶向 ROS 产生和 AMPK 与 NOX4 的相关信号通路探讨了高糖刺激的 VSMCs 中 AOP 作用的分子机制。

3.4.4 抗氧化肽对 AMPK 的激活作用

在本研究中，发现抗氧化肽（AOP）通过 AMPK 的上调显著抑制了高糖诱导的 NOX4 表达，这意味着 AOP 可能通过刺激 AMPK 活性发挥其抗高糖诱导的平滑肌细胞氧化应激的作用。为了验证 NOX4 的表达受 AMPK 活化的影响，使用化合物 C（AMPK 抑制剂）来验证 AMPK 与 NOX4 的关系（Huang，2013），结果如图 3.17：正常低糖环境下，AOP 对细胞内 AMPK 的磷酸化及 NOX4 表达均没有作用，但高糖作用下，AOP 可以上调 HG 对 AMPK 磷酸化的抑制作用，并且抑制 NOX4 的表达量；正常糖的环境中，化合物 C 可以显著抑制 AMPK

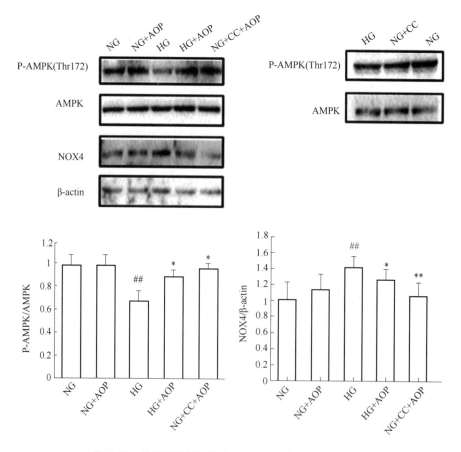

图 3.17　抗氧化肽通过激活 AMPK 抑制 NOX4 的表达

NG：正常组；HG：高糖组；CC：化学物 C；**：与正常组相比有极显著差异（$P < 0.01$）；

*：与高糖组相比有显著差异（$P < 0.05$）；**：与高糖组相比有极显著差异（$P < 0.01$）

的磷酸化，但是经过 AOP 处理后，AMPK 的磷酸化得到恢复并且抑制了 NOX4 的表达，说明 AOP 对 AMPK 的磷酸化具有促进作用。值得注意的是，越来越多的人认为 AMPK 与糖尿病患者的 NOX 活性密切相关（Gorin，2015；Kong，2012）。有研究发现高糖诱导的 NOX4 上调可以通过 AMPK 活化而降低，并且 AMPK 活化可以抑制内皮细胞中的 NOX2 活性（Banskota，2015；Eid，2010）。总的来说，研究表明 AOP 可以通过调节 AMPK / NOX4 / ROS 信号通路来防止糖尿病动脉粥样硬化。

本章小结

本章选取与平滑肌细胞氧化应激相关的蛋白质，采用蛋白质免疫印迹技术（Western blotting），从生物分子水平探讨抗氧化肽对高糖诱导 VSMCs 氧化应激的影响，发现抗氧化肽 ADWGGPLPH 降低，因高糖引起的 ROS 异常产生，可能与降低 VSMCs 内的 NOX4 表达量及 PKCζ 活性有关，且在高糖环境下，AMPKα 的 Thr172 位点磷酸化水平明显低于正常组和高糖加抗氧化肽组（$P < 0.01$）。加入抗氧化肽处理之后，可以提高高糖诱导的 VSMCs 内 AMPKα 的磷酸化水平（$P < 0.01$）。并且在 AMPK 抑制剂化合物 C 作用下，AOP 可以恢复 AMPK 的活性，说明 AOP 对 AMPK 具有促磷酸化作用。

参考文献

彭新颜，孔保华，熊幼翎，2010. 乳清多肽对 D-半乳糖衰老模型大鼠血清和脏器组织抗氧化效果的影响 [J]. 食品科学，31（9）：238-242.

Banskota S，Regmi S C，Kim J A，2015. NOX1 to NOX2 switch deactivates AMPK and induces invasive phenotype in colon cancer cells through overexpression of MMP-7 [J]. Molecular Cancer，14（1）：123-137.

Caroline M O，Anjos V P，Nogueiramachado J A，2016. Inflammasome as a new therapeutic target for diabetic complications [J]. Recent Patents on Endocrine Metabolic & Immune Drug Discovery，10（1）：56-62.

Chang H B，Heath J M，Chen Y，2016. Redox signaling in cardiovascular pathophysiology: A focus on hydrogen peroxide and vascular smooth muscle cells [J]. Redox Biology，9（C）：244-253.

Chan K C，et al.，2015. Mulberry polyphenols induce cell cycle arrest of vascular smooth muscle cells by inducing NO production and activating AMPK and p53 [J]. Journal of Functional Foods, 15: 604-613.

Deliri H, Mcnamara C A, 2007. Nox 4 regulation of vascular smooth muscle cell differentiation marker gene expression [J]. Arteriosclerosis Thrombosis and Vascular Biology, 27 (1): 12-14.

Eid A A, et al., 2010 AMP-activated protein kinase (AMPK) negatively regulates Nox4-dependent activation of p53 and epithelial cell apoptosis in diabetes [J]. Journal of Biological Chemistry, 285 (48): 37503-37512.

Fang Y Z, Yang S, Wu G W, 2002. Free Radicals, Antioxidants, and Nutrition [J]. Nutrition, 10: 872-879.

Gorin Y, et al., 2015. Targeting NADPH oxidase with a novel dual Nox1/Nox4 inhibitor attenuates renal pathology in type 1 diabetes [J]. American Journal of Physiology Renal Physiology, 308 (11): 1276-1287.

Green M F, Anderson K A, Means A R, 2011. Characterization of the CaMKK β-AMPK Signaling Complex [J]. Cellular Signalling, 23 (12): 2005-2012.

Guo R, et al., 2014. Resveratrol protects vascular smooth muscle cells against high glucose-induced oxidative stress and cell proliferation in vitro [J]. Medical Science Monitor Basic Research, 20: 82-92.

Huang S W, et al., 2013. p53 modulates the AMPK inhibitor compound C induced apoptosis in human skin cancer cells [J]. Toxicology & Applied Pharmacology, 267 (1): 113-124.

Harman D, 1956. Aging: a theory based on free radical and radiation chemistry [J]. Journal of gerontology, 11 (3): 298-300.

Hernández-Ledesma B, et al., 2005. Preparation of antioxidant enzymatic hydrolysates from α-lactalbumin and β-lactoglobulin. Identification of active peptides by HPLC-MS/MS[J]. Journal of Agricultural and Food Chemistry, 53 (3): 588-593.

Hernández-Ledesma B, et al., 2007. ACE-Inhibitory and radical-scavenging activity of peptides derived from β-Lactoglobulin f (19-25). Interactions with ascorbic acid [J]. Journal of Agricultural and Food Chemistry, 55 (9): 3392-3397.

Jiang J, et al., 2014. N-acetyl-serotonin protects HepG2 cells from oxidative stress injury induced by hydrogen peroxide [J]. Oxidative Medicine & Cellular Longevity, (2): 310504-310519.

King G L, 2004. Hyperglycemia-induced oxidative stress in diabetic complications [J]. Histochem Cell Biol, 122: 333-338.

Kai M, et al., 2009. Diacylglycerol kinase alpha enhances protein kinase Czeta-dependent phosphorylation at Ser311 of p65/RelA subunit of nuclear factor-kappaB [J]. Febs Letters, 583

（19）：3265-3273.

Kong S S, et al., 2012. Protection against Ischemia-Induced oxidative stress conferred by vagal stimulation in the rat heart: Involvement of the AMPK-PKC pathway [J]. International Journal of Molecular Sciences, 13 (11): 14311-14325.

Libby P, Ridker P M, Maseri A, 2002. Inflammation and atherosclerosis [J]. Circulation, 105 (9): 1135-1143.

Li Y W, et al., 2011. Quantitative structure-activity relationship study of antioxidative peptide by using different sets of amino acids descriptors [J]. Journal of Molecular Structure, 998 (1): 53-61.

Li Y W, et al., 2011. Structure-activity relationship study of antioxidative peptides by QSAR modeling: the amino acid next to C-terminus affects the activity [J]. Journal of Peptide Science, 17 (6): 454-462.

Liu J, et al., 2014. Anti-oxidative and anti-apoptosis effects of egg white peptide, Trp-Asn-Trp-Ala-Asp, against H_2O_2-induced oxidative stress in human embryonic kidney 293 cells [J]. Food & Function, 5 (12): 3179-3188.

Lee W J, et al., 2005. α-Lipoic acid increases insulin sensitivity by activating AMPK in skeletal muscle [J]. Biochemical & Biophysical Research Communications, 332 (3): 885-891.

Masters S L, et al., 2010. Activation of the Nlrp3 inflammasome by islet amyloid polypeptide provides a mechanism for enhanced IL-1β in type 2 diabetes [J]. Nature Immunology, 11 (10): 897-904.

Maga G, Hübscher U, 2003. Proliferating cell nuclear antigen (PCNA): a dancer with many partners [J]. Journal of Cell Science, 116 (15): 3051-3060.

Manea A, et al., 2015. High-glucose-increased expression and activation of NADPH oxidase in human vascular smooth muscle cells is mediated by 4-hydroxynonenal-activated PPARα and PPARβ/δ [J]. Cell & Tissue Research, 361 (2): 593-604.

Ou B, Hampsch-Woodill M, Prior RL, 2001. Development and validation of an improved oxygen radical absorbance capacity assay using fluorescein as the fluorescent probe [J]. Journal of Agricultural and Food Chemistry, 49: 4619-4626.

Osman I, Segar L, Pioglitazone, 2016. a PPARγ agonist, attenuates PDGF-induced vascular smooth muscle cell proliferation through AMPK-dependent and AMPK-independent inhibition of mTOR/p70S6K and ERK signaling [J]. Biochemical Pharmacology, 101: 54-70.

Peng Z, Arendshorst W J, 2008. Activation of phospholipase Cγ1 protects renal arteriolar VSMCs from H_2O_2-induced cell death [J]. Kidney & Blood Pressure Research, 31 (1): 1-9.

Suetsuna K, Ukeda H, Ochi H, 2000. Isolation and characterization of free radical scavenging activities peptides derived from casein [J]. Journal of Nutritional Biochemistry, 11 (3): 128-131.

Singh L P，2013．Thioredoxin interacting protein（TXNIP）and pathogenesis of diabetic retinopathy
[J]．Journal of Clinical & Experimental Ophthalmology，4（1）：30-42．

Van Asseldonk E J，et al.，2015．One week treatment with the IL-1 receptor antagonist anakinra leads
to a sustained improvement in insulin sensitivity in insulin resistant patients with type 1 diabetes
mellitus [J]．Clinical Immunology，160（2）：155-162．

Westwell-Roper C，et al.，2013．Activating the NLRP3 inflammasome using the amyloidogenic peptide
IAPP [J]．Methods in Molecular Biology，1040（1040）：9-17．

第 4 章

麦胚活性肽对 2 型
糖尿病的改善作用

4.1 活性肽治疗糖尿病研究现状

临床医学表明，2 型糖尿病患者长期血糖增高，大血管、微血管受损并危及心、脑、肾、周围神经、眼睛、足等，且通常还伴有肥胖症。此外，2 型糖尿病患者体内的氧化自由基显著高于正常人。麦胚活性肽可以通过清除 2 型糖尿病患者体内的自由基来减缓糖尿病引发的症状。有研究表明，给糖尿病小鼠喂食麦胚活性肽，可有效缓解糖尿病小鼠的症状，显著提高模型组小鼠肝脏的抗氧化能力，提升超氧化物歧化酶（superoxide dismutase，SOD）活性，显著降低丙二醛（malondialdehyde，MDA）水平，显著降低了肿瘤坏死因子-α（tumor necrosis factor-α，TNF-α）和白细胞介素-1β（interleukin-1 β，IL-1β）的表达，但没有降低血糖的作用（吕奕，2018）。Song 等（2017）研究发现具有抗氧化作用的酪蛋白糖巨肽衍生肽 IPPKKNQDKTE 可以通过激活腺苷酸活化蛋白激酶（adenosine 5-monophosphate-activated protein kinase，AMPK）信号通路改善 HepG2 细胞中高糖诱导的胰岛素抵抗，IPPKKNQDKTE 处理后改善了在高葡萄糖条件下培养胰岛素抵抗 HepG2 细胞的葡萄糖摄取，IPPKKNQDKTE 还可以防止高葡萄糖诱导的磷酸烯醇丙酮酸羧化激酶（phosphoenolpyruvate carboxykinase，PEPCK）和葡萄糖-6-磷酸酶（glucose-6-phosphatase，G6Pase）的表达，表明 IPPKKNQDKTE 具有抑制胰岛素抵抗 HepG2 细胞肝脏糖异生的能力。此外，IPPKKNQDKTE 通过调节糖原合成酶激酶 3β（glycogen synthase kinase 3β，GSK 3β）和糖原合成酶（glycogen synthase，GS）在高葡萄糖诱导的胰岛素抵抗的 HepG2 细胞中的磷酸化水平促进糖原生成。这些结果表明，IPPKKNQDKTE 可通过促进糖原生成和抑制糖异生部分改善胰岛素抵抗 HepG2 细胞状态中受损葡萄糖代谢。此研究证明了肽 IPPKKNQDKTE 通过 IRS / PI3K / AKT 信号通路调节减弱高葡萄糖诱导的胰岛素抵抗，可能是一个潜在的可以用于预防和改善肝脏胰岛素抵抗和 2 型糖尿病的药物。

4.2 麦胚活性肽对胰岛素抵抗的作用

糖尿病是一种世界范围内流行的代谢性疾病，主要分为 1 型糖尿病和 2 型糖尿病，其中 2 型糖尿病占 90%以上。目前治疗糖尿病的药物主要有双胍类（如二甲双胍）、磺脲类（如格列美脲、格列本脲、格列齐特和格列喹酮）、噻唑烷二酮类（如罗格列酮和吡格列酮）、苯甲酸衍生物类（如瑞格列奈和那格列奈）、α-葡萄糖苷酶抑制剂（如阿卡波糖和伏格列波糖）等，多具有一定的副作用，所以越来越多研究开始致力于开发无毒无害的天然提取物作为治疗糖尿病的新型药物。

研究表明，麦胚肽 AREGETVVPG 可以抑制由高糖诱导血管平滑肌细胞（VSMCs）造成的氧化应激，从而抑制 VSMCs 的异常增殖，并且通过体外模拟消化实验表明该抗氧化肽有被稳定吸收的能力（Chen 等，2016）。此外，麦胚抗氧化肽 AREGETVVPG 经改性为 AREGEM 后发现可以进一步抑制由高糖诱导 VSMCs 造成的氧化应激，促进异常增殖的 VSMCs 的凋亡（Cao 等，2017）。综上，麦胚活性肽可能在改善胰岛素抵抗上具有潜在的作用。因此，本团队使用胰岛素诱导，葡萄糖氧化酶法检测葡萄糖消耗量，建立 HepG2 胰岛素抵抗模型，并使用 IR-HepG2 细胞模型筛选了 10 种由团队前期分离出的预测具有生物活性的麦胚肽（吕奕，2018），评价麦胚活性肽对 HepG2 细胞胰岛素抵抗的作用。

4.2.1 IR-HepG2 模型的建立

众所周知，胰岛素抵抗是 2 型糖尿病发病的主要作用机制，胰岛素信号受阻造成葡萄糖代谢紊乱，而肝脏是胰岛素发挥作用的主要器官，是胰岛素敏感组织。HepG2 细胞的生物学代谢特性与人正常肝细胞极为相似，且 HepG2 细胞在体外培养操作容易，试验周期相对较短，方便重复实验（Satyakumar 等，2013），所以我们选用 HepG2 细胞模拟正常体内葡萄糖代谢过程。高浓度的胰岛素诱导建立胰岛素抵抗 HepG2 细胞模型（IR-HepG2）已成为目前广泛应用的体外胰岛素模型（李蒙 等，2016），因此，我们选用高浓度胰岛素诱导 IR-HepG2 细胞模型。由图 4.1 可知，加入胰岛素浓度为 10^{-7}mol/L、5×10^{-7}mol/L、10^{-6}mol/L、5×10^{-6}mol/L 的组别中，HepG2 的正常生长没有受影响，细胞活性无显著性差异，说明细胞培养液中该浓度的胰岛素含量对 HepG2 细胞没有毒性。

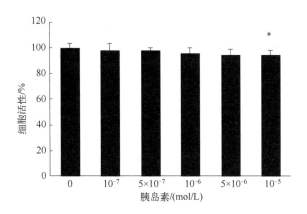

图 4.1　胰岛素对 HepG2 细胞活性的影响

*：表示与正常组相比，差异显著（$P < 0.05$）

如图 4.2 所示，当胰岛素浓度为 10^{-7}mol/L 时，葡萄糖消耗量已明显低于正常组（$P < 0.05$），并随着浓度的升高而逐渐减少，浓度为 5×10^{-7}mol/L、10^{-6}mol/L、5×10^{-6}mol/L、10^{-5}mol/L 时，葡萄糖消耗量逐渐减少（$P < 0.01$），说明 HepG2 细胞吸收葡萄糖能力受损，由于 10^{-5}mol/L 时对细胞造成损伤，故选择 5×10^{-6}mol/L 作为胰岛素抵抗建模浓度。

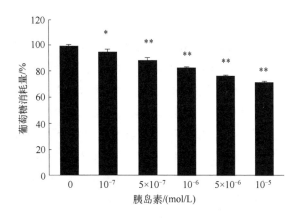

图 4.2　胰岛素对 HepG2 细胞葡萄糖消耗量的影响

*：表示与正常组相比，差异显著（$P < 0.05$），**：表示与正常组相比，差异极显著（$P < 0.01$）

4.2.2　麦胚活性肽的筛选

我们选取前期研究筛选并通过 PeptideRanker 数据库预测具有生物活性的 10 条麦胚肽进行降糖活性筛选，肽的序列见表 4.1，PeptideRanker 以 0.50 的阈值设置，即预测值为 0.50 阈值以上的任何肽被认为是具有所预测生物活性的。

表 4.1　目标肽段的序列及预测活性

编号	序列	分子质量/Da	PeptideRanker 结果
1	NDWKQPGW	1030.10	0.85
2	ADWGGPLPH	949.03	0.85
3	ANPWVPSM	901.05	0.84
4	YDWPGGRN	964.00	0.81
5	GGEDPIRW	928.99	0.81
6	PWVPSM	715.86	0.80
7	TNPLPNPW	938.04	0.79
8	LNYPPY	765.86	0.72
9	QQPGQGQPW	1024.46	0.64
10	GQQPGQGQPW	1081.48	0.64

按照预测活性由大到小的顺序给予肽序列编号 1～10，分别加入不同浓度的肽，MTT 法检测细胞活性，葡萄糖氧化酶法检测葡萄糖消耗量。如图 4.3 所示，1～10 序列的肽加入模型组内对细胞活性没有显著影响，说明其对细胞没有毒性。与对照组相比，当胰岛素浓度为 5×10^{-6}mol/L 时，葡萄糖消耗量显著减少，胰岛素敏感性降低，胰岛素抵抗模型造模成功，当加入不同浓度的肽时，1、2、3、5、7、8、9 均能增强葡萄糖消耗量，说明其能促进胰岛素抵抗 HepG2 细胞的葡萄糖吸收，改善胰岛素抵抗。肽 2 在低浓度 20 μmol/L 时能够极显著地增加葡萄糖消耗量（$P<0.01$），在 40 μmol/L 时消耗量增加到 7.71mmol/L，具有剂量依赖性，是改善胰岛素抵抗效果最好的肽。胰岛素抵抗 HepG2 模型中，模拟 2 型糖尿病发病机制主要是通过模拟其葡萄糖吸收与胰岛素分泌失衡的状态实现的（Vinoth 等，2015）。有研究表明肽 ACGNLPRMC、ACNLPRMC 和 AGCGCEAMFAGA 能够通过抑制α-淀粉酶活性从而降低葡萄糖释放，进而达到降糖的效果，可能是与其末端的丙氨酸有关（Saufi 等，2016），也有实验表明含脯氨酸的肽具有降糖作用（Song 等，2017），其中肽序列 ADWGGPLPH 降糖活性最好，可能是与其末端的丙氨酸以及含有脯氨酸有关。故选择 ADWGGPLPH 进行后续实验。

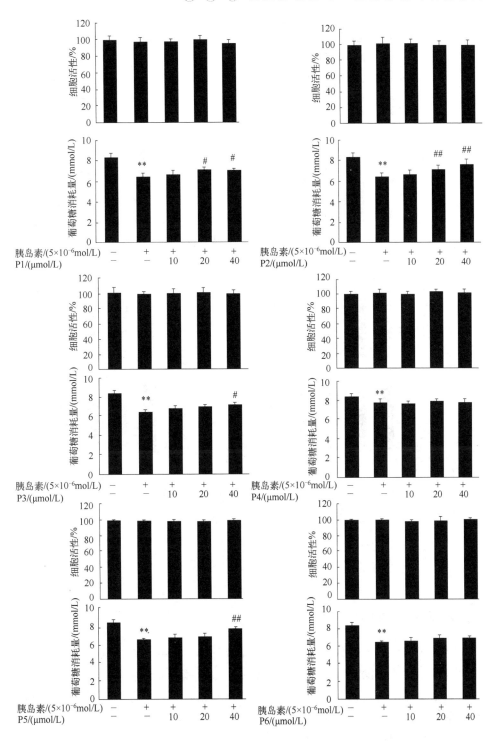

图 4.3

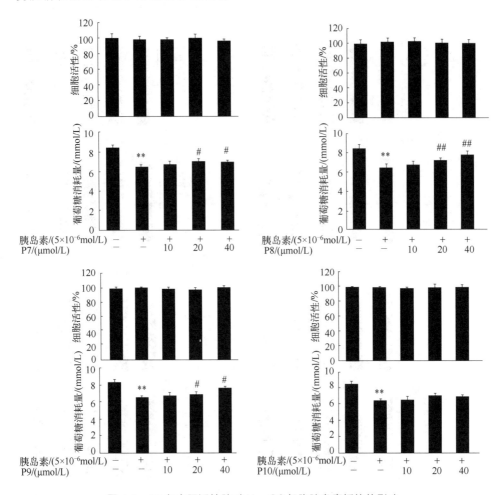

图 4.3 10 条麦胚活性肽对 HepG2 细胞胰岛素抵抗的影响

**: 表示与正常组相比有极显著差异（$P<0.01$）；#: 表示与模型组相比

有显著差异（$P<0.01$）；##: 表示与模型组相比有极显著差异（$P<0.01$）

4.2.3 麦胚活性肽对糖原含量的影响

肝脏在维持机体糖代谢过程中起着重要的作用，当血液中葡萄糖含量增多时，肝脏会将葡萄糖转化为糖原贮存起来，进而减少血液中葡萄糖浓度，糖原的合成主要受胰岛素调节，当机体产生胰岛素抵抗时，糖原合成受损，肝脏糖原含量减少，血糖含量增高。如图 4.4，检测不同组别的糖原含量发现，胰岛素抵抗模型组相比正常组，糖原含量明显减少（$P<0.01$），说明胰岛素抵抗模

型糖原合成受损，不同浓度的肽处理后，糖原含量显著增多（P＜0.01），证明了麦胚活性肽 ADWGGPLPH 能够增加胰岛素抵抗 HepG2 的糖原含量，促进糖原合成。

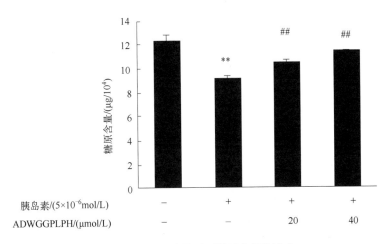

图 4.4　不同浓度的肽对糖原含量的影响

**：表示与正常组相比有极显著差异（P＜0.01）；

##：表示与模型组相比有极显著差异（P＜0.01）

　　糖原 PAS 染色能够更直观地看出不同组别糖原含量的多少，图 4.5 紫色深浅程度代表糖原含量的多少，可以看出与模型组相比，加入了不同浓度肽的实验组紫色明显加深，进一步证明了麦胚活性肽 ADWGGPLPH 能够增加胰岛素抵抗 HepG2 细胞的糖原含量，促进糖原合成。

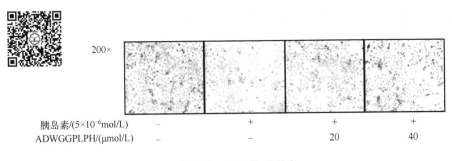

图 4.5　糖原 PAS 染色

4.2.4 麦胚活性肽对 HK、PK 的影响

己糖激酶（HK）、丙酮酸激酶（PK）是肝脏中糖酵解的关键限速酶，当机体处于胰岛素抵抗状态时，HK、PK 活性减弱，糖酵解减弱，导致胰岛素敏感性下降，血液中的游离葡萄糖无法被吸收。如图 4.6 所示，相比于对照组，胰岛素抵抗模型组 HK、PK 活力显著下降（$P<0.01$），不同浓度的肽处理后，HK、PK 活力显著上升（$P<0.01$），说明肽能够增强 HK、PK 的活性，从而促进糖酵解，减少血液中游离葡萄糖，从而增强胰岛素敏感性，缓解胰岛素抵抗。

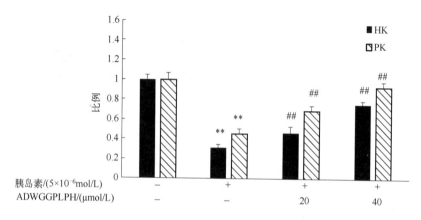

图 4.6　麦胚活性肽对糖酵解关键限速酶 HK、PK 的影响

**：表示与正常组相比有极显著差异（$P<0.01$）；

##：表示与模型组相比有极显著差异（$P<0.01$）

4.3　麦胚活性肽对 2 型糖尿病大鼠病症的改善作用

糖尿病是一种复杂的慢性的全身代谢紊乱疾病，通常伴有多饮、多尿、多食、体重减轻、疲劳乏力等症状。流行病学研究结果，糖尿病患者主要为 2 型糖尿病，占患者总数的 90%～95%（郭明鑫 等，2020）。2 型糖尿病的主要特点是胰岛素抵抗、胰岛素敏感性降低，2 型糖尿病的主要诱因包括肥胖、体力活动过少和应激。应激包括紧张、劳累、精神刺激、外伤、手术、分娩、其他重大疾病，以及使用升高血糖的激素等。因为上述诱因，患者的胰岛素分泌能力及身体对胰岛素的敏感性逐渐降低，血糖升高，导致糖尿病。长期的高血糖会对机体相关器官造成损

伤，容易导致非酒精性脂肪肝、糖尿病肾病、视网膜病变、酮症酸中毒等并发症，不仅严重影响患者的生命健康，还给患者带来不少经济压力与精神压力。

目前，已有研究证明，活性肽可以改善因糖尿病引起的症状。Song 等（2017）通过建立胰岛素抵抗模型，研究了肽 IPPKKNQDKTE 对胰岛素抵抗的作用，结果显示，肽 IPPKKNQDKTE 能够显著改善胰岛素抵抗。链脲佐菌素（streptozocin，STZ）结合高脂饮食诱导的大鼠糖尿病模型，其病理病症表现最接近 2 型糖尿病，是 2 型糖尿病研究实验中常用的经典动物模型。我们使用注射 STZ 诱导结合高脂饲料喂养建立 2 型糖尿病胰岛素抵抗大鼠模型，研究麦胚活性肽 ADWGGPLPH 对 2 型糖尿病大鼠血糖、血脂、肝脏、胰腺、肾脏等生理生化的影响。

4.3.1 麦胚活性肽对大鼠基础生理指标的影响

由于 SD 大鼠具有生长发育较快，适应性较强的特点，我们采用初始体重为（200±10）g 的 SD 雄性大鼠建立 2 型糖尿病大鼠模型，造模前，大鼠毛发纯白光亮，活泼好动，精神状态与健康状态良好。2 型糖尿病大鼠模型建立成功后，糖尿病大鼠毛色发黄暗淡，有酸臭味道，精神较为萎靡，行为较为倦怠。麦胚活性肽 ADWGGPLPH 灌胃 5 周后，大鼠的精神状态明显比糖尿病模型组好。

糖尿病大鼠体重在糖尿病患病期间增幅会减慢，如图 4.7 所示正常大鼠体

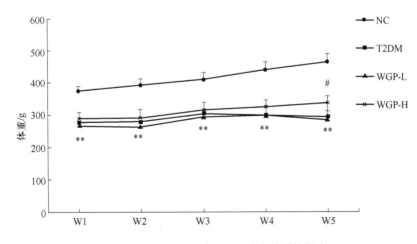

图 4.7　麦胚活性肽对 T2DM 大鼠体重的影响

NC，对照组；T2DM，2 型糖尿组；WGP-L，麦胚活性肽低剂量组；

WGP-H，麦胚活性肽高剂量组；W，时间（周）**：表示与正常组相比有极显著差异（$P < 0.01$）；

#：表示与模型组相比有显著差异（$P < 0.01$）

重随着时间增长逐渐缓慢增长，而糖尿病大鼠的体重增长缓慢甚至停滞不长。T2DM 大鼠的体重明显低于正常组，且具有显著性差异（$P<0.01$），灌胃麦胚活性肽高剂量（100mg/kg）组，在灌胃处理 5 周后，体重有明显增长（$P<0.05$），说明肽 ADWGGPLPH 能有效改善由 2 型糖尿病引起的体重缓增现象。

糖尿病患者时有伴随多食症状。如图 4.8 所示，T2DM 组大鼠的饮食摄入量比正常组要高，灌胃麦胚活性肽 ADWGGPLPH 处理五周后，饮食摄入量有减少的趋势，但无统计学差异。

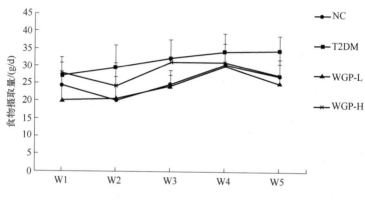

图 4.8　麦胚活性肽对 T2DM 大鼠食物摄取量的影响

饮水量增多是糖尿病的典型症状，糖尿病患者血糖比正常人高，导致机体渗透压发生变化，需要摄取更多的水使体内过多的葡萄糖通过尿液排出，所以 2 型糖尿病患者饮水量会是正常人好几倍。由图 4.9 可以看出，糖尿病大鼠的饮水量显著大于正常组（$P<0.01$），接近于正常组的 4～5 倍，灌胃麦胚肽 ADWGGPLPH 两周后就能显著减少糖尿病大鼠饮水量（$P<0.01$），直至实验结束，麦胚肽高剂量组的饮水量仍旧比 T2DM 组低，且具有统计学差异（$P<0.01$）。实验结果表明，肽 ADWGGPLPH 的处理可以显著降低 T2DM 组大鼠的饮水量，能够改善糖尿病大鼠的多饮的症状。

4.3.2　麦胚活性肽对大鼠胰岛素抵抗指数的影响

胰岛素抵抗是 2 型糖尿病发病的主要机制。胰岛素抵抗指数是反映大鼠胰岛素敏感性的重要指标，胰岛素抵抗指数是通过空腹血糖以及血清胰岛素含量使用公式计算得到的。胰岛素抵抗指数越高说明胰岛素抵抗越严重，胰岛素敏感性越差。

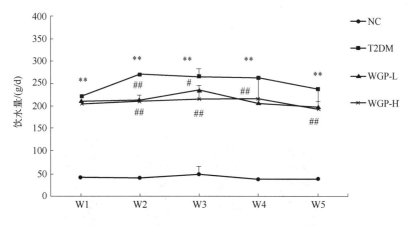

图 4.9　麦胚活性肽对 T2DM 大鼠饮水量的影响

**：表示与正常组相比有极显著差异（$P < 0.01$）；

#：表示与模型组相比有显著差异（$P < 0.01$）；##：表示与模型组相比有极显著差异（$P < 0.01$）

如图 4.10 所示，在麦胚活性肽灌胃 5 周后，测大鼠空腹血糖，糖尿病大鼠的血糖明显高于正常对照组，具有显著性差异（$P < 0.01$），灌胃麦胚活性肽 ADWGGPLPH 5 周后，高剂量组血糖显著低于糖尿病组，说明肽 ADWGGPLPH 能够改善 T2DM 大鼠高血糖症。

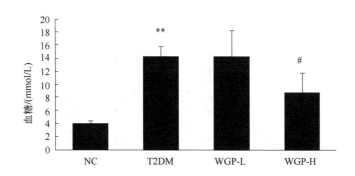

图 4.10　麦胚活性肽对 T2DM 大鼠血糖的影响

**：表示与正常组相比有极显著差异（$P < 0.01$）；

#：表示与模型组相比有显著差异（$P < 0.01$）

在麦胚活性肽 ADWGGPLPH 灌胃五周后，测大鼠血浆胰岛素含量。由图 4.11 可得，T2DM 组胰岛素含量明显高于正常对照组（$P<0.01$），灌胃处理后，高剂量组血浆胰岛素平均值为（20.07±2.19）µIU/mL，比 T2DM 组（23.53±2.36）µIU/mL 要小，且具有显著性差异（$P<0.05$）。

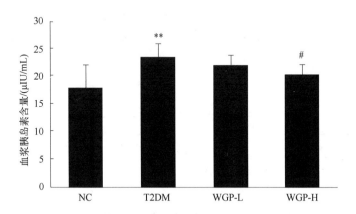

图 4.11　麦胚活性肽对 T2DM 大鼠血浆胰岛素含量的影响

**：表示与正常组相比有极显著差异（$P<0.01$）；

#：表示与模型组相比有显著差异（$P<0.01$）

如图 4.12，通过胰岛素含量与血糖含量计算得到胰岛素抵抗指数（HOMA-

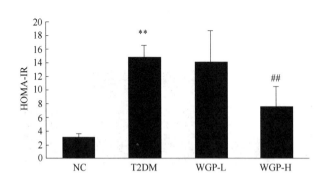

图 4.12　麦胚活性肽对 T2DM 大鼠胰岛素抵抗指数的影响

**：表示与正常组相比有极显著差异（$P<0.01$）；

##：表示与模型组相比有极显著差异（$P<0.01$）

IR），T2DM 组胰岛素抵抗指数为 14.91±1.60，约是正常对照组 3.17±0.38 的 4.7 倍（$P<0.01$），高剂量肽干预处理五周后，胰岛素抵抗指数下降到 7.64±2.90，且具有显著性差异（$P<0.01$），说明麦胚活性肽 ADWGGPLPH 能够有效缓解 T2DM 大鼠胰岛素抵抗。

4.3.3 麦胚活性肽对大鼠血浆脂质指标的影响

机体长期处于高血糖状态会引起脂质代谢紊乱，糖尿病患者通常会血脂水平紊乱。由图 4.13 可知，T2DM 组大鼠血浆中总胆固醇（TC）、甘油三酯（TG）的含量分别为（7.48±0.54）mmoL/L、（3.00±0.31）mmoL/g，约是正常组（4.69±0.98）mmoL/L、（1.95±0.38）mmoL/g 的 1.59 倍和 1.54 倍，具有显著性差异（$P<0.01$），说明糖尿病模型大鼠血浆中总胆固醇以及甘油三酯含量异常增多，当灌胃麦胚活性肽 ADWGGPLPH 低剂量 5 周后，血浆 TC、TG 含量明显减少（$P<0.05$），当灌胃麦胚活性肽 ADWGGPLPH 高剂量 5 周后，TC、TG 分别减少至（6.23±0.52）mmoL/L、（2.32±0.31）mmoL/g（$P<0.01$），说明麦胚活性肽能有效改善由 2 型糖尿病引起的 TC、TG 异常。

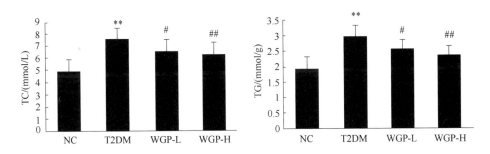

图 4.13　麦胚活性肽对 T2DM 大鼠血浆 TC、TG 的影响

**：表示与正常组相比有极显著差异（$P<0.01$）；

#：表示与模型组相比有显著差异（$P<0.01$）；##：表示与模型组相比有极显著差异（$P<0.01$）

高密度脂蛋白胆固醇（HDL-C）与低密度脂蛋白胆固醇（LDL-C）能反映体内高密度脂蛋白与低密度脂蛋白含量的多少。高密度脂蛋白由肝脏产生，主要功能是将胆固醇由肝外转运到肝内进行代谢，最后由胆汁排出体外，如图 4.14 所示，T2DM 组高密度脂蛋白含量明显低于正常对照组，说明胆固醇由肝外组织转运到肝脏内代谢受阻。低密度脂蛋白的主要功能是将胆固醇由肝脏转运到肝外组织，如图 4.14，T2DM 组低密度脂蛋白含量显著高于正常对照组，说明胆固醇由肝脏转运到肝外的能力增强。高密度脂蛋白含量减少，低密度脂蛋白含量增多，导致血液中胆固醇增多，灌胃麦胚活性肽 ADWGGPLPH 五周后，能明显升高高密度脂蛋白含量，降低低密度脂蛋白含量，进而减少血液中胆固醇含量。

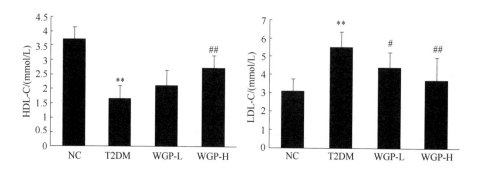

图 4.14　麦胚活性肽对 T2DM 大鼠血浆 HDL-C、LDL-C 的影响

**：表示与正常组相比有极显著差异（$P<0.01$）；

#：表示与模型组相比有显著差异（$P<0.01$）；##：表示与模型组相比有极显著差异（$P<0.01$）

游离脂肪酸是脂肪分解得到的一种脂质物质，含量过高容易造成高脂血症。如图 4.15 所示，T2DM 组游离脂肪酸含量相比于正常对照组而言，显著升高（$P<0.01$），当灌胃麦胚活性肽高剂量 5 周后，含量显著下降（$P<0.01$），说明麦胚活性肽有效地改善由 2 型糖尿病引起的游离脂肪酸升高的现象。

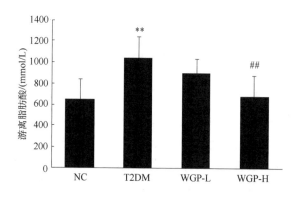

图 4.15　麦胚活性肽对 T2DM 大鼠血浆游离脂肪酸的影响

4.3.4 麦胚活性肽对大鼠肝脏糖原含量的影响

肝脏在维持机体糖代谢过程中起着重要的作用,当机体产生胰岛素抵抗时,糖原合成受损,肝脏糖原含量减少,血糖含量增高。本实验检测了大鼠肝脏的糖原含量以及进行了糖原过碘酸希夫染色(PAS 染色)。如图 4.16 所示,T2DM 组肝脏中糖原含量与正常对照组相比显著降低($P<0.01$),说明糖尿病大鼠肝脏中糖原合成与贮存减少,灌胃麦胚活性肽处理 5 周后,糖原含量明显有所提高($P<0.01$)。图 4.17 为糖原 PAS 染色,紫色的深浅代表着糖原含量的多少,T2DM 组中颜色相比于正常对照组,肉眼可见变浅了,当加入不同浓度的麦胚活性肽处理后,颜色逐渐变深,进一步证明了麦胚活性肽能促进糖原的合成与贮存。

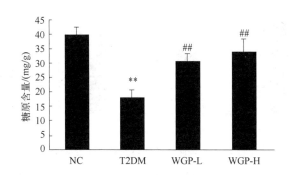

图 4.16 麦胚活性肽对糖原含量的影响

**：表示与正常组相比有极显著差异($P<0.01$);

#：表示与模型组相比有显著差异($P<0.01$);##：表示与模型组相比有极显著差异($P<0.01$)

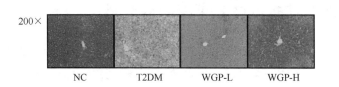

图 4.17 麦胚活性肽对肝脏糖原 PAS 染色的影响

4.3.5 麦胚活性肽对大鼠肝脏 HK、PK 的影响

为了进一步研究肝脏中糖代谢的状态,检测了肝脏中糖酵解关键限速酶己

糖激酶（HK）和丙酮酸激酶（PK），当机体产生胰岛素抵抗时，HK、PK活力降低使肝脏糖酵解减弱，葡萄糖不能正常分解代谢。由图4.18可见，T2DM组大鼠肝脏中HK、PK活力显著低于正常组（$P<0.01$），说明2型糖尿病大鼠中糖酵解代谢已受损。灌胃高剂量麦胚活性肽5周后，HK、PK活性显著升高，说明麦胚活性肽能够缓解由2型糖尿病带来的肝脏糖酵解受损，恢复糖酵解水平，从而缓解胰岛素抵抗。

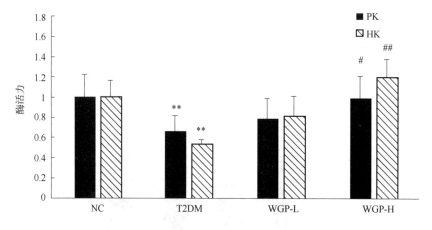

图4.18　麦胚活性肽对PK、HK的影响

**: 表示与正常组相比有极显著差异（$P<0.01$）；

#: 表示与模型组相比有显著差异（$P<0.01$）；##: 表示与模型组相比有极显著差异（$P<0.01$）

4.4　麦胚活性肽治疗2型糖尿病机制

2型糖尿病患者发病机制复杂，胰岛素抵抗一直贯穿糖尿病发生发展的过程，被认为是主要的发病机制。肝脏是体内胰岛素作用的主要靶器官，是糖代谢的主要场所。胰岛素抵抗过程中，肝脏糖酵解减弱，肝外游离葡萄糖吸收减弱，糖异生增强，糖原合成减少，肝脏释放更多的葡萄糖到肝外，导致血液中葡萄糖含量居高不下，胰岛素敏感性下降。除此之外，肝脏在维持脂质平衡方面起着关键作用，当机体处于糖尿病病理状态时，肝脏中的脂肪酸合成过量，脂肪酸氧化不足，这种脂肪酸合成与脂肪酸氧化之间的不平衡，会导致肝脏内脂质过度积累和过氧化，引发肝脏的氧化损伤和炎症，增加非酒精性脂肪肝（NAFLD）的易感性（Gross 等，2016）。因此，我们以麦胚活性肽 ADWGGPLPH 为研究对象，研究其对 2 型糖尿病大鼠肝脏中糖脂代谢异常的影响，并使用 Western blotting 技术等探讨麦胚活性肽 ADWGGPLPH 改善 2 型糖尿病的作用机制。

4.4.1 麦胚活性肽对胰岛素信号通路相关蛋白表达的影响

细胞因子负责通过激活质膜受体来调节重要的生理过程，例如炎症、免疫力和神经系统的发育（Yoshimura 等，2007）。细胞因子信号转导受细胞因子信号转导抑制因子家族蛋白调控（Yoshimura 等，2018）。SOCS3（suppressor of cytokine signaling 3）：细胞因子信号传送阻抑物，是细胞因子信号转导抑制因子家族蛋白之一，被确定为一个经典的负反馈系统（Jung 等，2015）。已有研究表明，SOCS3 与能量代谢稳态有关，能够抑制相关激素，如胰岛素、瘦素的调节（Emanuelli 等，2001；Zhang 和 Chua，2017）。小鼠中 SOCS3 的缺失具有改善瘦素和胰岛素敏感性的潜力（Pedroso 等，2014）。抑制 SOCS3 活性或表达可能是用于治疗 2 型糖尿病有前途的治疗方法（Pedroso 等，2018）。SOCS3 可通过泛素-蛋白酶与功能性 E3 泛素连接酶相互作用，这些连接酶直接损害胰岛素受体（IR）、胰岛素受体底物 1 和 2（IRS1 和 IRS2）以及胰岛素的其他主要信号分子参与胰岛素信号转导的抑制（Khodarahmi 等，2019）。IRS1/AKT 是胰岛素信号转导的经典信号通路，IRS1 的丝氨酸磷酸化能够抑制下游胰岛素信号通路的转导，2 型糖尿病患者的肝细胞中 IRS1/AKT 信号转导受损，IRS1 的丝氨酸 307 位点在胰岛素抵抗的状态下被磷酸化并抑制 IRS1 与 IR 的结合，从而导致 IRS1/AKT 信号通路受阻，葡萄糖代谢受阻（Kubota 等，2017；Besse-Patin 等，2019）。

如图 4.19 所示，我们研究了麦胚活性肽 ADWGGPLPH 的干预对 2 型糖尿病大鼠胰岛素信号转导的影响，可以看出 T2DM 组肝脏中 SOCS3 表达显著高于正常对照组，说明胰岛素信号转导受到了抑制，当灌胃高剂量的肽处理后，SOCS3 的表达受到了抑制，胰岛素信号转导的抑制受到了缓解。T2DM 组中 IRS1 的丝氨酸 307 位点磷酸化被激活，说明 IRS1 与 IR 的结合受阻，从而导致胰岛素信号通路下游 PI3K/AKT 受阻，由图 4.19 可见，T2DM 组 AKT 磷酸化的蛋白质表达显著降低，灌胃麦胚活性肽高剂量处理后，IRS1 丝氨酸 307 位点磷酸化显著减弱，AKT 磷酸化显著升高，说明胰岛素信号通路得到恢复，进而缓解了胰岛素抵抗，增强了胰岛素敏感性。

为了验证麦胚活性肽改善 2 型糖尿病胰岛素抵抗的作用机制，我们跟踪检测了 HepG2 细胞中胰岛素信号通路 SOCS3/IRS1/AKT 的表达。如图 4.20 所示，

SOCS3 在胰岛素抵抗模型组中表达量升高，当肽 ADWGGPLPH 浓度为 20μmol/L 时，SOCS3 的表达量显著减少（$P<0.05$），当肽浓度达到 40μmol/L 时，SOCS3 的表达量减少约 50%（$P<0.01$），说明肽 ADWGGPLPH 能够有效缓解由胰岛素抵抗带来的 SOCS3 的聚集；在 HepG2 细胞胰岛素抵抗模型中，IRS1 的 Ser307 位点得到激活，p-IRS1（S307）表达量急剧升高，当加入不同浓度的肽时，表达量显著减少（$P<0.01$），说明肽 ADWGGPLPH 能够有效减弱 IRS1 丝氨酸的磷酸化；胰岛素抵抗细胞模型中 AKT 的磷酸化受到了抑制，加入不同浓度的肽促进了 AKT 的磷酸化，进而从细胞层面验证了麦胚活性肽 ADWGGPLPH 能够通过促进胰岛素信号通路 SOCS3/IRS1/AKT 的转导，从而缓解胰岛素抵抗，增强胰岛素敏感性。

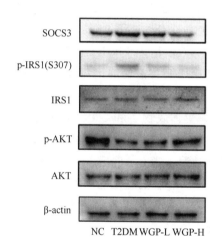

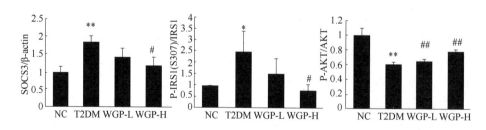

图 4.19　麦胚活性肽对肝脏 SOCS3/IRS1/AKT 蛋白的影响

*：表示与正常组相比有显著差异（$P<0.05$）；**：表示与正常组相比有极显著差异（$P<0.01$）；

#：表示与模型组相比有显著差异（$P<0.01$）；##：表示与模型组相比有极显著差异（$P<0.01$）

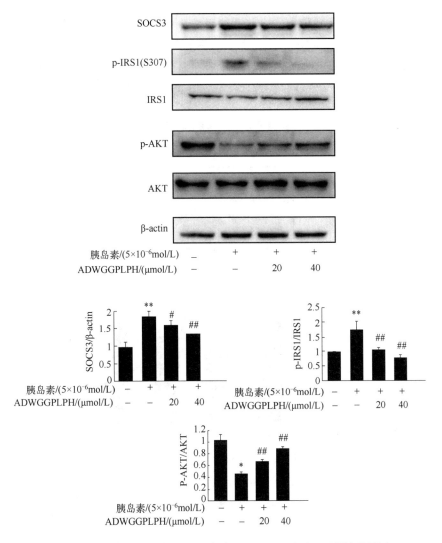

图 4.20　麦胚活性肽对 HepG2 细胞 SOCS3/IRS1/AKT 蛋白的影响

$*$：表示与正常组相比有显著差异（$P < 0.05$）；$**$：表示与正常组相比有极显著差异（$P < 0.01$）；

$#$：表示与模型组相比有显著差异（$P < 0.01$）；$##$：表示与模型组相比有极显著差异（$P < 0.01$）

4.4.2　麦胚活性肽对糖代谢相关蛋白表达的影响

　　肝糖原是肝脏糖代谢中的一个重要指标，胰岛素敏感性降低会导致下游糖原合成减少，GSK 3β 是糖原合成的关键信号通路蛋白之一，GSK 3β 的磷酸化会使下游的 GS 去磷酸化，从而使 GS 得到激活，增加糖原合成与糖原贮存。

如图 4.21，检测大鼠肝脏中 GSK 3β 的表达，发现 T2DM 组 GSK 3β 的磷酸化显著降低（$P<0.01$），在灌胃高剂量的麦胚活性肽处理 5 周后，GSK 3β 的磷酸化表达显著升高（$P<0.01$），说明麦胚活性肽促进了大鼠肝脏糖原合成。

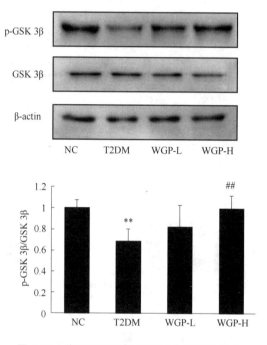

图 4.21　麦胚活性肽对 GSK 3β 蛋白的影响

**：表示与正常组相比有极显著差异（$P<0.01$）;

##：表示与模型组相比有极显著差异（$P<0.01$）

2 型糖尿病中糖异生会异常增多，有研究表明，FOXO1 可以通过 FOXO1/PGC1α 途径调节糖异生（Gu 等，2019）。FOXO1 能够调节糖异生关键蛋白葡萄糖-6-磷酸酶（G6Pase）、磷酸烯醇式丙酮酸羧激酶（PEPCK）的表达（Cheng 等，2019）。沉默 FOXO1 可以逆转肝脏糖异生和肝糖原的输出，FOXO1 的表达升高可上调糖异生关键酶的表达（Gu 等，2019）。当机体胰岛素敏感性降低时，FOXO1 表达量升高，糖异生增加，释放更多的葡萄糖进入血液中，致使血糖升高。如图 4.22 所示，T2DM 模型组中 FOXO1 的表达量显著低于正常对照组（$P<0.01$），麦胚活性肽高剂量处理 5 周后，表达量显著降低（$P<0.05$），说明麦胚活性肽可能通过 FOXO1/PGC1α 途径缓解抑制糖异生。

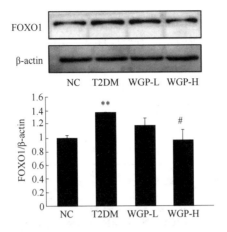

图 4.22　麦胚活性肽对 FOXO1 的影响

**：表示与正常组相比有极显著差异（$P<0.01$）；

#：表示与模型组相比有显著差异（$P<0.01$）

　　PEPCK、G6Pase 是糖异生的关键蛋白，负责将丙酮酸转化为葡萄糖，从而释放到血液中去。如图 4.23，PCR 检测 PEPCK 与 G6Pase 基因的表达，T2DM模型组中，PEPCK 与 G6Pase 表达量显著增多（$P<0.01$），糖异生被激活，当灌胃高剂量的麦胚活性肽处理 5 周后显著抑制了 PEPCK 与 G6Pase 的表达（$P<0.05$）。综上，麦胚活性肽通过调节 FOXO1 的表达，抑制了下游 PEPCK、G6Pase 的表达，从而抑制了糖异生。

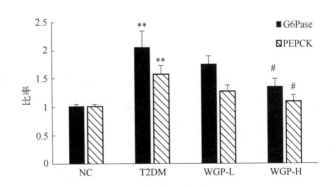

图 4.23　麦胚活性肽对 PEPCK、G6Pase 的影响

**：表示与正常组相比有极显著差异（$P<0.01$）；

#：表示与模型组相比有显著差异（$P<0.01$）

GLUT2 是将葡萄糖从细胞外转运到细胞内进行有氧代谢或厌氧降解的一种转运蛋白。如图 4.24 所示，2 型糖尿病大鼠模型组 GLUT2 表达量明显低于正常对照组（$P<0.01$），灌胃麦胚活性肽 5 周后，糖转运蛋白 GLUT2 表达量显著升高（$P<0.05$），说明麦胚活性肽可以缓解由 2 型糖尿病造成的糖转运的减少，促进 2 型糖尿病葡萄糖的转运。

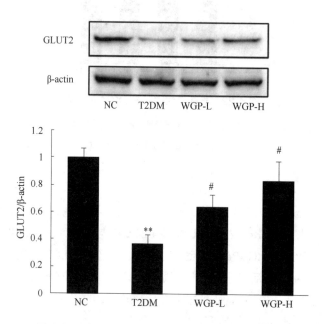

图 4.24　麦胚活性肽对糖转运蛋白 GLUT2 的影响

**：表示与正常组相比有极显著差异（$P<0.01$）；

#：表示与模型组相比有显著差异（$P<0.01$）

综上，麦胚活性肽 ADWGGPLPH 在大鼠肝脏中能够促进 GSK 3β 的磷酸化，减少 FOXO1 的表达，增加 GLUT2 的表达，进而促进糖原合成，减少糖异生，促进糖转运，从而达到改善糖代谢的目的。

为了验证麦胚活性肽改善 2 型糖尿病糖代谢的作用机制，跟踪检测了 HepG2 糖代谢相关蛋白的表达。由图 4.25 可见，胰岛素抵抗模型组中，GSK 3β 的磷酸化显著降低（$P<0.01$），当加入浓度为 40μmol/L 的肽时，p-GSK 3β 的表达量显著增多（$P<0.01$），说明肽 ADWGGPLPH 促进了 GSK 3β 的磷酸化，从而促进糖原合成。

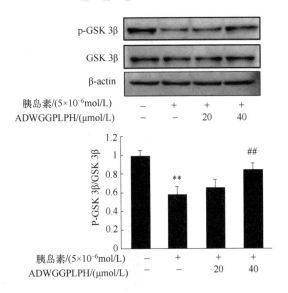

图 4.25 麦胚活性肽对 GSK 3β 蛋白的影响

**：表示与正常组相比有极显著差异（$P < 0.01$）；

##：表示与模型组相比有极显著差异（$P < 0.01$）

如图 4.26 所示，模型组中 FOXO1 表达量显著增高（$P < 0.01$），糖异生增

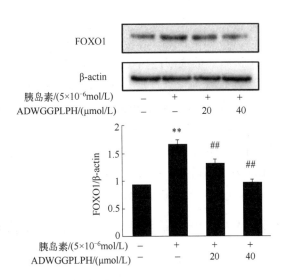

图 4.26 麦胚活性肽对 FOXO1 表达的影响

**：表示与正常组相比有极显著差异（$P < 0.01$）；

##：表示与模型组相比有极显著差异（$P < 0.01$）

加，不同浓度肽处理后，FOXO1 表达量显著减少（$P < 0.01$），说明肽抑制了 FOXO1 的表达。图 4.27，当机体发生胰岛素抵抗时，G6Pase、PEPCK 表达量显著增多（$P < 0.01$），糖异生增加，当肽浓度为 20μmol/L 时，G6Pase、PEPCK 的表达量已显著减少（$P < 0.05$），当肽浓度为 40μmol/L 时，相对于模型组表达减少量已经大于 50%。进一步说明麦胚活性肽 ADWGGPLPH 能够通过抑制 FOXO1 的表达，调节 G6Pase、PEPCK 的表达，进而抑制糖异生。

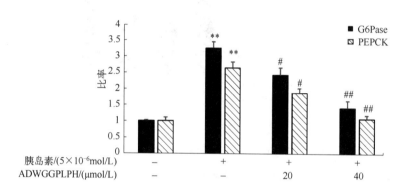

图 4.27　麦胚活性肽对 G6Pase、PEPCK 表达的影响

**：表示与正常组相比有极显著差异（$P < 0.01$）；

#：表示与模型组相比有显著差异（$P < 0.01$）；##：表示与模型组相比有极显著差异（$P < 0.01$）

如图 4.28 所示，胰岛素抵抗细胞模型组 GLUT2 表达量明显低于正常对照组（$P < 0.01$），麦胚活性肽低剂量处理后，糖转运蛋白 GLUT2 表达量即显著升高（$P < 0.01$），说明麦胚活性肽可以缓解由胰岛素抵抗造成的糖转运的减少，促进葡萄糖的转运，减少胞外葡萄糖含量，进而促进葡萄糖的消耗。

综上，麦胚活性肽 ADWGGPLPH 在 HepG2 细胞中亦能促进 GSK 3β 的磷酸化，减少 FOXO1 的表达，增加 GLUT2 的表达，进而促进糖原合成，减少糖异生，促进糖转运，从而达到改善糖代谢的目的。

4.4.3　麦胚活性肽对大鼠肝脏脂代谢相关蛋白表达的影响

由前文研究可知，2 型糖尿病大鼠血清中脂质含量超标，HDL-C、LDL-C、TG、TC、NEFA 表达异常，说明糖尿病大鼠模型中脂质代谢紊乱。为了进一步了解麦胚活性肽对 2 型糖尿病胰岛素抵抗的作用机制，研究了麦胚活性肽对脂质代谢通路相关蛋白的表达。

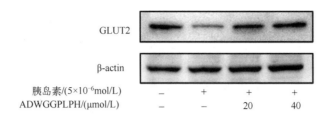

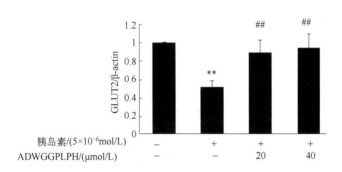

图 4.28　麦胚活性肽对糖转运蛋白表达的影响

**：表示与正常组相比有极显著差异（$P < 0.01$）；

##：表示与模型组相比有极显著差异（$P < 0.01$）

过氧化物酶体增殖剂激活受体（PPAR）是配体诱导的转录因子，属于核受体家族。目前已鉴定出三种 PPAR 亚型：PPARα，PPAR β/δ，PPARγ。PPARα于 1990 年被鉴定出来，并以其能够在啮齿动物中诱导过氧化物酶体增殖的化学物质激活的能力命名（Issemann 和 Green，1990）。过氧化物酶体是在大多数动植物细胞中发现的亚细胞器，作用于各种代谢功能，包括脂肪酸的 β-氧化，胆汁酸、胆固醇的代谢（Islinger 等，2010）。PPARα参与控制多种脂质代谢途径，包括线粒体脂肪酸氧化、脂肪酸结合与活化、脂蛋白代谢、胆汁酸代谢等（Kersten 和 Stienstra，2017）。PPARα在脂肪酸氧化率高的组织中广泛表达，例如肝脏、骨骼肌，并作为脂肪酸稳态的主要调节器（Bougarne 等，2018）。图 4.29，T2DM 大鼠模型组中，PPARα的表达量与正常对照组相比显著减少，说明 PPARα的表达受到了抑制，经过麦胚活性肽 5 周处理后，与 T2DM 组相比，高剂量组 PPARα的表达量显著升高（$P < 0.01$），说明麦胚活性肽 ADWGGPLPH能够促进 PPARα的表达，促进脂肪酸氧化。

固醇调节元件结合蛋白（SREBPs）是一种与膜结合的转录因子，控制着脂质生物合成基因的表达（Horton 等，2002）。SREBP1 主要负责脂肪酸和甘油三酯合成，调控 FAS 和 ACC 的转录（Engelking 等，2018）。有研究证明，在缺乏 PPARα的小鼠中，SREBP1 的表达量升高，对 SREBP1 敏感的脂肪生成基因乙酰辅酶 A 羧化酶（ACC）和 FAS 的正常调节受到干扰（Patel 等，2001）。此外，肝脏中 SREBP1 的表达也受胰岛素的影响（Tang 等，2017）。如图 4.30，T2DM 大鼠模型组中，SREBP1 表达量与正常对照组相比显著升高，麦胚活性肽高剂量组处理 5 周后，SREBP1 表达显著降低，从而改善 2 型糖尿病大鼠的脂质代谢。

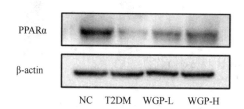

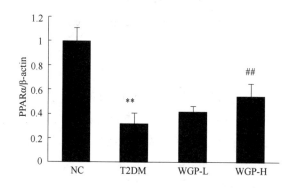

图 4.29　麦胚活性肽对 PPARα的影响

**：表示与正常组相比有极显著差异（ $P < 0.01$ ）；

##：表示与模型组相比有极显著差异（ $P < 0.01$ ）

　　FAS 是一种脂肪酸合成限速酶，受 SREBP1 调控，在脂肪酸的合成中起着催化的作用，同时也是脂肪酸氧化的有效抑制剂。如图 4.30，与正常对照组相比，T2DM 组 FAS 的表达量剧增，说明 T2DM 组大鼠脂肪酸合成过多，可以解释前文中血浆脂质沉积。麦胚活性肽高剂量组干预 5 周后，FAS 的表达显著降低，说明麦胚活性肽可以降低脂肪酸的合成。

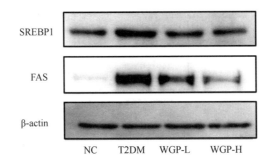

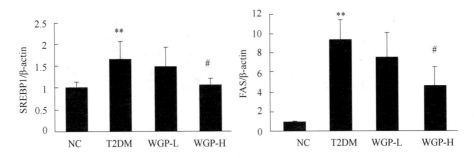

图 4.30 麦胚活性肽对 SREBP1、FAS 的影响

**: 表示与正常组相比有极显著差异（$P < 0.01$）;

#: 表示与模型组相比有显著差异（$P < 0.01$）

新脂肪生成在脂肪酸代谢中起主要作用，并显著促进肝细胞内甘油三酯的聚集（Alkhouri 等，2020）。ACC 在肝脏内是一种负责将乙酰辅酶 A 转化为丙二酰辅酶 A 的羧化酶，是控制新脂肪生成的关键限速酶（Moritz 等，2018；Oishi 等，2017）。ACC 的磷酸化可以抑制其活性，从而抑制肝脂肪酸的生成，提高胰岛素敏感性，对肥胖、糖尿病和非酒精性脂肪肝具有改善作用（Harriman 等，2016；Fang 等，2019）。如图 4.31，与正常对照组相比，T2DM 组 ACC 表达量异常增高，由于 ACC 是由 SREBP1 调控转录的，表达量异常可能是因为 SREBP1 过度活化造成的。同时 T2DM 组大鼠 ACC 磷酸化显著降低，说明其活性增强，加强了脂肪酸合成。经过 5 周的麦胚活性肽处理后，T2DM 组大鼠 ACC、p-ACC 表达被逆转，说明麦胚活性肽抑制了大鼠肝脏中脂肪酸的合成。

上述结果说明，麦胚活性肽在大鼠肝脏中通过核转录因子 PPARα 调控下游 SREBP1 的表达，从而改善下游 ACC、FAS 的表达，抑制脂肪酸过度合成，促进脂肪酸氧化，从而缓解 T2DM 大鼠脂代谢异常。

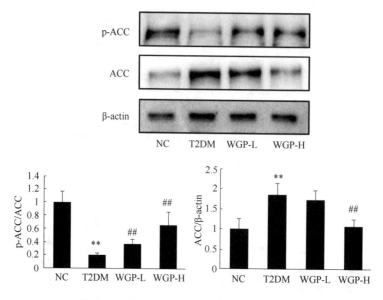

图 4.31　麦胚活性肽对 p-ACC、ACC 的影响

**: 表示与正常组相比有极显著差异（$P < 0.01$）；

##: 表示与模型组相比有极显著差异（$P < 0.01$）

本章小结

本章使用 HepG2 细胞建立胰岛素抵抗模型，筛选出缓解胰岛素抵抗活性最好的肽 ADWGGPLPH，并通过 SD 大鼠 2 型糖尿病胰岛素抵抗模型探讨其改善 2 型糖尿病胰岛素抵抗的作用机制。主要结论包括：麦胚活性肽能够改善由胰岛素抵抗引起的 HepG2 细胞糖代谢异常；麦胚活性肽可以有效缓解 SD 大鼠由 2 型糖尿病引起的胰岛素抵抗；麦胚活性肽缓解了由 2 型糖尿病造成的大鼠血浆血脂异常，进而改善了血液中的脂质沉积，并改善了由 2 型糖尿病引起的大鼠肝脏、肾脏以及胰腺组织形态的异常，促进了肝脏、肾脏及胰腺组织功能的恢复；麦胚活性肽可以促进体内糖转运，调节葡萄糖稳态，抑制脂肪酸过度合成，促进脂肪酸氧化，进而改善了 2 型糖尿病脂代谢异常。

参考文献

郭明鑫，吴霞，冯毅凡，2020．天然产物对 2 型糖尿病模型治疗作用相关机制研究进展［J］．中国实验方剂学杂志，26（17）：212-218.

李蒙，魏颖，秦灵灵，等，2016. 胰岛素诱导 HepG2 细胞胰岛素抵抗模型的建立 [J]. 现代中药研究与实践，4：35-37.

Alkhouri N，Lawitz E，Noureddin M，et al.，2020. GS-0976（Firsocostat）：an investigational liver-directed acetyl-CoA carboxylase （ACC） inhibitor for the treatment of non-alcoholic steatohepatitis（NASH）[J]. Expert Opinion on Investigational Drugs，29（2）：135-141.

Besse-Patin A，Jeromson S，Levesque-Damphousse P，et al.，2019. PGC1A regulates the IRS1：IRS2 ratio during fasting to influence hepatic metabolism downstream of insulin[J]. Proceedings of the National Academy of Sciences of the United States of America，116（10）：4285-4290.

Bougarne N，Weyers B，Desmet S J，et al.，2018. Molecular actions of PPARα in lipid metabolism and inflammation [J]. Endocrine Reviews，39（5）：760-802.

Cao X，Lyu Y，Ning J，et al.，2017. Synthetic peptide，Ala-Arg-Glu-Gly-Glu-Met，abolishes pro-proliferative and anti-apoptotic effects of high glucose in vascular smooth muscle cells [J]. Biochemical and Biophysical Research Communications，485（1）：215-220.

Chen S，Lin D，Gao Y，et al.，2016. A novel antioxidant peptide derived from wheat germ prevents high glucose-induced oxidative stress in vascular smooth muscle cells in vitro [J]. Food & Function，8（1）：142-150.

Cheng Q，Li Y，Yang C，et al.，2019. Ethanol-induced hepatic insulin resistance is ameliorated by methyl ferulic acid through the PI3K/AKT signaling pathway [J]. Frontiers in Pharmacology，10：949.

Emanuelli B，Peraldi P，Filloux C，et al.，2001. SOCS-3 inhibits insulin signaling and is up-regulated in response to tumor necrosis factor-alpha in the adipose tissue of obese mice [J]. Journal of Biological Chemistry，276（51）：47944-47949.

Engelking L J，Cantoria M J，Xu Y，et al.，2018. Developmental and extrahepatic physiological functions of SREBP pathway genes in mice[J]. Seminars in Cell & Developmental Biology，81：98-109.

Fang K，Wu F，Chen G，et al.，2019. Diosgenin ameliorates palmitic acid-induced lipid accumulation via AMPK/ACC/CPT-1A and SREBP-1c/FAS signaling pathways in LO2 cells [J]. BMC Complementary and Alternative Medicine，19（1）：255.

Gross B，Pawlak M，Lefebvre P，et al.，2016. PPARs in obesity-induced T2DM，dyslipidaemia and NAFLD [J]. Nature Reviews Endocrinology，13（1）：36-49.

Gu L，Ding X，Wang Y，et al.，2019. Spexin alleviates insulin resistance and inhibits hepatic gluconeogenesis via the FoxO1/PGC-1α pathway in high-fat-diet-induced rats and insulin resistant cells [J]. International Journal of Biological Sciences，15（13）：2815-2829.

Harriman G, Greenwood J, Bhat S, et al., 2016. Acetyl-CoA carboxylase inhibition by ND-630 reduces hepatic steatosis, improves insulin sensitivity, and modulates dyslipidemia in rats[J]. Proceedings of the National Academy of Sciences, 113 (13): 1796-1805.

Horton J D, Goldstein J L, Brown M S, 2002. SREBPs: activators of the complete program of cholesterol and fatty acid synthesis in the liver [J]. Journal of Clinical Investigation, 109 (9): 1125-1131.

Islinger M, Cardoso M J, Schrader M, 2010. Be different--the diversity of peroxisomes in the animal kingdom [J]. Biochimica et Biophysica Acta, 1803 (8): 881-897.

Issemann I, Green S, 1990. Activation of a member of the steroid hormone receptor superfamily by peroxisome proliferators [J]. Nature, 347 (6294): 645-650.

Jung J, Moon J W, Choi J H, et al., 2015. Epigenetic alterations of IL-6/STAT3 signaling by placental stem cells promote hepatic regeneration in a rat model with CCl4-induced liver injury [J]. International Journal of Stem Cells, 8 (1): 79-89.

Kersten S, Stienstra R, 2017. The role and regulation of the peroxisome proliferator activated receptor alpha in human liver [J]. Biochimie, 136: 75-84.

Khodarahmi A, Eshaghian A, Safari F, et al., 2019. Quercetin mitigates hepatic insulin resistance in rats with bile duct ligation through modulation of the STAT3/SOCS3/IRS1 signaling pathway [J]. Journal of Food Science, 84 (10): 3045-3053.

Kubota T, Kubota N, Kadowaki T, 2017. Imbalanced insulin zctions in obesity and type 2 diabetes: key mouse models of insulin signaling pathway [J]. Cell Metabolism, 25 (4): 797-810.

Moritz H, Hagmann A, Stuttfeld E, et al., 2018. Structural basis for regulation of human acetyl-CoA carboxylase [J]. Nature, 558 (7710): 470-474.

Oishi Y, Spann N J, Link V M, et al., 2017. SREBP1 Contributes to resolution of pro-inflammatory TLR4 signaling by reprogramming fatty acid metabolism[J]. Cell Metabolism, 25(2): 412-427.

Patel D D, Knight B L, Wiggins D, et al., 2001. Disturbances in the normal regulation of SREBP-sensitive genes in PPAR alpha-deficient mice [J]. Journal of Lipid Research, 42: 328-337.

Pedroso J A B, Buonfiglio D C, Cardinali L I, et al., 2014. Inactivation of SOCS3 in leptin receptor-expressing cells protects mice from diet-induced insulin resistance but does not prevent obesity [J]. Molecular Metabolism, 3 (6): 608-618.

Pedroso J A B, Ramos-Lobo A M, Donato J D, 2018. SOCS3 as a future target to treat metabolic disorders [J]. Hormones, 18 (2): 127-136.

Satyakumar Vidyashankar, R Sandeep Varma, Pralhad Sadashiv Patki, 2013. Quercetin ameliorate insulin resistance and up-regulates cellular antioxidants during oleic acid induced hepatic steatosis in HepG2 cells [J]. Toxicology in Vitro, 27 (2): 945-953.

Saufi B, Nurul S, Afifah H, et al., 2016. Antioxidative and amylase inhibitor peptides from basil seeds [J]. International Journal of Peptide Research and Therapeutics, 22 (1): 3-10.

Song J, Wang Q, Du M, et al., 2017. Casein glycomacropeptide-derived peptide IPPKKNQDKTE ameliorates high glucose-induced insulin resistance in HepG2 cells via activation of AMPK signaling [J]. Molecular Nutrition & Food Research, 61 (2).

Tang S, Wu W, Tang W, et al., 2017. Suppression of Rho-kinase 1 is responsible for insulinregulation of the AMPK/SREBP-1c pathway in skeletal muscle cells exposed to palmitate [J]. Acta Diabetologica, 54 (7): 635-644.

Vinoth Kumar T, Lakshmanasenthil S, Geetharamani D, et al., 2015. Fucoidan-a α-D-glucosidase inhibitor from Sargassum wightII with relevance to type 2 diabetes mellitus therapy [J]. International Journal of Biological Macromolecules, 72: 1044-1047.

Yoshimura A, Ito M, Chikuma S, et al., 2018. Negative regulation of cytokine signaling in immunity [J]. Cold Spring Harbor Perspect in Biology, 10 (7): a028571.

Yoshimura A, Naka T, Kubo M, 2007. SOCS proteins, cytokine signalling and immune regulation [J]. Bature Reviews Immunology, 7 (6): 454-465.

Zhang Y, Chua S, 2017. Leptin function and regulation [J]. Comprehensive Physiology, 8 (1): 351-369.

第 5 章

麦胚活性肽延缓老年性
骨质疏松的作用及机制

　　骨质疏松通常分为继发性骨质疏松和原发性骨质疏松。继发性骨质疏松是指可以找到明确病因的一类骨质疏松，而原发性骨质疏松的发病原因目前尚未明确，往往涉及多种风险因素。原发性骨质疏松主要分为：绝经后骨质疏松（Ⅰ型）、老年性骨质疏松（Ⅱ型）、原发性男性骨质疏松和青少年特发性骨质疏松。其中最常见的就是绝经后骨质疏松和老年性骨质疏松。人的骨小梁变化大致分为三个阶段：青年期，中年期和老年期。青年阶段，松质骨骨量逐渐上升，到25 岁达到骨量峰值，30 岁左右，由于增龄，开始出现骨流失，且女性速度高于男性。50 岁以后，女性受雌激素影响，在增龄性骨流失基础上，骨量加速流失，在 60 岁以后，流失速度逐渐变缓。

　　目前关于骨质疏松的预防和干预主要有：药物干预和非药物干预。药物干预主要有：①双膦酸盐（bisphosphonates）。双膦酸盐是一种与骨表面羟基磷灰石晶体紧密结合的化合物，是骨吸收的有效抑制剂。目前双膦酸盐依然是治疗骨质疏松的主要药物，FDA 批准的两种双膦酸盐是阿仑膦酸盐和利塞膦酸盐。有研究表明，和空白组相比，阿仑膦酸盐使腰椎骨密度增加 8.8%，股骨胫骨密度增加 5.9%，具有显著性差异，且耐受性较好（Liberman 等，1995；Tonino等，2000）。另有研究表明，和空白组相比，利塞膦酸盐股骨密度分别增加了1%～3%，并且使骨折发生率降低了 40%左右（Harris 等，1999）。②雷洛昔芬（raloxifene）。雷洛昔芬是一种抗骨吸收药物，有研究表明，雷洛昔芬对卵巢切除的 SD 雌性大鼠的上颌骨骨小梁厚度以及种植体周围骨愈合具有明显改善作用（Park 等，2020；Heo 等，2019）。此外，有研究表明，骨质疏松大鼠被拔牙后，雷洛昔芬治疗组的牙槽骨显示出更高的愈合速度，且具备良好的骨组织形态（Ramalho-Ferreira 等，2015；Luvizuto 等，2011；Ramalho-Ferreira 等，2015；Luvizuto 等，2011）。③特立帕肽和利塞膦酸（risedronic acid）。特立帕肽刺激骨形成和骨吸收，可减少绝经后妇女骨折的发生率，根据给药方式的不同，还能提高或降低骨密度。利塞膦酸作为一种钙调节剂，能够与骨中羟基磷灰石结合，具有抑制骨吸收的作用，常用于治疗和预防绝经后妇女的骨质疏松症。有研究表明，在 680 例骨质疏松患者中，特立帕肽组有 28 组发生椎体骨折，利塞膦酸组有 64 组发生椎体骨折，说明特立帕肽组相比于利塞膦酸组有更好地预防骨质疏松患者骨折的风险（Kendler 等，2018）。④降钙素（calcitonin）。降钙素是一种主要由甲状腺分泌的能够降低循环钙水平的激素，其通过抑制骨吸收以及抑制骨钙流失发挥作用，降钙素和破骨细胞受体结合后，会立刻限制破骨细胞活性并使其和骨分离，进而抑制骨吸收以及骨钙流失。目前关于降钙素基因相关肽（CGRP）的研究越来越多，体外和体内的研究表明，这些降钙素家族肽不仅对成骨细胞的骨形成具有促进作用，还对破骨细胞的骨吸收具有抑制作用。此外，经 CGRP 治疗后，骨髓中的破骨细胞活性降低（Naot 等，2019；Xie 等，2020；Chambers 等，1984；Chambers 等，1982；Akopian 等，2000）。

非药物干预主要有：①锻炼。适当的体力活动和阻力训练不仅可以提高骨密度和骨强度，而且还能减少骨折风险，特别是步入中年以后，要积极参加体育锻炼，并适当地增加无氧运动，从而增强肌力和平衡力，预防老年性骨质疏松的发生。对于已经骨质疏松的患者，适度的体育锻炼可以减少生理痛感。且对于椎体骨折患者，要增强背部肌肉伸展练习（Sinaki 等，1984）。②补充钙和维生素 D。维生素 D 缺乏会导致骨量下降或者增加患骨质疏松的风险（Calleja-Agius 等，2017）。有研究表明，绝经后女性补充钙和维生素 D，24 个月后颈骨和股骨密度都得到改善（Reyes-Garcia 等，2018）。

5.1 活性肽对骨质疏松作用的现状

大量研究表明，生物活性肽能够促进成骨细胞增殖并作为骨生长因子干预骨质疏松的发生。有研究表明，牦牛骨肽 YBP 对骨质疏松大鼠具有保护作用，血清生化指标、骨组织形态计量学、骨生物力学指标和代谢组学研究表明，YBP 有望成为预防绝经后骨质疏松的天然替代品（Ye 等，2019；Ye 等，2020）。Fan 等（2017）通过采用阳离子交换法和凝胶过滤色谱法从乳铁蛋白胃蛋白酶水解物中分离纯化肽，并验证该多肽具有促进成骨细胞增殖作用。经过进一步实验发现，骨质疏松和炎症之间有密切的关系，乳铁蛋白不仅可以增加股骨的最大载荷，增加钙磷含量，还能通过 OPG/RANKL/RANK 通路调节骨免疫，同时促进抗炎因子的表达（Fan 等，2018）。

另有大量研究表明，生物活性肽对骨质疏松具有改善作用。比如：牛胶原蛋白肽联合柠檬酸钙可以抑制卵巢切除骨质疏松大鼠的骨流失；从牛中提取的肽 TQS169 对骨质疏松具有预防作用，并且在体内外都可以促进成骨细胞的分化和钙吸收机制，鹿骨胶原蛋白对去卵巢所致的骨质疏松大鼠有一定的治疗作用。此外，有研究表明贻贝肽 YPRKDETGAERT 具有可以促进成骨细胞 MC3T3-E1 的增殖与分化的功能，南极磷虾的磷酸化肽通过抑制去卵巢大鼠的骨吸收来预防雌激素缺乏引起的骨质疏松症，另一种玻璃体凝集素衍生的肽可通过调节成骨细胞和破骨细胞的分化来逆转由卵巢切除诱导的骨流失（Wang 等，2018；张鹤等，2011；Xu 等，2019；Xia 等，2015；Min 等，2018）。

麦胚肽是一种天然的生物活性肽，研究表明麦胚肽 ADWGGPLPH 能够有效降低氧化应激水平，但是其对老年性骨质疏松的作用及机制尚不明确。本部分建立成骨细胞-破骨细胞（OB-OC）共育体系下氧化应激模型，并采用老龄大鼠作为老年性骨质疏松动物模型，研究麦胚肽延缓老年性骨质疏松的作用及其机制。

5.2 麦胚活性肽 ADW 对氧化应激环境中共育体系下成骨和破骨细胞活性的影响

5.2.1 OB-OC 共育体系下氧化应激模型的构建

小鼠巨噬细胞 RAW264.7 经 RANKL 和 M-CSF 诱导后，呈现不同的细胞形态。如图 5.1 所示，诱导前，巨噬细胞体积较小且呈圆形，增殖能力较强，有研究表明，圆形的巨噬细胞经诱导因子诱导后更容易形成破骨细胞（耿欢 等，2017）。经 RANKL 和 M-CSF（R+M）诱导后，随时间增加，72h 出现大面积多核巨细胞（细胞核数量≥3），即破骨细胞（Kim 等，2015）。

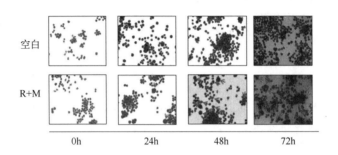

图 5.1　经 RANKL 和 M-CSF 诱导的小鼠巨噬细胞 RAW264.7 破骨分化形态（×400）

单独培养的成骨细胞和共育体系下的成骨细胞的形态如图 5.2 所示,随时间增加,成骨细胞的增殖活性逐渐增强,但是在培养 48h 时,共育体系下的成骨细胞增殖活性相比于单独培养的较弱,说明共育时间过长,破骨细胞可能会影响成骨细胞的增殖活性。有文献报道,破骨细胞来源的外泌体会抑制成骨细胞的骨形成(Li 等,2016)。

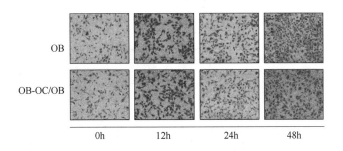

图 5.2　共育体系下的成骨细胞的形态(×200)

如图 5.3 所示,共育 24h,成骨细胞的增殖活性低于单独培养的成骨细胞,但无显著性差异($P > 0.05$),在 48h 时,共育体系下成骨细胞的增殖活性显著低于单独培养的成骨细胞($P < 0.05$),与上述结果保持一致。因此,选择共育时间为 24h 进行下阶段实验。

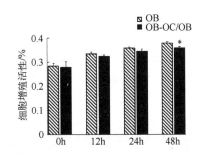

图 5.3　共育体系下的成骨细胞的增殖活性

*:与空白组(0h)相比有显著性差异($P < 0.05$)

如图 5.4 所示,成骨细胞和破骨细胞共育后,成骨细胞中的 OPG 表达降低,

RANKL 表达上升，这是因为成骨细胞和破骨细胞接触时，破骨细胞表面的 RANK 作为 RANKL 的受体会和成骨细胞中的 RANKL 结合，使得 RANKL 的表达量上升，从而促进破骨细胞分化（Zhu 等，2020）。

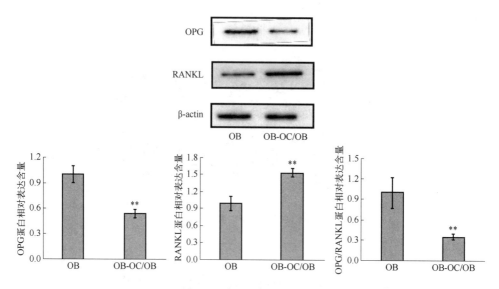

图 5.4　共育体系下的成骨细胞的 OPG、RANKL 蛋白表达

**：与空白组（OB）相比有极显著性差异（$P < 0.01$）

采取抗洒石酸酸性磷酸酶染色（TRAP 染色）进一步验证共育体系下破骨细胞分化的活性。如图 5.5 所示，和单独培养的破骨细胞相比，共育体系下的破骨细胞具有更强的分化活性，说明共育体系有利于破骨细胞分化。在人体骨代谢环境中，破骨细胞首先侵蚀旧骨，后成骨细胞发挥作用，通过分泌胶原蛋白，吸收血液中的钙镁离子，逐渐形成骨组织，填补破骨细胞引起的骨凹陷，从而形成骨代谢循环。

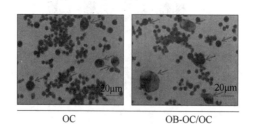

图 5.5　共育体系中的破骨细胞的形态（×400）

老年性骨质疏松的发生和自由基的积累及其产生的骨代谢失衡密切相关，因此，在建立成骨破骨共育体系模拟人体正常骨代谢环境后，可构建氧化应激模型模拟老龄群体的骨代谢内环境，而 H_2O_2 是作为一种常见的自由基，常被用以构造氧化应激模型。采用 MTT 检测不同浓度的 H_2O_2 对共育体系下成骨细胞增殖活性的影响。结果如图 5.6 所示，在 H_2O_2 的浓度为 200μmol/L 时，成骨细胞的增殖活性显著下降（$P<0.01$）且具有剂量依赖性，所以可采用最小有效浓度为 200μmol/L 的 H_2O_2 建立氧化应激模型。

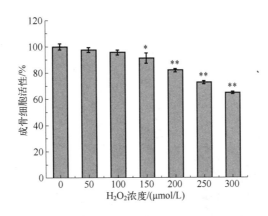

图 5.6　H_2O_2 对共育体系下成骨细胞活性的影响

*：与空白组（0μmol/L）相比有显著性差异（$P<0.05$）；**：与空白组（0μmol/L）相比有极显著性差异（$P<0.01$）

5.2.2　麦胚活性肽 ADW 对 H_2O_2 诱导的共育体系下成骨细胞氧化应激水平的影响

近年来，越来越多的研究表明，老年骨质疏松和氧化应激的相关性十分密切，因此研究麦胚肽对共育体系下成骨细胞内氧化应激水平非常必要。

通过流式细胞仪检测麦胚肽对成骨细胞内 ROS 的影响，如图 5.7（A）所示，H_2O_2 使成骨细胞内 ROS 含量呈极显著性上升（$P<0.01$），20μmol/L 和 40μmol/L 的麦胚肽干预后，成骨细胞内的 ROS 含量显著降低（$P<0.01$），说明麦胚肽可以有效降低共育体系下成骨细胞的氧化应激水平。

GSH-Px 可特异地催化还原型谷胱甘肽（GSH）对 H_2O_2 的还原反应（Blagojević 等，1998）。如图 5.7（B）所示，与空白组相比，H_2O_2 使成骨细胞内的 GSH-Px 值显著下降（$P<0.01$），麦胚肽能够有效提高 GSH-Px 水平（$P<$

0.01），从而催化 GSH 对 H_2O_2 的还原反应，降低细胞内自由基含量。

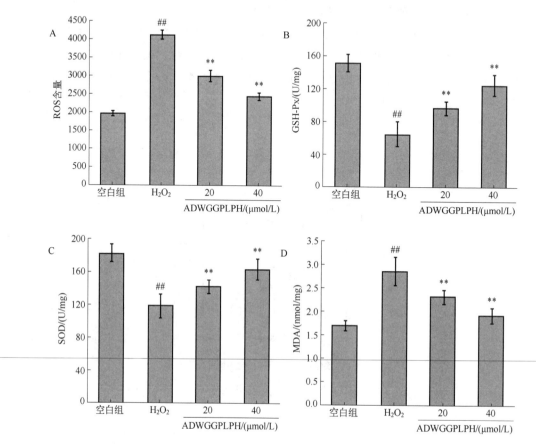

图 5.7　麦胚肽对共育体系成骨细胞（A）ROS、（B）GSH-Px、

（C）SOD 和（D）MDA 的影响

[##]：与空白组相比有极显著性差异（$P < 0.01$）；

[**]：与模型组（H_2O_2）相比有极显著差异（$P < 0.01$）

SOD 是机体内清除氧自由基的重要抗氧化酶，能清除超氧阴离子自由基（O^{2-}），保护细胞免受损伤；SOD 的活力高低间接反映了机体清除氧自由基的能力。如图 5.7（C）所示，与空白组相比，H_2O_2 组的成骨细胞 SOD 值显著下降（$P < 0.01$），说明 H_2O_2 使成骨细胞清除自由基的能力变弱。20μmol/L 和 40μmol/L 的麦胚肽干预后，SOD 活力显著上升（$P < 0.01$），说明麦胚肽可以改

善共育体系下成骨细胞清除自由基的能力。

MDA 是氧自由基攻击生物膜中不饱和脂肪酸而形成的过氧化物，可反映机体内脂质过氧化和机体细胞受自由基攻击的损伤程度（段纬喆 等，2018），MDA 的高低又间接反映了机体细胞受自由基攻击的严重程度。如图 5.7（D）所示，与空白组相比，H_2O_2 组的成骨细胞 MDA 值显著上升（$P<0.01$），说明 H_2O_2 组的成骨细胞受自由基攻击的程度比较严重。20μmol/L 和 40μmol/L 的麦胚肽干预后，MDA 值显著下降（$P<0.01$），说明麦胚肽可以在一定程度上抵御自由基的攻击。

5.2.3 麦胚活性肽 ADW 对 H_2O_2 诱导的共育体系下成骨细胞增殖活性的影响

采用 MTT 法测定了麦胚肽对 H_2O_2 诱导的共育体系下成骨细胞增殖活性。如图 5.8（A）所示，共育体系下，H_2O_2 可以显著降低成骨细胞的增殖活性（$P<0.01$），小麦胚芽肽能够有效改善 H_2O_2 使成骨细胞的增殖活性降低（$P<0.05$）的问题，并具有剂量依赖性。乳酸脱氢酶（LDH）是稳定的胞浆酶，存在于所有的细胞中，当细胞膜损伤时会快速释放到细胞培养液中。通过检测细胞培养上清液中 LDH 的活性，可判断细胞受损的程度。LDH 检测结果表明，如图 5.8（B）所示，共育体系下，H_2O_2 可以显著增加培养上清液中 LDH 的活性（$P<0.01$），说明 H_2O_2 使共育体系下的成骨细胞膜严重受损，小麦胚芽肽可以有效缓解成骨细胞膜受损伤程度（$P<0.05$），且具有剂量依赖性。

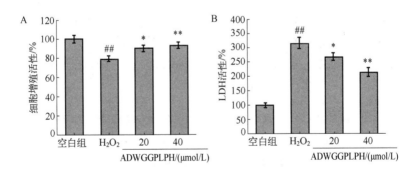

图 5.8 麦胚肽对共育体系成骨细胞（A）增殖活性和（B）LDH 活性的影响

##：与空白组相比有极显著性差异（$P<0.01$）；*：与模型组（H_2O_2）相比有显著性差异（$P<0.05$）；

**：与模型组（H_2O_2）相比有极显著性差异（$P<0.01$）

5.2.4 麦胚活性肽 ADW 对 H_2O_2 诱导的共育体系下成骨细胞分化活性的影响

ALP 的主要功能是在成骨细胞分化过程中水解磷酸酯，为羟基磷灰石的沉积提供必要的磷酸，同时水解焦磷酸盐，解除其对骨盐形成的抑制作用，从而促进成骨细胞分化。在骨组织中，ALP 在分化过程的早期阶段表达，并且在基质囊泡中的细胞表面上观察到。在分化过程的后期，ALP 表达下降（Golub 等，2007）。如图 5.9（A）所示，共育体系下，H_2O_2 抑制成骨细胞 ALP 的活性（$P<0.01$），小麦胚芽肽能够有效促进成骨细胞 ALP 的活性（$P<0.05$），且呈剂量依赖性。

骨组织由 1/3 的有机物和 2/3 的无机物构成，其中 I 型胶原蛋白占有机物的 80%～90%，它对骨组织结构的完整以及维持其生物力学特性起着非常重要的作用。COL-I 常作为成骨细胞早期分化的一个检测指标（Oxlund 等，1996；Garnero 等，1996；丁波等，2007）。如图 5.9（B）所示，共育体系下，H_2O_2 抑制成骨细胞早期分化过程中 COL-I 的活性（$P<0.01$），麦胚肽能够有效促进成骨细胞 COL-I 的活性（$P<0.05$），并具有剂量依赖性。

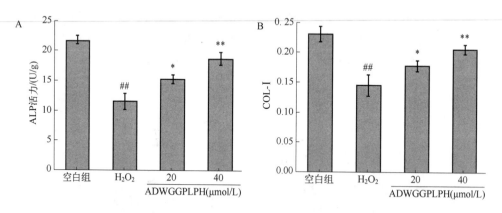

图 5.9 麦胚肽对共育体系成骨细胞（A）ALP 活力和（B）COL-I 的影响

##：与空白组相比有极显著性差异（$P<0.01$）；*****：与模型组（H_2O_2）相比有显著性差异（$P<0.05$）；

**：与模型组（H_2O_2）相比有极显著性差异（$P<0.01$）

矿化结节是成骨细胞分化成熟的标志，同时也是成骨细胞行使成骨功能的主要形态学表现，观察成骨细胞的矿化结节是研究成骨细胞分化的常用手段之一。有研究表明（付卓栋等，2016），H_2O_2 能够让成骨细胞的矿化能力显著性下降（$P<0.01$）。如图 5.10（A）所示，共育体系下，诱导分化 21 天的成骨细胞出现大面积的矿化结节染色，H_2O_2 导致矿化结节呈显著性下降（$P<0.01$），不同剂量的麦胚肽干预后，矿化结节的面积显著性上升（$P<0.01$）。

OCN 是由成骨细胞特异性分泌的小分子非胶原蛋白质，在成骨细胞分化末期出现，具有维持骨的正常矿化速率的作用，矿物质的成熟受骨钙素表达水平的影响（Yu 等，2017）。研究表明，OCN 可以结合 Ca^{2+} 来调节 Ca^{2+} 稳态和骨矿物沉积，促进成骨细胞分化成熟及成骨细胞的形成（Ducy 等，1996）。

OCN 作为晚期成骨细胞标志物，已成为研究骨代谢的一项重要生化指标。如图 5.10（B）所示，共育体系下，诱导分化 21 天的成骨细胞出现大面积的矿化结节染色，H_2O_2 导致成骨细胞晚期分化蛋白 OCN 呈显著性下降（$P<0.01$），低剂量和高剂量的小麦胚芽肽干预后，OCN 的活性显著性上升（$P<0.01$）。

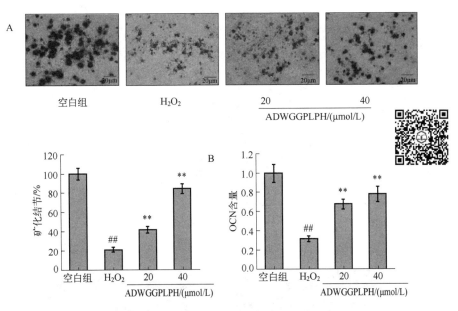

图 5.10　麦胚肽对共育体系下（A）成骨细胞矿化结节（×400）和
（B）晚期分化蛋白 OCN 的影响

##：与空白组相比有极显著性差异（$P<0.01$）；

**：与模型组（H_2O_2）相比有极显著性差异（$P<0.01$）

5.2.5 麦胚活性肽 ADW 对 H₂O₂ 诱导的共育体系下成骨细胞凋亡的影响

H_2O_2 是常用的氧化应激损伤模型，氧化应激通常会引起成骨细胞凋亡，而成骨细胞凋亡是骨质疏松的特征之一。如图 5.11（A）所示，共育体系下，H_2O_2 可以显著性促进成骨细胞的凋亡率（$P<0.01$），不同剂量的麦胚肽干预后，成骨细胞的凋亡率显著性下降（$P<0.01$）。此外，通过 Hoechst 染色实验发现，共育体系下，H_2O_2 可以显著性促进成骨细胞的凋亡率（$P<0.01$），不同剂量的麦胚肽干预后，成骨细胞的凋亡率显著性下降（$P<0.01$），进一步佐证了 FITC-PI 双染结果，如图 5.11（B）所示。

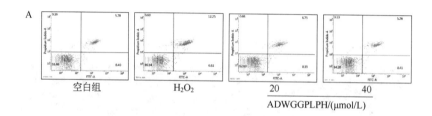

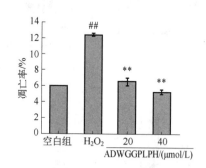

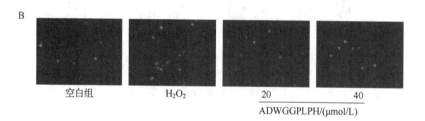

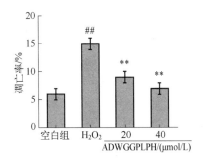

图 5.11　麦胚肽对共育体系成骨细胞凋亡的影响（A）流式细胞仪检测

细胞凋亡（B）Hoechst 凋亡染色检测细胞凋亡（×200）

＃＃：与空白组相比有极显著性差异（$P < 0.01$）；

＊＊：与模型组（H_2O_2）相比有极显著性差异（$P < 0.01$）

5.2.6　麦胚活性肽 ADW 对 H_2O_2 诱导的共育体系下破骨细胞分化的影响

通过 TRAP 染色检测麦胚肽对共育体系破骨细胞分化的影响。如图 5.12 所示，和空白组相比，H_2O_2 可以显著性促进破骨细胞的分化活性（$P < 0.01$），不同剂量的麦胚肽可以抑制由 H_2O_2 引起的破骨分化活性增强，从而抑制骨吸收（$P < 0.01$）。

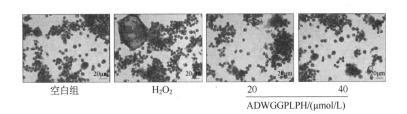

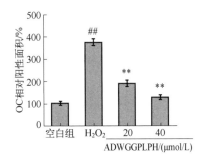

图 5.12　麦胚肽对共育体系中破骨细胞分化的影响

＃＃：与空白组相比有极显著性差异（$P < 0.01$）；

＊＊：与模型组（H_2O_2）相比有极显著性差异（$P < 0.01$）

通过建立 OB-OC 共育体系以及氧化应激模型，研究麦胚肽 ADWGGPLPH 对氧化应激环境中共育体系下成骨细胞和破骨细胞活性的影响，具体结论如下：

① 麦胚肽能够有效抑制由 H_2O_2 引起的共育体系下成骨细胞内 ROS 的增加，并通过抑制 MDA，促进 GSH-Px、SOD 的活性提高、成骨细胞免受自由基攻击以及清除自由基的能力。

② 麦胚肽可以有效缓解由 H_2O_2 引起的成骨细胞增殖率下降和细胞膜破损并且可以抑制 H_2O_2 引起的成骨细胞凋亡率增加。

③ 麦胚肽对由 H_2O_2 引起的成骨细胞早期分化活性 ALP 和 COL-Ⅰ、晚期分化活性 OCN 以及矿化能力的下降具有良好的改善作用，从而使成骨细胞发挥良好的分化活性和矿化功能，为进一步矿化成熟形成骨组织提供良好的环境。

④ 麦胚肽能够有效抑制 H_2O_2 引起的 OC 过度分化，使 OB 和 OC 的活性维持在相对正常水平，从而维持骨代谢平衡。

5.3　麦胚活性肽 ADW 对老年性大鼠骨质疏松的作用

5.3.1　麦胚活性肽 ADW 对老年大鼠血清骨重建指标的影响

ALP 是成骨细胞分泌的酶蛋白，是成骨细胞早期分化的特异性标志，血清中的 ALP 大部分由成骨细胞分泌，故检测血清中的 ALP 活性可反映成骨细胞调控的骨生成情况。本实验分别取 9 月龄、13 月龄、17 月龄、21 月龄的大鼠血清，检测 ALP 活性。如图 5.13（A）所示，空白组随着年龄增长，ALP 活性逐渐降低，麦胚肽干预后，ALP 活性均有不同程度的改善。

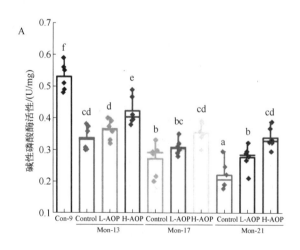

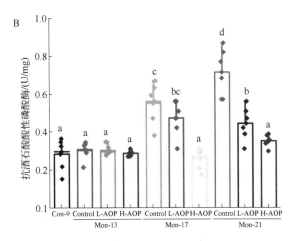

图 5.13 麦胚活性肽对老年大鼠（A）ALP 和（B）TRAP 活性的影响

图中不同字母 a、b、c、d、e、f 代表不同组别之间存在显著差异（$P < 0.05$）

血清中的 TRAP 大部分是由破骨细胞分泌的，故检测血清中的指标可反映骨吸收情况。本实验分别取 9 月龄、13 月龄、17 月龄、21 月龄的大鼠血清，检测 TRAP 活性。如图 5.13（B）所示，空白组随着年龄增长，TRAP 活性逐渐上升，说明，增龄会引起破骨细胞的分化活性增加，麦胚活性肽干预后，TRAP 活性均有不同程度的降低。

5.3.2 麦胚活性肽 ADW 对老年大鼠氧化应激指标的影响

通过 T-AOC、SOD、MDA、GSH-Px 水平检测麦胚活性肽对老年性骨质疏松大鼠血清中氧化应激水平的影响。如图 5.14（A）所示，与 9 月龄大鼠（Con-9）相比，21 月龄大鼠（Con-21）体内的 T-AOC 显著下降（$P < 0.01$），说明老龄大鼠的 T-AOC 活力较低，从而说明老龄大鼠的抗氧化能力较低，更容易受到自由基的攻击。麦胚活性肽干预后，T-AOC 显著上升（$P < 0.01$），说明麦胚活性肽可以有效改善大鼠的抗氧化能力。

GSH-Px 可特异地催化还原型谷胱甘肽（GSH）对过氧化氢的还原反应，可以起到保护细胞膜结构并使其功能完整的作用。如图 5.14（B）所示，与 9 月龄大鼠（Con-9）相比，21 月龄大鼠（Con-21）体内的 GSH-Px 值显著下降（$P < 0.01$），说明老龄大鼠 GSH-Px 活性较低，保护细胞结构及相关功能的作用较弱。麦胚活性肽干预后，GSH-Px 显著上升（$P < 0.01$），说明麦胚活性肽具有可以改善大鼠体内保护细胞结构及相关功能的作用。

SOD 是机体内清除氧自由基的重要抗氧化酶，能清除超氧阴离子自由基（O_2^-），保护细胞免受损伤。SOD 的活力高低间接反映了机体清除氧自由基的能力。如图 5.14（C）所示，与 9 月龄大鼠（Con-9）相比，21 月龄大鼠（Con-21）体内的 SOD 值显著下降（$P<0.01$），说明随着年龄增长，大鼠体内清除自由基的能力变弱。麦胚肽干预后，SOD 活力显著上升（$P<0.01$），说明麦胚肽可以改善大鼠体内清除自由基的能力。

MDA 是氧自由基攻击生物膜中不饱和脂肪酸而形成的过氧化物，可反映机体内脂质过氧化和机体细胞受自由基攻击的损伤程度（段纬喆 等，2018）；MDA 的高低又间接反映了机体细胞受自由基攻击的严重程度。如图 5.14（D）所示，与 9 月龄大鼠（Con-9）相比，21 月龄大鼠（Con-21）体内的 MDA 值显著上升（$P<0.01$），说明老龄大鼠机体细胞受自由基攻击的程度比较严重。

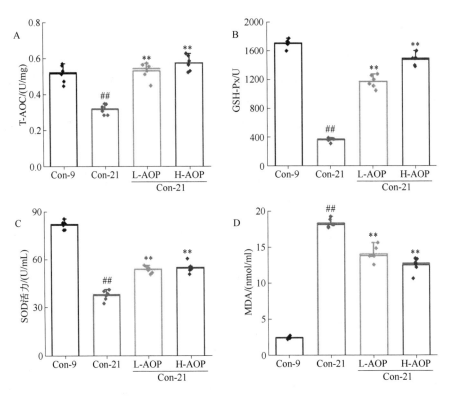

图 5.14　小麦胚芽肽对老年大鼠血清（A）T-AOC、（B）GSH-Px、
（C）SOD、（D）MDA 的影响

##：与 Con-9 相比有极显著性差异（$P<0.01$）；

**：与 Con-21 相比有极显著性差异（$P<0.01$）

麦胚肽干预后，MDA 值显著下降（$P<0.01$），说明麦胚肽可以在一定程度上抵御自由基的攻击。

5.3.3 麦胚活性肽 ADW 对老年大鼠股骨形态计量学的影响

单位长度股骨质量是大鼠股骨形态计量学指标之一。如表 5.1 所示，从 9 月龄到 21 月龄，大鼠股骨长度并没有显著性变化，有文献报道（Wong 等，2018），3 月龄大鼠的股骨长度为（3.57±0.08）cm，和本节数据相比较短，这说明 3 月龄左右的大鼠正有可能处于骨骼生长期，皮质骨逐渐变厚，到 6 月龄左右，骨骼生长趋于稳定。此外，有研究表明，葫芦巴提取物、甲氧沙林和维生素可以改善骨质疏松，但是股骨长度并没有显著性差异（Ham 等，2017；Starczak 等，2018；Anjaneyulu 等，2018）。但是和 9 月龄大鼠相比，21 月龄大鼠的股骨单位长度质量显著性下降（$P<0.01$）。计算单位长度股骨质量，如图 5.15 所示，21 月龄大鼠单位长度股骨质量最小，为（0.234±0.03）g/cm，和 9 月龄相比呈显著性下降（$P<0.01$），麦胚肽干预后，单位长度股骨质量呈显著性上升（$P<0.05$），且具有剂量依赖性。

表 5.1 麦胚活性肽对老年大鼠股骨长度和质量的影响

股骨长度和质量	9 月龄	21 月龄	L-AOP	H-AOP
左股骨长度/cm	3.93±0.15	4.10±0.06	3.98±0.27	3.97±0.12
左股骨质量/g	1.58±0.11	0.91±0.14	1.16±0.16	1.21±0.09
左股骨单位长度质量 /（g/cm）	0.40±0.03	0.23±0.03##	0.29±0.03*	0.30±0.03**
右股骨长度/cm	3.92±0.19	4.12±0.08	4.00±0.28	3.95±0.10
右股骨质量/g	1.52±0.07	0.99±0.14	1.17±0.10	1.23±0.03
右股骨单位长度质量 /（g/cm）	0.39±0.02	0.24±0.03##	0.29±0.01*	0.31±0.02**

##：与 9 月龄大鼠相比有显著性差异；*：与 9 月龄大鼠相比有显著性差异；**：与 9 月龄大鼠相比有极显著差异。

5.3.4 麦胚活性肽 ADW 对老年大鼠股骨微观结构的影响

股骨是由外围的皮质骨和中间的松质骨（又称骨小梁）组成的，其中松质骨占人体骨量的 20%，但构成 80% 的骨表面。松质骨的骨密度低于皮质骨，富有弹性，相对于蜂窝状的骨小梁结构，皮质骨结实而致密（Wong 等，2018）。在骨质疏松早期，松质骨结构被侵蚀得较为明显，皮质骨一般在骨质疏松晚期才会出现受损的情况。

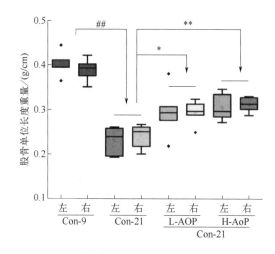

图 5.15　小麦胚芽肽对单位长度股骨质量的影响

##: 与 Con-9 相比有极显著性差异（$P<0.01$）；*****: 与 Con-21 相比有显著性差异（$P<0.05$）；

**: 与 Con-21 相比有极显著差异（$P<0.01$）

显微计算机断层扫描（Micro-CT）是活体三维成像的金标准，可用以评估骨小梁微结构和皮质骨形态，其速度快、无损、分辨率高（Ashton 等，2015）。Micro-CT 扫描结果如图 5.16（A）所示，与 9 月龄大鼠相比，21 月龄骨小梁连接程度显著降低，且皮质骨也被侵蚀，麦胚肽可以显著改善老年性骨质疏松大鼠的骨小梁微观结构。通过对 Micro-CT 图精准测量和计算发现，如图 5.16（B～G）所示，和 9 月龄大鼠相比，21 月龄大鼠的骨体积分数（BV/TV）、骨小梁数量（Tb.N）、骨小梁厚度（Tb.Th）、骨连接密度（Conn.Dn）、骨密度（BMD）显著下降（$P<0.01$），Tb.Sp 显著上升（$P<0.01$），在麦胚肽干预后得到了不同程度的改善。由此可见，麦胚肽能够改善老年性骨质疏松大鼠的骨微结构和骨密度。

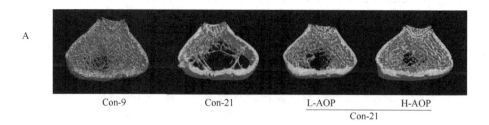

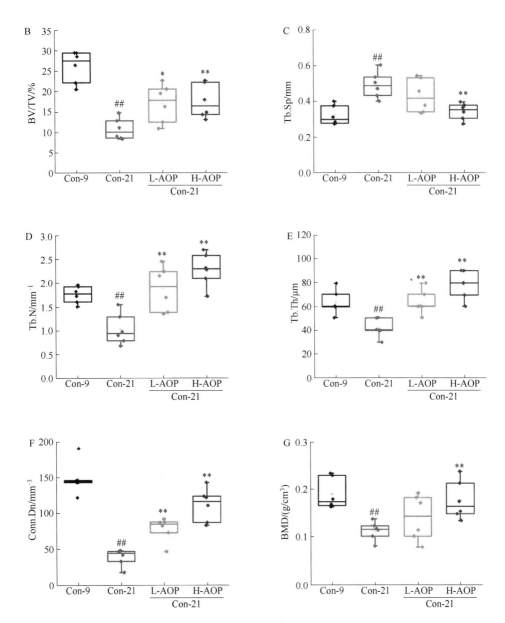

图 5.16 麦胚肽对老年大鼠（A）骨微结构、（B）骨体积分数、（C）骨小梁分离度、

（D）骨小梁数量、（E）骨小梁厚度、（F）骨连接密度、（G）骨密度的影响

: 与 Con-9 相比有极显著性差异（$P < 0.01$）；* : 与 Con-21 相比有显著性差异（$P < 0.05$）；

** : 与 Con-21 相比有极显著性差异（$P < 0.01$）

5.3.5 麦胚活性肽ADW对老年大鼠股骨成骨细胞和破骨细胞分化活性的影响

通过茜素红染色检测老龄大鼠股骨中成骨细胞分化活性。如图 5.17 所示，茜素红阳性表达为橙红色，与 9 月龄大鼠相比，21 月龄空白组大鼠股骨中茜素红阳性表达变弱，低剂量和高剂量麦胚肽干预后，橙红色逐渐变深，说明股骨中成骨细胞的分化活性变强。通过定量分析，发现分化活性从 9 月龄的 0.12±0.02 降低至 21 月龄的 0.10±0.01（$P<0.01$），经 L-AOP 和 H-AOP 的干预后，分别使分化活性上升至 0.23±0.02 和 0.25±0.03，说明两者均具有显著性差异（$P<0.01$）。可见，麦胚肽可以有效改善大鼠股骨内成骨细胞的分化活性，可以初步判断，麦胚肽能够改善大鼠骨微结构以及骨密度并且与促进成骨细胞的分化有关。

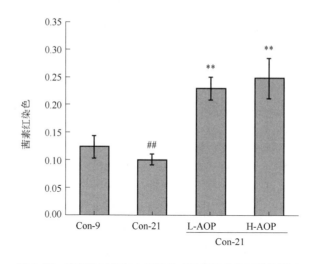

图 5.17　麦胚肽对老年大鼠股骨成骨细胞分化活性的影响

##: 与 Con-9 相比有极显著性差异（$P<0.01$）；

**: 与 Con-21 相比有极显著性差异（$P<0.01$）

通过 TRAP 染色检测老龄大鼠股骨中破骨细胞分化活性。如图 5.18 所示，TRAP 染色阳性表达为蓝紫色，细胞核为蓝色；与 9 月龄大鼠相比，21 月龄大鼠 TRAP 阳性表达变强，蓝紫色明显加深，说明破骨细胞分化活性远远大于正常骨代谢时的分化活性。低剂量和高剂量小麦胚芽肽干预后，蓝紫色逐渐变浅，说明麦胚肽可以有效改善因破骨细胞分化异常上升而导致的严重骨侵蚀所引发的骨质疏松。21 月龄大鼠股骨中破骨细胞的分化活性变弱，但是分化活性依然比 9 月龄强。通过定量分析发现，分化活性从 9 月龄的 0.16±0.03 上升至 21 月龄的 0.37±0.05（$P<0.01$），经 L-AOP 和 H-AOP 的干预后，分别使破骨细胞分化活性降低至 0.28±0.03 和 0.27±0.02，说明两者都具有显著性差异（$P<0.01$）。可见，麦胚肽可以有效降低大鼠股骨内破骨细胞的分化活性，因此，可以判断，麦胚肽之所以能够改善大鼠骨微结构以及骨密度，不仅和促进成骨细胞的分化有关，还和抑制破骨细胞过度表达的分化活性有关。

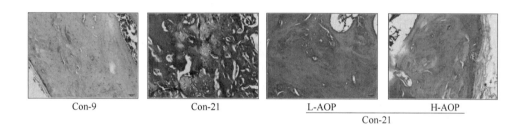

Con-9 　　　　 Con-21 　　　　 L-AOP 　　　　 H-AOP

Con-21

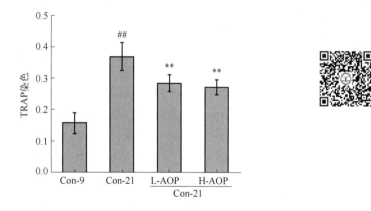

图 5.18　小麦胚芽肽对老年大鼠股骨破细胞分化活性的影响

##：与 Con-9 相比有极显著性差异（$P<0.01$）；

**：与 Con-21 相比有极显著性差异（$P<0.01$）

采用老龄大鼠作为老年性骨质疏松的动物模型，研究麦胚肽 ADWG-GPLPH 对老年性骨质疏松的作用，具体结论如下：

① 从 9 月龄到 21 月龄，大鼠体内的 ALP 活性逐渐降低，TRAP 活性逐渐升高，说明增龄可以引起体内成骨细胞分化活性降低，破骨细胞分化活性升高，麦胚肽 ADWGGPLPH 能够显著增加成骨细胞分化活性和降低破骨细胞分化活性。

② 相较于 9 月龄大鼠，21 月龄大鼠清除自由基能力更弱，更容易受到自由基的攻击，导致体内 ROS 的积累，这可能是血清中成骨细胞和破骨细胞分化活性变化的重要原因。麦胚肽 ADWGGPLPH 能够有效保护 21 月龄大鼠免受自由基的攻击并提高 21 月龄大鼠清除自由基的能力。

③ 相较于 9 月龄大鼠，21 月龄大鼠的股骨长度并无显著性变化，但股骨单位长度股骨质量出现显著性下降，这间接反映了 21 月龄大鼠的骨密度下降，麦胚肽 ADWGGPLPH 可以有效改善 21 月龄大鼠的单位长度股骨质量，对骨密度也具有一定的改善作用。

④ 相较于 9 月龄大鼠，21 月龄大鼠骨微结构破坏严重，不仅松质骨结构变差，皮质骨也受到一定侵蚀，这说明 21 月龄大鼠的骨质疏松状况较为严重，此外，骨密度也呈显著性下降。而麦胚肽 ADWGGPLPH 可以有效改善 21 月龄大鼠的骨微结构和骨密度。

5.4　麦胚活性肽 ADW 对骨稳态失衡的作用机制

5.4.1　麦胚活性肽 ADW 对老年骨质疏松大鼠成骨细胞增殖活性的影响

Ki67 蛋白是反映细胞增殖的标志性蛋白之一，因此我们利用 Western blotting 技术分析麦胚肽对老年大鼠股骨中成骨细胞 Ki67 蛋白的影响。如图 5.19 所示，21 月龄大鼠（Con-21）和 9 月龄大鼠（Con-9）相比，成骨细胞的增殖活性显著性下降（$P<0.01$），表明随年龄增长，成骨细胞的增殖活性受到抑制，不同剂量的麦胚肽干预后，成骨细胞中的 Ki67 蛋白表达量显著上升（$P<0.05$），且呈剂量依赖性，说明麦胚肽可以有效改善老龄大鼠股骨中成骨细胞的增殖活性。

5.4.2　麦胚活性肽 ADW 对老年骨质疏松大鼠成骨细胞分化活性的影响

我们利用 Western blotting 技术分析麦胚肽对老年大鼠股骨中成骨细胞早期分化蛋白 COL-Ⅰ的影响。如图 5.20 所示，21 月龄大鼠（Con-21）和 9 月龄大鼠（Con-9）相比，成骨细胞的分化活性显著性下降（$P<0.01$），表明随年龄增长，成骨细胞的分化活性受到抑制，低剂量的麦胚肽和高剂

量的麦胚肽干预后,成骨细胞中的 COL-Ⅰ 蛋白表达量显著上升($P<0.01$),
说明麦胚肽可以有效改善老龄大鼠股骨中成骨细胞的早期分化活性。

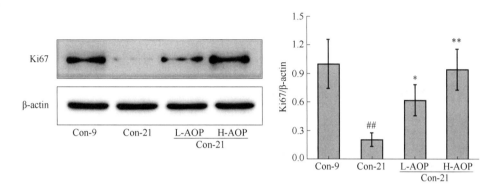

图 5.19　麦胚肽对老年大鼠股骨 Ki67 蛋白表达的影响

$^{##}$:与 Con-9 相比有极显著性差异($P<0.01$);　*:与 Con-21 相比有显著性差异($P<0.05$);

**:与 Con-21 相比有极显著差异($P<0.01$)

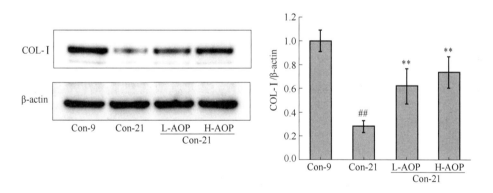

图 5.20　麦胚肽对老年大鼠股骨成骨细胞早期分化蛋白 COL-I 的影响

$^{##}$:与 Con-9 相比有极显著差异($P<0.01$);

**:与 Con-21 相比有极显著差异($P<0.01$)

　　利用 Western blotting 技术分析麦胚肽对老年大鼠股骨中成骨细胞晚期分化
蛋白 OCN 蛋白的影响。如图 5.21 所示,21 月龄大鼠(Con-21)和 9 月龄大鼠（Con-9）相比，成骨细胞的晚期分化活性显著性下降（$P<0.01$），低剂量的麦胚肽和高剂量的麦胚肽干预后，成骨细胞中的 OCN 蛋白表达量显著上升（$P<0.01$），说明麦胚肽可以有效改善老龄大鼠股骨中成骨细胞的晚期分化活性。

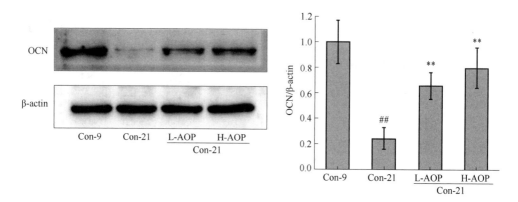

图 5.21　麦胚肽对老年大鼠股骨成骨细胞晚期分化蛋白 OCN 的影响

**: 与 Con-9 相比有极显著性差异（$P<0.01$）；

**: 与 Con-21 相比有极显著性差异（$P<0.01$）

5.4.3　麦胚活性肽 ADW 对老年骨质疏松大鼠成骨细胞凋亡的影响

Bax、Bcl-2 蛋白是反映细胞凋亡的重要标志蛋白，其表达水平在氧化应激环境中的成骨细胞的研究中经常作为细胞凋亡的重要指标。*Bax* 及 *Bcl-2* 基因是 Bcl-2 家族中的重要成员，分别发挥促凋亡和抑凋亡作用（王彤 等，2008），*Bax/Bcl-2* 的比值决定了细胞凋亡的水平。有研究表明（Jin 等，2017），与空白组相比，H_2O_2 组 Bax 蛋白表达高度上调，Bcl-2 蛋白表达高度下调。而在 MC3T3-E1 细胞中，DAL 处理显著提高了 Bcl-2 蛋白的表达，降低了 Bax 蛋白的表达。

通过 Western blotting 实验检测了成骨细胞中 Bax 及 Bcl-2 蛋白的表达。如图 5.22 所示，21 月龄大鼠（Con-21）和 9 月龄大鼠（Con-9）相比，促凋亡蛋白 Bax 的表达明显上升，麦胚肽干预后，促凋亡蛋白 Bax 的表达逐渐下降；抑制凋亡蛋白 Bcl-2 的表达随年龄增长表达量明显下降，小麦胚芽肽干预后，抑制凋亡蛋白 Bcl-2 的表达逐渐上升。这说明小麦胚芽肽可以有效改善因年龄增长导致的成骨细胞的凋亡。

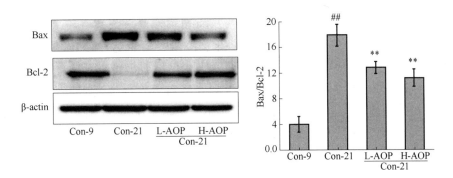

图 5.22　小麦胚芽肽对老年大鼠股骨成骨细胞凋亡蛋白 Bax/Bcl-2 的影响

##：与 Con-9 相比有极显著性差异（P＜0.01）；

**：与 Con-21 相比有极显著性差异（P＜0.01）

5.4.4　麦胚活性肽 ADW 对 H_2O_2 诱导的共育体系下 TRAF6 信号通路的影响

OPG、RANK 和 RANKL 通路的三联体成分是肿瘤坏死因子-α 受体超家族的成员（施彦龙等，2020；赵希云等，2016）。当 OB 释放的 RANKL 与破骨细胞表面的 RANK 受体相结合后，TRAF6 会与 RANK 快速结合，激活下游信号通路，最终达到促进 OC 分化、成熟的作用（李应福 等，2016；车路阳 等，2007）。OPG 可竞争性抑制并有效阻断 RANKL 与破骨细胞上 RANK 的结合，延缓前体 OC 的活化，抑制骨吸收，达到维持骨代谢平衡的目的（Wolski 等，2016；Stuss 等，2013）。

通过 Western blot 实验检测了麦胚肽对共育体系下成骨细胞和破骨细胞之间 OPG/RANKL/RANK/TRAF6 的表达情况。如图 5.23（A）所示，H_2O_2 可以显著抑制成骨细胞内 OPG 的蛋白质表达量（P＜0.01），不同剂量的麦胚肽可以显著促进 OPG 的表达量（P＜0.01）。如图 5.23（B）所示，H_2O_2 可以显著增加成骨细胞内 RANKL 的蛋白质表达量（P＜0.01），麦胚肽可以显著抑制成骨细胞内 RANKL 的蛋白质表达量（P＜0.05），且呈剂量依赖性。如图 5.23（C）所示，H₂O₂ 可以显著促进破骨细胞内 RANK 的蛋白质表达量（$P<0.01$），麦胚肽可以显著抑制破骨细胞内 RANK 的蛋白质表达量（$P<0.05$），且呈剂量依赖性。如图 5.23（D）所示，H₂O₂ 可以显著促进破骨细胞内 TRAF6 的蛋白质表达量（$P<0.01$），麦胚肽可以显著抑制破骨细胞内 TRAF6 的蛋白质表达量（$P<0.05$），且呈剂量依赖性。综上，共育体系中，H₂O₂ 可以通过促进 RANKL 的蛋白质表达，使其受体 RANK 的蛋白质表达随之增加，从而使诱饵受体 OPG 结合力变弱，致使其表达下降，与此同时 RANK 的下游蛋白质 TRAF6 蛋白质表达也进一步上升，从而可促进破骨细胞的细胞分化，而麦胚肽可以通过调节 OPG/RANKL/RANK 来降低破骨细胞分化诱导因子 TRAF6 表达，从而使降低破骨细胞的分化活性成为可能。

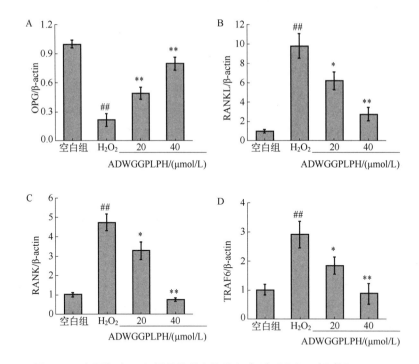

图 5.23　麦胚肽对 H₂O₂ 诱导的共育体系中（A）OPG、（B）RANKL、
（C）RANK and（D）TRAF6 蛋白表达的影响

##：与空白组相比有极显著性差异（$P<0.01$）；*：与模型组（H₂O₂）相比有显著性差异（$P<0.05$）；

**：与模型组（H₂O₂）相比有极显著性差异（$P<0.01$）

5.4.5　麦胚活性肽 ADW 对老年骨质疏松大鼠 TRAF6 信号通路的影响

在骨组织中，OPG 主要由 OB 产生，且随着细胞的分化成熟进一步增加，是目前发现对 OC 有直接负向调控作用的因子（王想福 等，2015）。我们通过 Western blotting 实验检测了麦胚肽对共育体系下成骨细胞和破骨细胞之间 OPG/RANKL/RANK/TRAF6 的表达情况。

如图 5.24（A）所示，和 9 月龄大鼠相比，21 月龄大鼠体内的 OPG 的蛋白质表达量显著性下降（$P<0.01$），麦胚肽干预后，OPG 的表达量呈显著性上升（$P<0.01$）。如图 5.24（B）所示，和 9 月龄大鼠相比，21 月龄大鼠体内的 RANKL 的蛋白质表达量显著性上升（$P<0.01$），高剂量的麦胚肽干预后，RANKL 的表达量呈显著性下降（$P<0.01$）。如图 5.24（C）所示，和 9 月龄大鼠相比，21 月龄大鼠体内的 RANK 的蛋白质表达量显著性上升（$P<0.01$），高剂量的麦胚肽干预后，RANK 的表达量呈显著性下降（$P<0.01$）。如图 5.24（D）所示，和 9 月龄大鼠相比，21 月龄大鼠体内的 TRAF6 的蛋白质表达量显著性上升（$P<0.01$），麦胚肽干预后，TRAF6 的表达量呈显著性下降（$P<0.05$），且呈剂量依赖性。综上，相较于 9 月龄大鼠，21 月龄大鼠体内 RANKL 的蛋白质表达上升，其受体 RANK 的蛋白质表达也随之增加，则诱饵受体 OPG 结合力变弱，导致表达下降，而 RANK 的下游蛋白质 TRAF6 蛋白质表达也上升，从而促进破骨细胞分化，而麦胚肽可以通过调节 OPG/RANKL/RANK，从而抑制破骨细胞分化诱导因子 TRAF6 表达，进而有可能降低破骨细胞的分化活性。

5.4.6　麦胚活性肽 ADW 对老年骨质疏松大鼠破骨细胞分化的影响

破骨细胞分化特异性基因可以体现股骨中破骨细胞分化的活性，我们采用 RT-qPCR 检测麦胚肽对破骨细胞分化活性的影响。

RANK 与 TRAF6 结合后介导下游信号分子 c-Fos 的表达（Meng 等，2019），如图 5.25（A）所示，21 月龄大鼠和 9 月龄大鼠相比，c-Fos 表达水平显著上升（$P<0.01$），高剂量的麦胚肽干预后，c-Fos 表达水平显著下降（$P<0.01$）。

在破骨细胞中，活化 T-细胞核因子（NFATc1），由上游 c-Fos 诱导，介导破骨细胞的分化。如图 5.25（B）所示，21 月龄大鼠和 9 月龄大鼠相比，NFATc1 表达水平显著上升（$P<0.01$），高剂量的麦胚肽干预后，NFATc1 表达水平显著下降（$P<0.01$）。

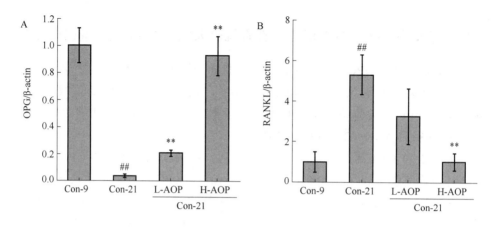

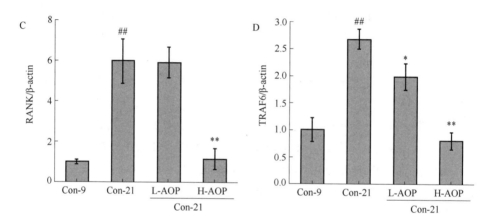

图 5.24　麦胚肽对老年大鼠股骨（A）OPG、（B）RANKL、（C）RANK 和

（D）TRAF6 的影响

##：与 Con-9 相比有极显著性差异（$P < 0.01$）；*：与 Con-21 相比有显著性差异（$P < 0.05$）；

**：与 Con-21 相比有极显著性差异（$P < 0.01$）

　　抗酒石酸酸性磷酸酶（TRAP）是反映破骨细胞活性和骨吸收状态的特异性指标。如图 5.25（C）所示，21 月龄大鼠和 9 月龄大鼠相比，TRAP 表达水平显著上升（$P < 0.01$），不同剂量的小麦胚芽肽干预后，TRAP 表达水平显著下降（$P < 0.01$）。以上结果表明，随着年龄增长，大鼠股骨的破骨细胞分化特异性基因达到较高水平，这可能是引起老年性骨质疏松的重要因素。而小麦胚芽肽可以有效降低破骨细胞分化特异性基因的水平，从而延缓老年性骨质疏松的发生。

组织蛋白酶K（CTSK）是破骨细胞中表达量最高、溶骨活性最强的一种半胱氨酸蛋白酶，是骨吸收过程中的一个关键酶（Verbovšek 等，2015）。如图 5.25（D）所示，21 月龄大鼠和 9 月龄大鼠相比，CTSK 相对表达水平显著上升（P<0.01），不同剂量的麦胚肽干预后，CTSK 相对表达水平显著下降（P<0.01）。

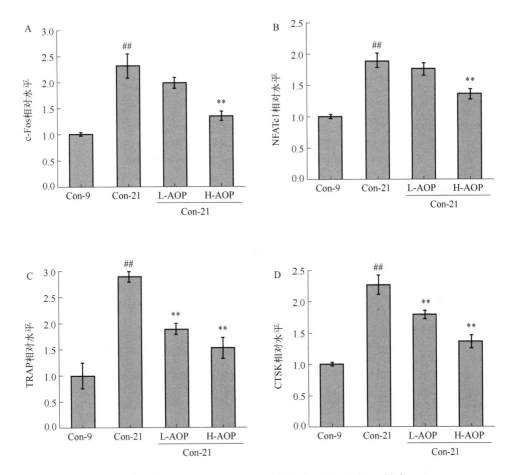

图 5.25　小麦胚芽肽对老年大鼠股骨破骨细胞分化特异性基因（A）c-Fos、
（B）NFATc1、（C）TRAP 和（D）CTSK 的影响

##：与 Con-9 相比有极显著性差异（P<0.01）；

**：与 Con-21 相比有极显著性差异（P<0.01）

以上结果表明，麦胚肽可以通过调节 OPG/RANKL/RANK/TRAF6 来诱导破骨细胞分化特异性基因 c-Fos、NFATc1、TRAP 和 CTSK 的表达，从而抑制破骨细胞的骨吸收，进而有效延缓由氧化应激引起的骨质疏松（图 5.26）。

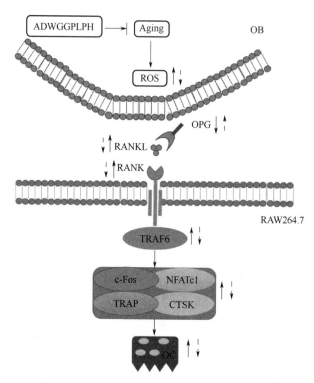

图 5.26　小麦胚芽肽抑制老化引起的破骨细胞分化的分子机制

实线箭头表示 ROS 时的变化；虚线箭头表示麦胚肽干预后的变化

本章小结

本章采用 OB-OC 共育体系，建立 H_2O_2 诱导的氧化应激模型，利用 Western blotting、流式细胞仪、酶联免疫吸附（ELISA）、TRAP 染色等技术手段研究麦胚肽对共育体系下成骨细胞的增殖、凋亡和分化以及破骨细胞的分化活性的作用。采用老龄大鼠作为原发性骨质疏松模型，通过测定大鼠体内成骨细胞分化活性和破骨细胞分化活性的生理生化指标，以及骨组织形态计量学指标、生物力学指标、相关蛋白的表达等来研究麦胚肽 ADWGGPLPH 对老年性骨质疏松的干预效果以及作用机制。主要研究结论包括以下几个方面：

① 麦胚肽可以有效降低共育体系下成骨细胞内的氧化应激水平及其引起的成骨细胞损伤和凋亡，并促进成骨细胞的增殖活性。此外，麦胚肽可以促进在氧化应激环境中共育体系下成骨细胞的早期分化和晚期分化活性，并有效抑制破骨细胞的分化活性。

② 麦胚肽可以有效改善大鼠血清和股骨的氧化应激水平。形态计量学检测结果表明，麦胚肽可以有效改善老龄大鼠的骨微结构、骨密度和单位长度股骨质量，这表明麦胚肽具有延缓老年大鼠骨质疏松的作用。

③ 麦胚肽可以有效改善老龄大鼠股骨成骨细胞的增殖活性降低、早期和晚期分化活性降低的问题，并可以有效抑制成骨细胞凋亡。此外，麦胚肽还可以通过调节 TRAF6 通路抑制氧化应激环境中共育体系下老龄大鼠股骨中的破骨细胞分化活性，降低破骨细胞的骨吸收功能。这些都很好地展示了麦胚肽对骨稳态失衡的作用机制。

参考文献

车路阳，刘长振，黄鹏，2007. RANKL /RANK/OPG 通路及其相关药物狄诺塞麦治疗骨质疏松的研究进展 [J]. 世界最新医学信息文摘，17（34）：43-46.

陈黎亚，2005. 小麦胚芽营养成分分析及其降脂作用 [J]. 中国公共卫生，（01）：89.

陈思远，刘永祥，曹小舟，等，2016. 从麦胚清蛋白分离制备高活性抗氧化肽 [J]. 中国农业科学，49（12）：2379-2388.

程云辉，王璋，许时婴，2006. 酶解麦胚蛋白制备抗氧化肽的研究 [J]. 食品科学，27（06）：147-151.

丁波，黄姣，何斌，2007. 成骨生长肽对大鼠成骨细胞Ⅰ型胶原蛋白的影响 [J]. 重庆医科大学学报，32（9）：951-953.

段纬喆，赵湜，毛红，2018. 2 型糖尿病膝下动脉病变患者介入治疗前后缺血动脉内氧化应激标志物的变化及意义 [J]. 中国动脉硬化杂志，26（2）：176-180.

樊凤娇，2019. 基于骨免疫的乳铁蛋白调控骨重建机制研究 [D]. 哈尔滨：哈尔滨工业大学.

冯晨，2019. 具有促进成骨细胞活性的大豆肽制备及其应用研究 [D]. 南京：南京财经大学.

付卓栋，付超，孙慧君，等，2016. 硫辛酸对体外培养的 MC3T3-E1 成骨细胞骨形成的影响[J]. 中华骨质疏松和骨矿盐疾病杂志，9（01）：43-51.

耿欢，林琛，邢更彦，2017. 小鼠巨噬细胞系 RAW264.7 向破骨细胞分化的诱导条件 [J]. 中华灾害救援医学，5（3）：143-147.

李小娜，2018. OPG/RANK/RANKL 信号通路研究进展 [J]. 河南医学研究，27（10）：1802-1804.

李应福,李宁,谢兴文,2016.OPG/RANK/RANKL 信号轴与原发性骨质疏松关系的研究进展[J].中国骨质疏松杂志, 22（1）：115-119.

李宇，汪芳，翁泽斌，等，2021．酶法制备大豆蛋白成骨活性肽［J］．中国农业科学，54（13）：10.

廖二元，曹旭，2013．湘雅代谢性骨病学［M］．北京：科学出版社．

刘强，2021. OPG-RANKL-RANK 信号通路——绝经后骨质疏松症的重要作用机制［J］．中华骨科杂志，41（10）：7 ．

刘永祥，张逸婧，陈思远，等，2016．响应面法优化麦胚清蛋白制备抗氧化肽的酶解工艺［J］．食品工业，37（05）：88-93.

申雨坤，田晓滨，2013.BMP2 和碱性磷酸酶对成骨细胞成骨能力的研究进展［J］．健康必读，12（12）：546.

施彦龙，李应福，谢兴文，等，2020．BMP /Smads、OPG/RANK/RANKL 信号通路与骨质疏松关系的研究进展［J］．中国骨质疏松杂志，26（4）：742-751.

王才立，张志国，王成忠，等，2013．不同分子质量小麦胚芽多肽的体内抗氧化活性［J］．食品科学，34（07）：275-278.

王姗姗，周晓春，李秀秀，等，2014．鲫鱼卵唾液酸糖蛋白对去卵巢大鼠骨质疏松症的改善作用［J］．食品科学，（13）：4.

王彤，刘存志，刘玉珍，等，2008.Bcl-2/Bax 基因调控机体细胞凋亡的机制研究进展［J］．中国老年学杂志，28（16）：1658-1660.

王想福，孙凤歧，叶丙霖，等，2015．破骨细胞与骨质疏松症的关系研究进展［J］．中国骨质疏松杂志，21（11）：1420-1424.

辛志宏，马海乐，吴守一，等，2003．从小麦胚芽蛋白中分离和鉴定血管紧张素转化酶抑制肽的研究［J］．食品科学，24（7）：130-133.

徐昊，2020．雌激素对小鼠成骨细胞 MC3T3-E1 氧化应激损伤的保护作用及机制探究［J］．中国实验动物学报，28（06）：824-830.

杨越华，2015．自噬在成骨细胞氧化应激中的作用及其与骨质疏松的关系研究［D·博士论文］．上海交通大学，38-40.

张鹤，赵雨，徐云凤，等，2011．鹿骨胶原蛋白对去卵巢所致骨质疏松大鼠的治疗作用［J］．中药药理与临床，27（5），76-79.

张羽，汪芳，翁泽斌，等，2021．麦胚清蛋白抗氧化肽的筛选及对细胞氧化损伤的保护作用［J］．食品科学，42（17）：10-18.

赵希云，张晓刚，宋敏，等，2016. OPG/RANK/RANKL 通路在骨质疏松与动脉粥样硬化相关性中的作用机制研究进展［J］．中国动脉硬化杂志，24（12）：1273-1278.

朱恒杰，陈扬平，姚江凌，2020．人参皂苷 Rh2 通过 OPG/RANKL 信号通路介导对老年大鼠骨量流失的保护作用［J］. 中国骨质疏松杂志, 26（10）: 1446-1450.

Agarwal A, Aponte-Mellado A, Premkumar B J, et al., 2012. The effects of oxidative stress on female reproduction: a review［J］. Reproductive Biology & Endocrinology, 10（1）: 1-31.

Akopian A, Demulder A, Ouriaghli F, et al., 2000. Effects of CGRP on human osteoclast-like cell formation: a possible connection with the bone loss in neurological disorders?［J］. Peptides, 21（4）: 559-564.

Alles N, Soysa N S, Hayashi J, et al., 2010. Suppression of NF-κB increases bone formation and ameliorates osteopenia in ovariectomized mice［J］. Endocrinology, 151（10）: 4626-4634.

Anjaneyulu K, Bhat K M, Srinivasa S R, et al., 2018. Beneficial role of hydro-alcoholic seed extract of trigonella foenum graecum on bone structure and strength in menopause induced osteopenia ［J］. Ethiopian Journal of Health Sciences, 28（6）: 787-794.

Ashton J R, West J L, Badea C T, et al., 2015. In vivo small animal micro-CT using nanoparticle contrast agents［J］. Frontiers in Pharmacology, 4（6）: 256.

Balaban R S, Nemoto S, Finkel T, 2005. Mitochondria, oxidants, and aging［J］. Cell, 120（4）: 483-495.

Balani D H, Ono N, Kronenberg H M, 2017. parathyroid hormone regulates fates of murine osteoblast precursors in vivo［J］. Journal of Clinical Investigation, 127（9）: 3327-3338.

Baron J A, Barrett J A, Karagas M R, 1996. The epidemiology of peripheral fractures［J］. Bone, 18（Supplement）: S209-S213.

Blagojević D, Buzadzić B, Korać B, et al., 1998. Seasonal changes in the antioxidative defense in ground squirrels（Ci-telluscitellus）: possible role of GSH-Px［J］. Journal of Environmental Pathology Toxicology and Oncology, 17（3-4）: 241-250.

Borciani G, Montalbano G, Baldini N, et al., 2020. Co-culture systems of osteoblast and osteoclast: simulating in vitro bone remodeling in regenerative approaches［J］. Acta Biomaterialia, 108: 22-45.

Calleja-Agius, Jean1, 2017. Vitamin D and bone health［J］. Maturitas, 100: 100-101.

Chambers T J, Athanasou N A, Fuller K, et al., 1984. Effect of parathyroid hormone and calcitonin on the cytoplasmic spreading of isolated osteoclast［J］. Journal of Endocrinology, 102（3）: 281-286.

Chambers T J, Magnus C J, 1982. Calcitonin alters behaviour of isolated osteoclast［J］. Journal of Pathology, 136（1）: 27-39.

Chang J, Wang Z, Tang E, et al., 2009. Inhibition of osteoblastic boneformation by nuclear factor-κB ［J］. Nature Medicine, 15（6）: 682-689.

CHE J, YANG J, ZHAO B, et al., 2021. HO-1: A new potential therapeutic target to combat osteoporosis [J]. European Journal of Pharmacology, 906: 174219.

Chen S, Lin D, Gao Y, et al., 2016. A novel antioxidant peptide derived from wheat germ prevents high glucose-induced oxidative stress in vascular smooth muscle cells in vitro [J]. Food & Function, 8 (1): 142-150.

Chen X, Wang Z Q, Duan N, et al., 2018. Osteoblast-Osteoclast interactions [J]. Connective Tissue Research, 59 (2): 99-107.

Cheng Y H, Wang Z, Shi X U, 2006. Preparation of antioxidant peptide from wheat germ protein by enzymatic hydrolysis [J]. Food Science, 27 (6): 147-151.

Cheng Y, Zhang L, Sun W, et al., 2014. Protective effects of a wheat germ peptide (RVF) against H_2O_2-induced oxidative stress in human neuroblastoma cells [J]. Biotechnology Letters, 36 (8): 1615-1621.

Cwlab C, Hcl A, Yhw C, et al., 2021. Ginkgolide B monotherapy reverses osteoporosis by regulating oxidative stress-mediated bone homeostasis [J]. Free Radical Biology and Medicine, 168:234-246.

Ducy P, Desbois C, Boyce B, et al., 1996. Increased bone formation in osteocalcin-deficient mice [J]. Nature, 382 (6): 448-452.

Fan F J, Shi P J, Liu M, et al., 2018. Lactoferrin preserves bone homeostasis by regulating RANKL/RANK/OPG pathway of osteoimmunology [J]. Food & Function, 9 (5): 2653-2660.

Fan F J, Tu M L, Liu M, et al., 2017. Isolation and characterization of lactoferrin peptides with stimulatory effect on osteoblast proliferation [J]. Journal of Agricultural and Food Chemistry, 65 (33): 7179-7185.

Ferlazzo N, Andolina G, Cannata A, et al., 2020. Is Melatonin the Cornucopia of the 21st Century? [J]. Antioxidants, 9 (11): 1088.

Franzoso G, Carlson L, Xing L, et al., 1997. Requirement for NF-κB in osteoclast and B-cell development [J]. Genes & Development, 11 (24): 3482-3496.

Garnero P, Sornay-rendu E, Hapuy M C, et al., 1996. Increased bone turnover in late post-menopausal women is a major determinant of osteoporosis [J]. Journal of Bone and Mineral Research, 11 (3): 337-349.

Ghorabi M T, Aliaghaei A, Sadeghi Y, et al., 2017. Evidence supporting neuroprotective effect of adipose derived stem cells on pC12 cells against oxidative stress induced by H_2O_2 [J]. Cellular and Molecular Biology (Noisy-le-grand), 63 (3): 1-6.

Golub K, Boesze B, 2007. The role of alkaline phosphatase in mineralization [J]. Current Opinion of Orthopaedic, 18 (1): 444-448.

Grigoriadis A E, Wang Z Q, Cecchini M G, et al., 1994. c-Fos: a key regulator of

osteoclast-macrophage lineage determination and bone remodeling [J]. Science, 266 (5184):
443-448.

Ham J R, Choi R, Yee S, et al., 2017. Methoxsalen supplementation attenuates bone loss and
inflammatory response in ovariectomized mice [J]. Chemico-biological Interactions, 278:
135-140.

Harris S T, Watts N B, Genant H K, et al., 1999. Effects of risedronate treatment on vertebral and
nonvertebral fractures in women with postmenopausal osteoporosis: a randomized controlled
trial. Vertebral efficacy with risedronate therapy (VERT) study group [J]. The Journal of the
American Medical Association, 282 (14): 1344-1352.

Heo H, Park S, Jeon Y, et al., 2019. Effect of raloxifene administration on bone response around
implant in the maxilla of osteoporotic rats [J]. Implant Dentistry, 28 (3): 272-278.

Huang H T, Cheng T L, Lin S Y, et al., 2020. Osteoprotective Roles of Green Tea Catechins
[J]. Antioxidants, 9 (11): 1136.

Imerb N, Thonusin C, Chattipakorn N, et al., 2020. Aging, obese-insulin resistance, and bone
remodeling [J]. Mechanisms of Ageing and Development, (191): 111335.

Iotsova V, Caamaño J, Loy J, et al., 1997. Osteopetrosis in mice lacking NF-kappaB1 and NF-kappaB2
[J]. Nature Medicine, 3 (11): 1285-1289.

Jian Z, Lazarenko O P, Blackburn M L, et al., 2013. Blueberry consumption prevents loss of collagen
in bone matrix and inhibits senescence pathways in osteoblastic cells [J]. Age (Dordrecht,
Netherlands), 35 (3): 807-820.

Jimi E, Takakura N, Hiura F, et al., 2019. The role of NF-κB in physiological bone development and
inflammatory bone diseases: is NF-κB inhibition "killing two birds with one stone"? [J]. Cells,
8 (12): 1636.

Jin Y Q, Li J L, Chen J D, et al., 2017. Dalbergioidin (DAL) protects MC3T3-E1 osteoblastic
cellsagainst H_2O_2-induced cell damage through activation of the PI3K/AKT/SMAD1 pathway
[J]. Naunyn-Schmiedeberg's Archives of Pharmacology, 90 (7): 711-720.

Jordan K M, Cooper C. 2002. Epidemiology of osteoporosis [J]. Osteoporosis International, 16
(5): 795-806.

Jr R W D, Bone H G, Mcllwain H, et al., 1999. An open-label extension study of alendronate treatment
in senile women with osteoporosis [J]. Calcified Tissue International, 64 (6): 463-469.

Kendler D L, Marin F, Zerbini C A F, et al., 2018. Effects of teriparatide and risedronate on new
fractures in post-menopausal women with severe osteoporosis (VERO): a multicentre,
double-blind, double-dummy, randomised controlled trial[J]. The Lancet, 391(10117): 230-240.

Kiesel L, Kohl A, 2016. Role of the RANK/RANKL pathway in breast cancer [J]. Maturitas, 86:

10-16.

Kim E N，Kim G R，Yu J S，et al.，2020. Inhibitory Effect of（2R）-4-（4-hydroxyphenyl）-2-butanol 2-O-β-d-apiofuranosyl-(1→6)-β-d- glucopyranoside on RANKL-Induced Osteoclast Differentiation and ROS Generation in Macrophages［J］. International Journal of Molecular Sciences，22（1）：222.

Kim H S，Kim A，Lee J M，et al.，2012. A mixture of *Trachelospermi caulis* and *Moutan cortex radicis* extracts suppresses collagen-induced arthritis in mice by inhibiting NF-κB and Ap-1［J］. Journal of Pharmacy and Pharmacology，64（3）：420-429.

Kim K，Yeon J，Choi S，et al.，2015. Decursin inhibits osteoclastogenesis by downregulating NFATc1 and blocking fusion of pre-osteoclast［J］. Bone，81：208-216.

Kong Y Y，Yoshida H，Sarosi I，et al.，1999. OPGL is a key regulator of osteoclastogenesis，lymphocyte development and lymph-node organogenesis［J］. Nature，397（6717）：315-323.

Kuo T R，Chen C H，2017. Bone biomarker for the clinical assessment of osteoporosis： recent developments and future perspectives［J］. Biomarker Research，5（1）：1-9.

Li D F，Liu J，Guo B S，2016. Osteoclast-derived exosomal miR-214-3p inhibits osteoblastic bone formation［J］. Nature Communications，7：10872.

Liberman U A，Weiss S R，Bröll J，et al.，1995. Effect of oral alendronate on bone mineral density and the incidence of fractures in postmenopausal osteoporosis. The alendronate phase Ⅲ osteoporosis treatment study group［J］. The New England Journal of Medicine，333（22）：1437-1443.

Liu J L，Wang Y H，Song S J，et al.，2015. Combined oral administration of bovine collagen peptides with calcium citrate inhibits bone loss in ovariectomized rats［J］. Plos One，10（8）：e0135019.

Liu S，Lu K，Hi T，et al.，2021. Zn-doped MnO_2 nanocoating with enhanced catalase-mimetic activity and cytocompatibility protects pre-osteoblasts against H_2O_2-induced oxidative stress［J］. Colloids and surfaces B：Biointerfaces，202：111666.

Liu Y，Zhang X，Chen J，et al.，2018. Inhibition of mircoRNA-34aenhancessurvivalofhuman bone marrow mesenchymal stromal/stem cells under oxidative stress［J］. Medical Science Monitor，24：264-271.

Lu X Z，Yang Z H，Zhang H J，et al.，2017. MiR-214 protects MC3T3-E1 osteoblast against H_2O_2-induced apoptosis by suppressing oxidative stress and targeting ATF4［J］. European Review for Medical and Pharmacological Sciences，21（21）：4762-4770.

Luo D，Ren H，Li T，et al.，2016. Rapamycin reduces severity of senile osteoporosis by activating osteocyte autophagy［J］. Osteoporosis International，27（3）：1093-1101.

Luvizuto E R，Dias S S M D，Okamoto T，et al.，2011. Raloxifene therapy inhibits osteoclastogenesis during the alveolar healing process in rats [J]. Archives of Oral Biology, 56（10）: 984-990.

Ma J, Wang Z, Zhao J Q, et al., 2018. Resveratrol attenuates lipopolysaccharides（LPS）-induced inhibition of osteoblast differentiation in MC3T3-E1 cells [J]. Medical Science Monitor, 24: 2045-2052.

Mallmin H, Ljunghall S, 1992. Incidence of colles fracture in uppsala. A prospective study of a quarter-million population [J]. Acta Orthopaedica Scandinavica, 63（2）: 213-215.

Maria A, Li H, Elena A, et al., 2010. Oxidative stress stimulates apoptosis and activates NF-B in osteoblastic cells via a PKC/p66shc signaling cascade: counter regulation by estrogens or androgens [J]. Molecular Endocrinology, 24（10）: 2030-2037.

Matsui T, Li C, Osajima Y, 1999. Preparation and characterization of novel bioactive peptides responsible for angiotensin I-converting enzyme inhibition from wheat germ [J]. Journal of Peptide Science, 5（7）: 289-297.

Meng J H, Zhou C H, Zhang W K, et al., 2019. Stachydrine prevents LPS-induced bone loss by inhibiting osteoclastogenesis via NF-κB and Akt signalling[J]. Journal of Cellular and Molecular Medicine, 23（10）: 6730-6743.

Min H, Morony S, Sarosi I, et al., 2000. Osteoprotegerin reverses osteoporosis by inhibiting endosteal osteoclast and prevents vascular calcification by blocking a process resembling osteoclastogenesis [J]. Journal of Experimental Medicine, 192（4）: 463-474.

Min S, Kang H K, Jung S Y, et al., 2018. A vitronectin-derived peptide reverses ovariectomy-induced bone loss via regulation of osteoblast and osteoclast differentiation [J]. Cell Death and Differentiation, 25（2）: 268-281.

Moreira-Rosário A, Marques C, pinheiro H, et al., 2020. Daily intake of wheat germ-enriched bread may promote ahealthy gut bacterial microbiota: a randomised controlledtrial [J]. European Journal of Nutrition, 59（5）: 1951-1961.

Mukaiyama K, Kamimura M, Uchiyama S, et al., 2015. Elevation of serum Alkaline phosphatase （ALP）level in postmenopausal women is caused by high bone turnover [J]. Aging Clinical and Experimental Research, 27（4）: 413-418.

Naito A, Azuma S, Tanaka S, et al., 1999. Severe osteopetrosis, defective interleukin-1 signalling and lymph node organogenesis in TRAF6-deficient mice [J]. Genes to Cells, 4（6）: 353-362.

Naot D, Musson D S, Cornish J, et al., 2019. The activity of peptides of the calcitonin family in bone [J]. Physiological Reviews, 99（1）: 781-805.

Nenonen A, Cheng S, Ivaska K K, et al., 2005. Serum tracp 5b is a useful marker for monitoring alendronate treatment: comparison with other markers of bone turnover [J]. Journal of Bone and Mineral Research, 20（10）: 1804-1812.

Ojo B A，O'hara C，Wu L，et al.，2019. Wheat germ supplementation increases lactobacillaceae and promotes an anti-inflammatory gut milieu in C57BL/6 mice fed a high-fat，high-sucrose diet ［J］. The Journal of Nutrition，149（7）：1107-1115.

Oxlund H，Mosekilde L，Ouoft G，et al.，1996. Reduced concentration of collagen reducible cross links in human trabecullar bone with respect to age and osteoporosis ［J］. Bone，19：479-484.

Park S，Heo H，Heo J，et al.，2020. Effect of raloxifene on bone formation around implants in the osteoporotic rat maxilla: histomorphometric and microcomputed tomographic analysis［J］. International Journal of Oral and Maxillofacial Implants，35（2）：249-456.

Ramalho-Ferreira G，Faverani L P，Grossi-Oliveira G A，et al.，2015. Alveolar bone dynamics in osteoporotic rats treated with raloxifene or alendronate: confocal microscopy analysis［J］. Journal of Biomedical Optics，20（3）：038003.

Reyes-Garcia R，Mendoza N，Palacios S，et al.，2018. Effects of daily intake of calcium and vitamin D-enriched milk in healthy postmenopausal women: a randomized，controlled，double-blind nutritional study ［J］. Journal of Women's Health，27（5）：561-568.

Saville P D. 1969. Changes in skeletal mass and fragility with castration in the rat : a model of osteoporosis ［J］. Journal of the American Geriatrics Society，17（2）：155-166.

Schneider E L，Guralnik J M，1990. The aging of America. Impact on health care costs ［J］. Journal of the American Medical Association，263（17）：2335-2340.

Shi Y，Liu X Y，Jiang Y P，et al.，2020. Monotropein attenuates oxidative stress via Akt/mTOR-mediated autophagy in osteoblast cells ［J］. Biomedicine & Pharmacotherapy，121：109566.

Siar C H，Tsujigiwa H，Ishak I，et al.，2015. RANK，RANKL，and OPG inrecurrent solid /multicystic ameloblastoma: their distribution patternsand biologic significance ［J］. Oral Surgery，Oral Medicine，Oral Pathology and Oral Radiology，119（1）：83-91.

Simonet W，Lacey D，Dunstan C，et al.，2017. Osteoprotegerin: a novel secreted protein involved in the regulation of bone density ［J］. Cell，89（2）：309-319.

Sinaki M，Mikkelsen B A，1984. Postmenopausal spinal osteoporosis: flexion versus extension exercises ［J］. Archives of Physical Medicine and Rehabilitation，65：593-596.

Starczak Y，Reinke D C，Barratt K R，et al.，2018. Absence of vitamin D receptor in mature osteoclast results in altered osteoclastic activity and bone loss ［J］. The Journal of Steroid Biochemistry and Molecular Biology，177：77-82.

Stuss M，Rieske P，Ceglowska A，et al.，2013. Assessment of OPG/RANK/RANKL gene expression levels in peripheral blood mononuclear cells （PBMC） after treatment with strontium ranelate and ibandronate in patients with postmenopausal osteoporosis ［J］. The Journal of Clinical Endocrinology &

Metabolism，98（5）：E1007-E1011.

Sun T，Li J，Xing H L，et al.，2020. Melatonin improves the osseointegration of hydroxyapatite-coated titanium implants in senile female rats［J］. Zeitschrift fur Gerontologie und Geriatrie，53（8）：770-777.

Takanche J S，Kim J，Han S，et al.，2020. Effect of gomisin A on osteoblast differentiation in high glucose-mediated oxidative stress［J］. Phytomedicine，66：153107.

Teitelbaum S L，2020. Bone resorption by osteoclast［J］. Science，289（5484）：1504-1508.

Terruzzi I，Montesano A，Senesi P，et al.，2019. L-Carnitine reduces oxidative stress and promotes cells differentiation and bone matrix proteins expression in human osteoblast-like cells ［J］. Biomed Research International，2019：5678548.

Tonino R P，Meunier P J，Emkey R，et al.，2000. Skeletal benefits of alendronate：7-year treatment of postmenopausal osteoporotic women. phase Ⅲ osteoporosis treatment study group［J］. Journal of Clinical Endocrinology & Metabolism，85（9）：3109-3115.

Verbovšek U，Noorden CJ F V，Lah T T，2015. Complexity of cancer protease biology：CathepsinK expression and function in cancer progression［J］. Seminars in Cancer Biology，35：71-84.

Wang F，Liu Z，Lin S，et al.，2019. Icariin enhances the healing ofrapidpalatal expansion induced root resorption in rats［J］. Phytomedicine，19（11）：1035-1041.

Wang F，Weng Z B，Lyu Y，et al.，2020. Wheat germ-derived peptide ADWGGPLPH abolishes high glucose-induced oxidative stress via modulation of the pKCζ/AMPK/NOX4 pathway［J］. Food & Function，11（8）：6843-6854.

Wang H，Chen N，Shen S，et al.，2018. Peptide TQS169 prevents osteoporosis in rats by enhancing osteogenic differentiation and calcium absorption［J］. Journal of Functional Foods，49，113-121.

Wang J，Wang G，Gong L，et al.，2018. ISOP soralen regulates PPAR-γ/WNT to inhibit oxidative stress in osteoporosis［J］. Molecular Medicine Reports，17（1）：1125-1131.

Wang L，Banu J，McMahan C A，et al.，2001. Male rodent model of age-related bone loss in men ［J］. Bone，29（2）：141-148.

Wang X，Chen B，Sun J Y，et al.，2018. Iron-induced oxidative stress stimulates osteoclast differentiation via NF-κB signaling pathway in mouse model［J］. Metabolism，83：167-176.

Wasnich R D，1997. Epidemiology of osteoporosis in the United States of America［J］. Osteoporosis International，7（Supplement），S68-S72.

Weng Z B，Gao Q Q，Wang F，et al.，2015. Positive skeletal effect of two ingredients of *psoralea corylifolia L.* on estrogen deficiency-induced osteoporosis and the possible mechanisms of action ［J］. Molecular and Cellular Endocrinology，417：103-113.

Wolski H，Drews K，Bogacz A，et al.，2016. The RANKL/RANK/OPG signal trail：significance of genetic polymorphisms in the etiology of postmenopausal osteoporosis [J]. Ginekologia Polska，87（5）：347-352.

Wong S K，Chin K，Suhaimi F H，et al.，2018．Osteoporosis is associated with metabolic syndrome induced by highcarbohydrate high-fat diet in a rat model [J]．Biomedicine & Pharmacotherapy，98：191-200.

Xi G，D'Costa S，Wai C，et al.，2019．IGFBP-2 stimulates calcium/calmodulin-dependent protein kinase kinase 2 activation leading to AMP-activated protein kinase induction which is required for osteoblast differentiation [J]．Journal of Cellular Physiology，234（12）：23232-23242.

Xia G H，Wang J F，Tian Y Y，et al.，2015．Phosphorylated peptides from Antarctic krill（Euphausia superba）prevent estrogen deficiency-induced osteoporosis by inhibiting bone resorption in ovariectomized rats [J]．Journal of Agricultural and Food Chemistry，63（43）：9550-9557.

Xie J B，Guo J，Kanwal Z，et al.，2020．Calcitonin and bone physiology：in Vitro，in Vivo，and clinical investigations [J]．International Journal of Endocrinology，2020：3236828.

Xu Z，Chen H，Wang Z Y，et al.，2019．Isolation and characterization of peptides from mytilus edulis with osteogenic activity in mouse MC3T3-E1 preosteoblast cells [J]．Journal of Agricultural and Food Chemistry，67（5），1572-1584.

Yang L，Zhang X，Jie C，et al.，2018．Inhibition of mircoRNA-34a Enhances Survival of Human Bone Marrow Mesenchymal Stromal/Stem Cells Under Oxidative Stress [J]．Med Sci Monit，24：264-271.

Ye M L，Jia W，Zhang C H，et al.，2019．Preparation，identification and molecular docking study of novel osteoblast proliferationpromoting peptides from yak（Bos grunniens）bones [J]．The Royal Society of Chemistry，9，14627-14637.

Ye M L，Zhang C H，Jia W，et al.，2020．Metabolomics strategy reveals the osteogenic mechanism of yak（Bos grunniens）bones collagen peptides on ovariectomyinduced osteoporosis in rats [J]．Food & Function，11（2）：1498-1512.

Yl A，Wsda B，Zhen C A，et al，2019．Identification of lead-produced lipid hydroperoxides in human HepG2 cells and protection using rosmarinic and ascorbic acids with a reference to their regulatory roles on Nrf2-Keap1 antioxidant pathway [J]．Chemico-Biological Interactions，314（C）：108847.

Yu F，Yang S，Wen C，et al.，2013．Non-adherence to anti-osteoporotic medications in Taiwan：physician specialty makes a difference [J]．Journal of Bone & Mineral Metabolism，31（3）：351-359.

Yu T，Yi H，Hao W，et al.，2017．Osteocalcin mediates biomineralization during osteogenic maturation in human mesenchymal stromal cells [J]．International Journal of Molecular

Sciences，18（1）：159.

Zhu S，Häussling V，Aspera-Werz R H，et al.，2020. Bisphosphonates reduce smoking-induced osteoporotic-like alterations by regulating RANKL/OPG in an osteoblast and osteoclast co-culture model ［J］. International Journal of Molecular Sciences，22（1）：53.

Zhurakivska K，Troiano G，Caponio V C A，et al.，2018. The effects of adjuvant fermented wheat germ extract on cancer cell lines：a systematic review ［J］. Nutrients，10（10）：1-10.

第6章

麦胚活性肽促进伤口愈合的作用及其应用

皮肤的整体结构主要分为表皮层、真皮层和皮下脂肪组织，皮肤是抵御外部环境的重要屏障。表皮层能够抵挡外界的恶劣环境，表皮还包含皮脂腺、汗腺和毛囊。真皮层为皮肤提供强度、营养及免疫力，其中含有丰富的细胞外基质（ECM）。皮下脂肪组织位于真皮层之下，能够起到能量储备的作用。在皮肤受伤时，这三层中的多种细胞类型相互协作，进行伤口的修复及治愈（Reinke 等，2012）。

皮肤的伤口愈合是一个复杂的过程，将其主要划分为三个阶段：炎症、增殖和重塑。炎性细胞最先到达伤口部位，开始募集，炎症是机体对有害刺激物（例如病原体、受损细胞、自由基或刺激物）的复杂生物反应（Muthachan 等，2019）。在受伤前期，单核细胞转化成炎性细胞，激活体内免疫系统抵抗自身和外来抗原。在炎症期结束后，内皮细胞开始增殖、活化生成血管，在出现新血管的同时，成纤维细胞开始形成肉芽组织，使伤口愈合的炎症阶段转化成生长增殖状态。与此同时，表皮层的修复也在进行以及细胞皮脂腺、汗腺和皮囊也会逐渐生成，进行皮肤的重塑。

6.1 多肽促进伤口愈合的研究现状

目前，已经有多项研究表明一些具有活性的肽如胶原蛋白肽、抗菌肽和植物蛋白肽等具有促进伤口愈合的作用，为其促进伤口愈合以及应用于皮肤修复的美容产品提供了理论依据。

① 胶原蛋白肽：胶原蛋白肽通常亲水性良好，能够有效渗入角质层、真皮

层，目前大多数胶原蛋白肽来源于鱼类皮肤。Mei 等（2020）通过研究大西洋鲑皮肤胶原蛋白肽（Ss-SCP）和尼罗罗非鱼皮肤表面胶原蛋白肽（Tn-SCP）作用于大鼠伤口，发现其能够降低促炎因子（TNF-α、IL-6 和 IL-8）含量，上调抗炎因子及伤口修复因子的表达，与伤口微生物群具有积极作用，控制炎症反应，增加伤口血管生成和胶原蛋白沉积速度从而促进伤口愈合。Xiong 等（2018）将罗非鱼的原肽混合物应用于斑马鱼受损后的皮肤，发现其加速死亡细胞清除和促进新生细胞增殖，也能够通过下调炎症反应，加速体内胶原蛋白形成促进伤口愈合。

② 抗菌肽：目前研究中抗菌肽大多从两栖动物中提取，也存在于哺乳动物中。具有促进伤口愈合能力的抗菌肽有两种，一种是酪蛋白，一种是抗菌肽 - OA1（Cao 等，2018；Mu 等，2014）。另外还存在两个肽非导管素肽 CW49、AH90 以及一个在设计肽 tiger17 基础上的蛙抗菌肽，也具有促进伤口愈合的能力（Tang 等，2014）。Wu 等（2018）从高原青蛙中提取一种新型 24 残基肽，发现其促进角质形成细胞的增殖，加速伤口部位的上皮细胞再生，研究还发现促进成纤维细胞的增殖、分化和成纤维细胞中胶原蛋白的产生，促进伤口愈合。

③ 植物蛋白肽：大多农作物中具有丰富的营养物质，其蛋白质丰富，为了提高植物的利用率及应用，植物蛋白肽研究广泛且具有良好的效果。Taniguchi 等（2017）通过胃蛋白酶水解水稻胚乳蛋白（REP），鉴定并合成五个肽（RSVSKSR、RRVIEPR、ERFQPMFRRPG、RVRQNIDNPNRADTYNPRAG 和 VVRRVIEPRGLL），通过检测后发现其对血管生成活性具有促进作用。植物蛋白肽表现出良好的促进血管生成的效果，又通过研究从米糠蛋白（RBPs）中提取的多功能阳离子肽 RBP-LRR、RBP-EKL 和 RBP-SSF 发现，在血管形成实验中，三种多肽都具有提高血管生成活性，促进人脐静脉内皮细胞（HUVEC）增殖和迁移的能力，研究表明其具有促进伤口愈合的效果（Taniguchi 等，2019）。

小麦胚芽是小麦加工副产物，富含多种营养物质，是天然的植物蛋白，产量丰富，来源广泛，众多研究表明小麦胚芽及其衍生物具有良好的生物活性，能够治疗和延缓炎症，具有广阔的应用前景。目前，对于麦胚小肽对伤口愈合的作用效果尚未见报道，其对伤口愈合过程中各阶段的影响也不明确。因此，希望通过体外及体内实验揭示麦胚小肽对伤口愈合过程的作用影响，确定麦胚小肽在乳膏产品中的稳定性，为麦胚小肽应用于伤口及美容表皮修复产品提供理论依据。

6.2 麦胚活性肽 YDW 对巨噬细胞、成纤维细胞、角质形成细胞作用的研究

6.2.1 小肽分子量及纯度

本研究中的麦胚小肽（以下简称小肽）氨基酸序列为 YDWPGGRN，通过中性蛋白酶酶解麦胚清蛋白，超滤膜分离后，分别经过 Sephadex G-75 凝胶柱、SP Sephadex C-25 阳离子交换柱、Sephadex G-25 凝胶柱分离纯化后得到（刘永祥 等，2016）。通过质谱和高效液相色谱检测，对小肽的分子量和纯度进行鉴定。

6.2.1.1 小肽分子量

如图 6.1 所示，结果表明小肽的分子量为 964.5。

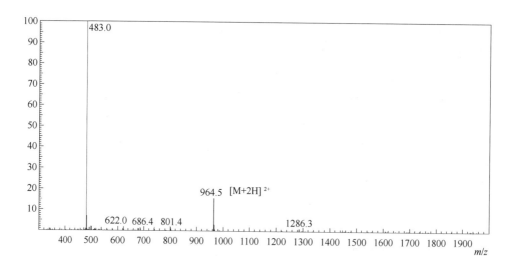

图 6.1　小肽质谱图

6.2.1.2 小肽纯度

如图 6.2 所示，结果表明小肽 YDW 纯度为 98.14%。

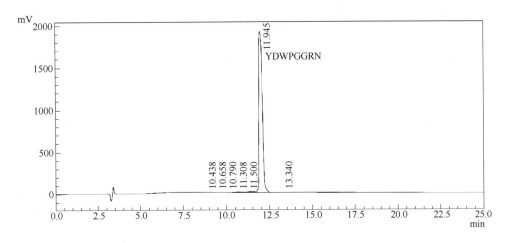

图 6.2　小肽高效液相色谱

6.2.2　小肽 YDW 对巨噬细胞 RAW 264.7 炎症反应的影响

6.2.2.1　小肽 YDW 对 RAW 264.7 增殖活性的影响

通过 MTT 实验探究不同浓度的小肽对巨噬细胞活力的影响，利用 LPS 诱导巨噬细胞构建炎症模型，结果如图 6.3 所示，在小肽处理 24h 后，随着小肽浓度的增加，吸光度没有显著性差异，小肽对于 LPS 诱导的巨噬细胞的活性并无影响。

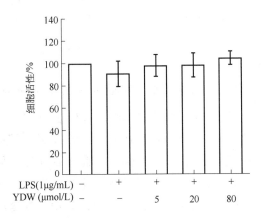

图 6.3　不同浓度的 YDW 对 LPS 诱导的 RAW 264.7 活性的影响

6.2.2.2 小肽对 RAW 264.7 分泌 NO 的影响

研究表明，抑制巨噬细胞中短暂存在的自由基一氧化氮（NO）的产生是抗炎功能的良好指标。在 LPS 诱导巨噬细胞分泌 NO，通过不同浓度的小肽处理 24h 后 NO 结果如图 6.4 所示，当小肽浓度为 5μmol/L 时，NO 浓度为（20.09±0.92）μmol/L，与对照组相比无显著性差异，但具有下降的趋势（$P > 0.05$）；加样浓度为 20μmol/L 时，NO 浓度为（19.06±1.24）μmol/L，与对照组有显著性的差异（$P < 0.05$）；加样浓度为 80μmol/L 时，NO 分泌量为（17.62±0.46）μmol/L，随着小肽浓度的增加，抑制 NO 的分泌作用逐渐增强，当小肽浓度为 80μmol/L 时有最高的抑制活性［降低（4.8±0.7）μmol/L，$P < 0.01$］。结果表明小肽能够有效地抑制巨噬细胞分泌 NO，所以小肽对炎症反应可能存在一定的抑制效果。

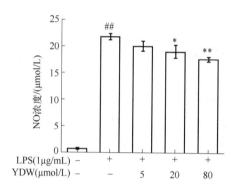

图 6.4 不同浓度的小肽 YDW 对 LPS 诱导的 RAW 264.7 分泌 NO 的影响

*：与 LPS 诱导的对照组相比有显著性差异（$P < 0.05$）；**：与 LPS 诱导的对照组相比有极显著差异（$P < 0.01$）；

##：与无 LPS 诱导的空白组相比有极显著差异（$P < 0.01$）

6.2.2.3 小肽 YDW 对 RAW264.7 分泌炎症因子的影响

炎症是伤口愈合过程中的一个重要阶段，但炎症期的延长或过激会导致伤口溃烂，延缓伤口愈合（Zhang 等，2019）。这个过程中，炎症因子发挥着主要的作用，本实验通过 ELISA 实验检测巨噬细胞分泌的炎症因子 IL-1β、IL-6、IL-10 和 TNF-α 的含量，分析小肽对炎症因子水平的影响。

结果如图 6.5 中 A 图所示，炎症因子 IL-1β 在 LPS 处理后与无 LPS 组相比分泌显著增加（$P < 0.01$），当小肽 YDW 浓度为 5μmol/L 和 20μmol/L 时，与 LPS 处理无加样组对照组相比具有抑制 IL-1β 分泌的作用，有显著性差异（$P <$

0.05）；当小肽浓度为 80μmol/L 时，与 LPS 处理无加样组对照组相比具有极显著
性差异（*P*<0.01）。如图 6.5 中 B 图所示，炎症因子 IL-6 在 LPS 处理后与无 LPS
组相比分泌显著增加（*P*<0.01），当加入小肽 5μmol/L、20μmol/L 和 80μmol/L 作
用时，IL-1β 的分泌呈现下降的趋势，当浓度为 5μmol/L 时，与 LPS 处理无加样组
对照组相比并无显著性差异（*P*>0.05）；当加样浓度为 20μmol/L 时，能够显著降
低 IL-6 的分泌（*P*<0.05）；当加样浓度为 80μmol/L 时，呈现极显著性差异（*P*<
0.01）。如图 6.5 中 C 图所示，IL-10 在 LPS 处理后与无 LPS 组相比分泌显著增加
（*P*<0.05），小肽 YDW 加样浓度在 5μmol/L 的处理下，与 LPS 无加样对照组相比
没有显著性差异（*P*>0.05）；当小肽加样浓度为 20μmol/L 和 80μmol/L 时，IL-10
的分泌有增长的趋势，且与 LPS 无加样组有极显著性差异（*P*<0.01）。如图 6.5
中 D 图所示，TNF-α 在 LPS 处理后与无 LPS 组相比分泌显著增加（*P*<0.01），当
小肽 YDW 浓度为 5μmol/L 时，与 LPS 处理无加样组对照组相比具有抑制 TNF-α
分泌的作用，有显著性差异（*P*<0.05）；当小肽浓度为 80μmol/L 和 20μmol/L 时，
与 LPS 处理无加样组对照组相比具有极显著性差异（*P*<0.01）。

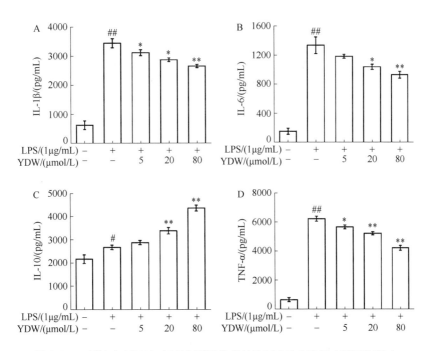

图6.5　不同浓度 YDW 对 LPS 诱导的 RAW 264.7 分泌炎症因子的影响

*：与 LPS 诱导的对照组相比有显著性差异（*P*<0.05）；**：与 LPS 诱导的对照组相比有极显著差异（*P*<0.01）；

##：与无 LPS 诱导的空白组相比有极显著差异（*P*<0.01）

通过检测炎症因子的结果可以看出，小肽对 IL-1β、IL-6 和 TNF-α 的分泌具有抑制作用，对 IL-10 的分泌有一定的促进作用。在伤口愈合中，IL-1β、IL-6 和 TNF-α 作为促炎因子，而 IL-10 作为抗炎因子，所以小肽呈现出良好的改善炎症的作用效果。

6.2.2.4　小肽 YDW 对 iNOS 和 COX-2 蛋白质的影响

iNOS 和 COX-2 蛋白质，影响 NO 的分泌，对炎症的反应具有介导作用（Menon 等，2007），iNOS 的蛋白质表达水平可以作为炎症的评价标准，COX-2 的下调能够表明其具有抗炎作用。本研究通过 Western blotting 实验检测了不同浓度小肽 YDW 对 iNOS 和 COX-2 蛋白质水平的表达的影响。如图 6.6 显示，通过 LPS 的诱导，iNOS 的分泌明显增加；当加入小肽 YDW，iNOS 的表达呈现降低的趋势，当浓度为 5μmol/L 时，与 LPS 诱导无加样对照组没有显著性差异（$P > 0.05$）；当加样浓度 20μmol/L 时，与 LPS 诱导无加样对照组具有显著性差异（$P < 0.05$）且在加样浓度为 80μmol/L 时具有极显著性差异（$P < 0.01$）。

COX-2 蛋白质在 LPS 诱导时与无 LPS 无加样组具有极显著性差异（$P < 0.01$），当小肽浓度为 5μmol/L 时，COX-2 蛋白质表达呈现下降趋势，与 LPS 诱导无加样对照组相比无显著性差异（$P > 0.05$）；当小肽浓度为 20μmol/L 和 80μmol/L，与 LPS 诱导的无加样对照组具有显著性差异（$P < 0.05$）。iNOS 和 COX-2 蛋白质表达的降低，佐证了图 6.4 中 NO 分泌受到抑制的结果，进一步证明了小肽 YDW 具有抑制 NO 的分泌缓解炎症反应的能力。

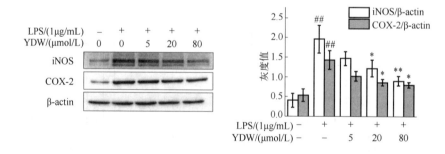

图 6.6　不同浓度 YDW 对 LPS 诱导的 RAW 264.7 分泌炎症因子的影响

*：与 LPS 诱导的对照组比有显著性差异（$P < 0.05$）；**：与 LPS 诱导的对照组比有极显著差异（$P < 0.01$）；

##：与无 LPS 诱导的空白组相比有极显著差异（$P < 0.01$）

6.2.2.5 小肽 YDW 对 P50 和 P65 蛋白质的影响

P50 和 P65 蛋白质是 NF-κB 异二聚体成分，NF-κB 为影响炎症反应的经典通路，能够显示炎症反应的程度。本研究通过 P50 和 P65 蛋白质表达，进一步了解小肽 YDW 对炎症反应的影响。Western blotting 结果显示，在 LPS 诱导巨噬细胞情况下，P50 和 P65 的表达显著性增强，如图 6.7 所示，在小肽浓度 5μmol/L、20μmol/L、80μmol/L 情况下以剂量依赖的形式降低了 P50 和 P65 蛋白质的表达，结果表明小肽从 NF-κB 途径改善炎症反应。

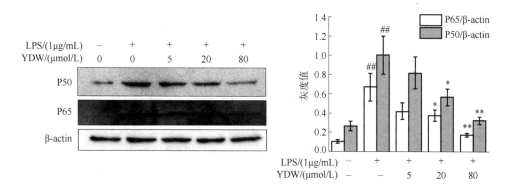

图 6.7　不同浓度 YDW 对 LPS 诱导的 RAW 264.7 分泌炎症因子的影响

*：与 LPS 诱导的对照组相比有显著性差异（$P<0.05$）；**：与 LPS 诱导的对照组相比有极显著差异（$P<0.01$）；

\#\#：与无 LPS 诱导的空白组相比有极显著差异（$P<0.01$）

6.2.3　小肽 YDW 对成纤维细胞 L929 活性的影响

6.2.3.1　小肽 YDW 对 L929 增殖活性的影响

通过 MTT 实验研究不同浓度的小肽对 L929 增殖活力的影响。增殖期是伤口愈合的关键时期，提高成纤维细胞的增殖活力，能够有效促进伤口的愈合（Navarro-Requena 等，2018）。结果如图 6.8 所示，当 YDW 为 5μmol/L 时，细胞增殖活力与对照组具有显著差异（$P<0.05$），当浓度为 20μmol/L 和 80μmol/L 时，细胞增殖活力分别为（109.57±4.31）%（$P<0.01$）和（112.51±3.63）%（$P<0.01$）。且在加样浓度 20μmol/L 与 80μmol/L 之间，细胞增殖活力没有显著性差异（$P>0.05$）。

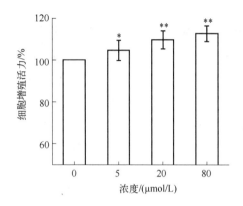

图 6.8　不同浓度 YDW 对 L929 细胞增殖活力的影响

*：与对照组相比具有显著性差异（$P<0.05$）；**：与对照组相比有极显著性差异（$P<0.01$）

6.2.3.2　小肽 YDW 对 L929 细胞增殖相关蛋白 Ki-67 蛋白质表达的影响

Ki-67 蛋白质与细胞核中的有丝分裂和细胞增殖密切相关（Booth 等，2017）。小肽 YDW 对 L929 细胞增殖过程中 Ki-67 蛋白质表达的影响如图 6.9 所示。通过 Western blotting 实验检测了不同浓度小肽 YDW 对 L929 细胞中 Ki-67 蛋白质表达的影响，经过小肽 YDW 处理 24h 后，L929 细胞中的 Ki-67 蛋白质表达增强。当加样浓度为 5μmol/L，相对于对照组 Ki-67 蛋白质表达显著增强（$P<0.01$）；随着加样浓度的增加，蛋白质表达进一步增加，加样浓度为 20μmol/L 和 80μmol/L 时，Ki-67 蛋白质表达相对于对照组具有极显著性差异（$P<0.01$）。

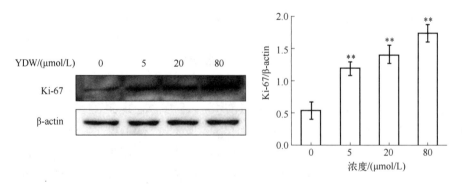

图 6.9　不同浓度 YDW 对 L929 细胞 Ki-67 蛋白质表达的影响

*：与对照组相比具有显著性差异（$P<0.05$）；**：与对照组相比有极显著性差异（$P<0.01$）

6.2.3.3　小肽 YDW 对 L929 细胞周期的影响

细胞周期是细胞有丝分裂的全过程,根据细胞内 DNA 含量分为 G0/G1 期、S 期和 G2/M 期三个时期(Imoto 等,2011)。S 期为细胞有丝分裂阶段,影响着细胞的生长和增殖,根据研究表明 S 期的增加能够在一定程度上促进细胞增殖,通过 S 期的所占比例,表明细胞增殖情况(Liu 等,2019)。

通过流式细胞仪检测肽 YDW 按浓度 0μmol/L、5μmol/L、20μmol/L 和 80μmol/L 处理 24h 后对 L929 细胞周期分布的影响。如图 6.10,结果显示,5μmol/L 和 20μmol/L 小肽作用时,与对照组相比,在 G0/G1 期所占比例有显著性差异($P<0.05$);在浓度为 5μmol/L 和 20μmol/L 之间并无显著性差异($P>0.05$)。

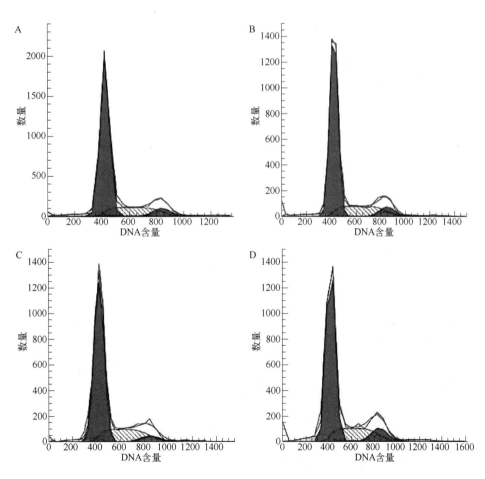

图 6.10　不同浓度 YDW 对 L929 细胞周期影响

A. 对照组(0μmol/L);B. 5μmol/L 小肽实验组;C. 20μmol/L 小肽实验组;D. 80μmol/L 小肽实验组

当浓度为 80μmol/L 时，G0/G1 所占比例最低为 69.40±0.13，与对照组成显著性差异（$P<0.01$）（表 6.1）。与此同时，通过小肽处理的 L929 细胞 S 期与对照组相比都有上升的趋势（$P<0.05$），且呈浓度依赖型；通过分析，各组的 G2/M 期比例无明显统计学差异。

有研究表明，细胞周期中的调节影响了 Ki-67 蛋白质的表达（Sobecki 等，2017），结合实验结果小肽处理后 Ki-67 蛋白质表达增加，而细胞周期实验中结果显示 S 期增加，可能影响 Ki-67 蛋白质的表达，促进了细胞有丝分裂，达到促进 L929 成纤维细胞增殖的作用。

表 6.1　细胞周期分布

样品浓度/（μmol/L）	细胞周期分布		
	G0/G1	S	G2/M
0	73.23±0.89[c]	19.31±0.34[a]	7.11±0.31[a]
5	72.52±0.16[b]	21.54±0.31[b]	6.85±0.27[a]
20	70.72±0.64[b]	22.47±0.19[c]	6.64±0.73[a]
80	69.40±0.13[a]	24.68±1.09[d]	7.04±0.41[a]

注：表中不同字母代表与同一时期相比有显著差异（$P<0.05$）。

6.2.3.4　小肽 YDW 对 L929 细胞迁移的影响

在伤口愈合的过程中，成纤维细胞通过迁移到伤口表面，进行增殖分化，修复伤口，形成肉芽组织（Uchinaka 等，2017）。本实验通过划痕实验，检测不同浓度的小肽 YDW 对 L929 细胞迁移的影响。

如图 6.11 所示，在小肽 YDW 处理 L929 成纤维细胞 12h 后，迁移率与对照组相比具有显著性差异（$P<0.05$）；当小肽 YDW 处理 24h 后，伤口面积明显比对照组面积窄，并且间隙距离明显减小（$P<0.05$）；当 YDW 处理 36h 后，浓度为 80μmol/L 时，细胞迁移率为（97.7±0.75）%，而正常对照组仍存在较大间隙，迁移率只有（79.50±0.84）%，迁移率提高了（18.20±0.61）%。

6.2.3.5　小肽 YDW 对 Collagen Ⅰ 分泌的影响

胶原蛋白纤维是组织细胞外基质的主要成分，在结缔组织形成的过程中发挥着重要作用，与皮肤的重塑有着密切的关系（Wess，2005）。如图 6.12 所示，通过 Western blotting 技术检测 Collagen Ⅰ 含量的表达，检测不同浓度的小肽对 Collagen Ⅰ 分泌的影响。当小肽浓度为 5μmol/L 时，Collagen Ⅰ 的表达与对照组相比有显著性差异（$P<0.05$）；当小肽浓度为 20μmol/L 和 80μmol/L 时，与对

照组相比具有极显著性差异（$P<0.01$），且两者间也具有显著性差异（$P<0.01$）。结果所示,通过小肽 YDW 作用后,Collagen I 的分泌量在一定范围内随着 YDW 浓度的升高，含量不断增加，小肽对 Collagen I 的分泌具有促进作用。

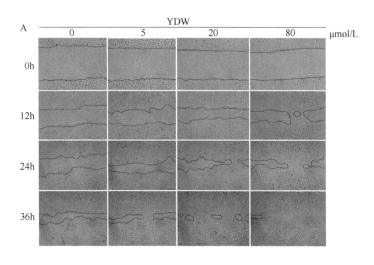

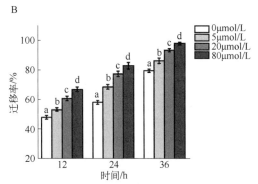

图 6.11　不同浓度 YDW 对 L929 细胞迁移的影响

不同字母表示同一时间内不同浓度之间相比有显著性差异（$P<0.05$）

6.2.4　小肽 YDW 对角质形成细胞 HaCaT 活性的影响

6.2.4.1　小肽 YDW 对 HaCaT 增殖活性的影响

角质形成细胞是封闭创面表面的上皮细胞，在肉芽组织逐渐生长增殖分化的过程中，同时进行封闭伤口表面，加速其增殖、迁移，在一定程度上有利于后期创面的修复（Kim 等，2020；Lee 等，2018）。通过 MTT 实验，检测不同浓度小肽 YDW 对 HaCaT 增殖活性的影响。如图 6.13 所示，当小肽浓度为 5μmol/L 时，HaCaT 的细胞增殖活力为（112.24±2.47）%；当小肽浓度为 20μmol/L，细胞增殖活力为（116.13±4.61）%；当小肽浓度为 80μmol/L 时，细胞增殖活力为（118.16±2.33）%，比对照组增加（18.16±2.33）%。

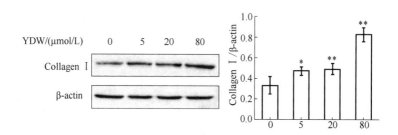

图 6.12 不同浓度 YDW 对 Collagen Ⅰ分泌的影响

*：与对照组相比具有显著性差异（$P<0.05$）；**：与对照组相比有极显著性差异（$P<0.01$）

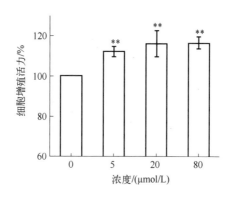

图 6.13 不同浓度 YDW 对 HaCaT 增殖活性的影响

*：与对照组相比具有显著性差异（$P<0.05$）；**：与对照组相比有极显著性差异（$P<0.01$）

6.2.4.2 小肽 YDW 对 HaCaT 迁移活性的影响

提高角质形成细胞的迁移率能够加速伤口的愈合（Raja 等，2007），本实验通过细胞迁移实验检测小肽 YDW 对 HaCaT 迁移活性的影响。结果如图 6.14 所示，在加小肽 12h 后，在浓度 80μmol/L 时角质形成细胞的迁移率为（16.01±1.86）%，与对照组相比具有极显著性差异（P＜0.01）。当加小肽 24h 后，浓度为 5μmol/L 时，迁移率为（16.78±1.88）%，与对照组相比具有显著性差异（P＜0.05）；当浓度为 20μmol/L 和 80μmol/L 时，迁移率分别为（17.32±1.53）%和（20.17±1.35）%，与对照组相比具有显著性差异。当加小肽 36 h 后，从图 6.14 中能明显看出划痕面积实验组比对照组窄，当浓度为 5μmol/L 时与对照组相比具有显著性差异（P＜0.05），当浓度为 20μmol/L 和 80μmol/L 时，迁移率分别为（38.26±1.42）%和（40.61±1.28）%，与对照组相比具有显著性差异（P＜0.01）。结果表明，在 36h 后，角质形成细胞的迁移率在 80μmol/L 最高（P＜0.01），YDW 显著提高了角质形成细胞的迁移速率。

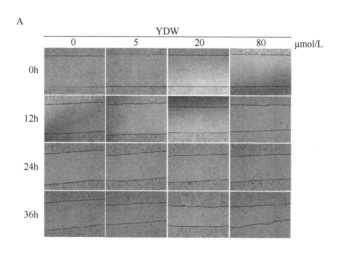

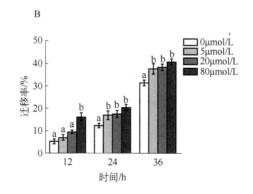

图 6.14　不同浓度 YDW 对 HaCaT 迁移活性的影响

不同字母表示同一时间比较具有显著性差异（P＜0.05）

通过研究巨噬细胞 RAW 264.7、成纤维细胞 L929 和角质形成细胞 HaCaT，体外模拟了在伤口愈合过程中主要作用效果，检测小肽对三种细胞作用的影响。具体所得结论如下：

① 通过 LPS 诱导巨噬细胞构建炎症细胞模型，检测 NO 含量、炎症因子含量和炎症相关的蛋白质表达证明了小肽 YDW 具有抑制炎症反应的效果，从蛋白质水平上检测 iNOS 和 COX-2 的表达，进一步表明 NO 的分泌受到抑制。ELISA 实验检测了炎症因子的含量，表明小肽能够抑制促炎因子 IL-1β、IL-6 和 TNF-α 的分泌，且对抗炎因子 IL-10 具有促进分泌的作用。又通过检测 NF-κB 异二聚体成分 P50 和 P65 的表达受到抑制，进一步证明小肽能够在一定程度上改善炎症反应。

② 在 MTT 实验的检测下，成纤维细胞增殖活力增高，可提升（12.5±3.6）%；通过流式细胞术分析周期，结果表明小肽促使成纤维细胞由 G0/G1 期向 S 期转换，细胞周期 S 期的延长也促进了 Ki-67 的蛋白质表达，以此来促进成纤维细胞增殖。COL-I 蛋白质表达随着小肽浓度的增加而增加。另外，在小肽的作用下，成纤维细胞表现出良好的迁移能力，成纤维细胞的迁移率在小肽浓度为 80μmol/L 时，愈合率迁移率最高为（97.7±0.75）%，同等时间对照组迁移率仅为（79.50±0.84）%。结果表明，小肽不仅能够促进成纤维细胞的增殖还能够促进成纤维细胞的迁移。

③ MTT 实验测定了角质形成细胞的增殖活力，发现小肽能够明显促进细胞的增殖，随着小肽浓度的增加呈现浓度依赖型，在 80μmol/L 时增殖率最高，比对照组增加（18.16±2.33）%。通过划痕实验检测得出，在小肽处理 12h 后，仅 80μmol/L 时迁移率为（16.01±1.86）%具有显著性差异，在 24h 和 36h 时，随着浓度的增加，细胞迁移率也逐渐增加，在 36h 时迁移率最高，YDW 促进了角质细胞的迁移能力。

6.3 麦胚活性肽对大鼠伤口愈合作用

6.3.1 小肽 YDW 对大鼠伤口愈合率的影响

通过大鼠皮肤伤口模型用来研究小肽 YDW 对于伤口愈合过程中的影响，EGF 组作为阳性对照组。与对照组相比，YDW 组和 EFF 组第 0、4、7 和 10 天伤口愈合的宏观视图显示伤口闭合明显加速（图 6.15A）。受伤后第 4 天，YDW 组和 EGF 组的伤口面积分别比对照组小（9.5±5.8）%（$P<0.05$）和（23.5±3.9）%（$P<0.01$）。受伤后第 7 天，伤口面积分别比对照组小（15.3±5.2）%（$P<0.01$）

和（21.7±5.1)%（$P<0.05$）。受伤后第 10 天，用 EGF 处理的动物伤口区域完全闭合，而用 YDW 处理的动物伤口区域几乎完全闭合，而对照动物的伤口区域仍有（19.3±2.4)%（$P<0.01$）未愈合。

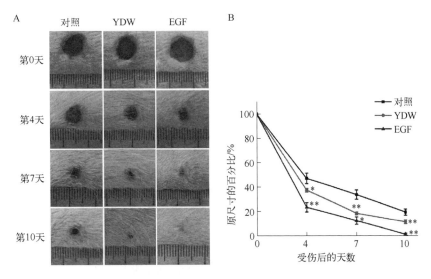

图 6.15 不同加样组对大鼠伤口愈合的影响

*：同一天内与对照组相比具有显著性差异（$P<0.05$）；**：同一天内与对照组相比具有极显著性差异（$P<0.01$）

6.3.2 小肽 YDW 对大鼠伤口组织中 NO 的影响

NO 的分泌与伤口愈合过程中炎症反应密切相关，检测伤口组织中 NO 的含量，探究小肽 YDW 对炎症阶段的影响（La Torre 等，2016）。通过 Griess 方法检测伤口组织中 NO 含量，如图 6.16 所示。致伤第 4 天，小肽组与对照组具有显著性差异（$P<0.05$），而 EGF 组与对照组无显著性差异（$P>0.05$）。当致伤第 7 天开始，NO 浓度呈下降趋势，炎症整体反应减缓。与对照组相比，小肽组具有显著性差异（$P<0.05$）；EGF 组与对照组也无显著性差异，但值得注意的是，两组间差异变大，可能是在增殖和迁移阶段，EGF 发挥作用明显，加速增殖和迁移，导致伤口中 NO 含量下降；在第 10 天时，YDW 组和 EGF 组均与对照组具有显著性差异（$P<0.05$），根据 6.3.1 小节结果显示，大鼠伤口基本愈合，NO 含量趋于平稳阶段，与第 0 天基本持平。本实验结果表明，小肽能够抑制 NO 的分泌，以此影响炎症反应。

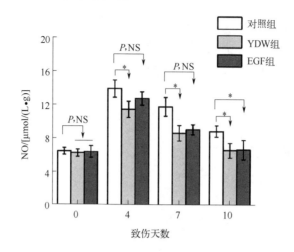

图 6.16　不同加样组对大鼠伤口组织中 NO 分泌的影响

P, NS：同一天内无显著性差异（*P* > 0.05）；*：同一天内与对照组相比有显著性差异（*P* < 0.05）；

**：同一天内与对照组相比有极显著性差异（*P* < 0.01）

6.3.3　小肽 YDW 对大鼠伤口组织中炎症因子的影响

通过检测大鼠伤口组织中第 0、4、7 和 10 天内的炎症因子水平（IL-1β、IL-6、TNF-α 和 IL-10），结果如图 6.17 所示。

如图 6.17 中 A 所示，在致伤第 4 天，对照组中 IL-1β 的含量平均高于 YDW 小肽组 30.37pg/mL 和 EGF 阳性对照组 22.67pg/mL（*P* < 0.05）；致伤后第 7 天，整体炎症水平下降，炎症反应减弱，对照组 IL-1β 水平含量仍高于 YDW 小肽组和 EGF 组（*P* < 0.05）；致伤后第 10 天，与图 6.15 结合比较，YDW 小肽组和 EGF 组伤口几乎愈合，组织中炎症因子水平也趋于正常水平，对照组高于 YDW 小肽组 18.60pg/mL 和 EGF 阳性对照组 20.97pg/mL。如图 6.17 中 B 所示，在致伤第 4 天，对照组中 IL-6 的含量为（127.67±4.97）pg/mL，在加入小肽 YDW 后，IL-6 降低（16.59±1.76）pg/mL（*P* < 0.05），EGF 阳性对照组降低（19.56±6.48）pg/mL（*P* < 0.05）；第 7 天，IL-6 分泌含量降低，由于炎症阶段为伤口愈合第一阶段，所以炎症反应减弱，对照组 IL-6 含量为（107.00±6.92）pg/mL，YDW 组 IL-6 含量降低（20.60±16.79）pg/mL，EGF 组 IL-6 含量降低了（23.42±13.51）pg/mL；第 10 天时，EGF 组伤口愈合，IL-6 恢复到第 0 天时水平（64.56±2.26）pg/mL，在小肽 YDW 组中，IL-6 含量低于对照组（23.14±4.30）pg/mL。如图 6.17 中图 C 所示，IL-10 为抗炎因子，在致伤第 4 天时三组

都达到最高值，YDW 组（63.55±0.62）pg/mL 和 EGF 组（64.00±1.76）pg/mL，
与对照组比较，有显著性差异（$P<0.05$）；从第 7 天，IL-10 呈下降趋势，
与对照组仍有显著性差异（$P<0.01$）；第 10 天时，IL-10 处于稳定的状态，
由 6.3.1 小节的结果显示，YDW 组和 EGF 组伤口基本愈合，两组 IL-10 水平
几乎达到平稳状态，但与对照组仍具有显著性差异（$P<0.05$）。如图 6.17
中 D 所示，在致伤第 4 天时，TNF-α 达到最值，且对照组含量高于小肽 YDW
组和 EGF 组，与两组均有显著性差异（$P<0.05$）；致伤第 7 天和第 10 天时，
三组中 TNF-α 均处于一个下降的趋势，结果表明，对照组与 YDW 组和 EGF
组均无显著性差异。

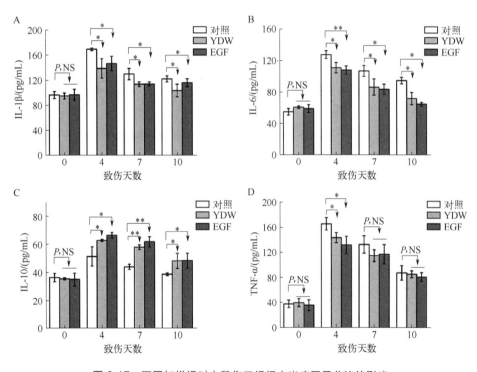

图 6.17　不同加样组对大鼠伤口组织中炎症因子分泌的影响

在炎症反应阶段，炎症因子主要来源于巨噬细胞的分泌，IL-1β、IL-6 和
TNF-α 主要作为促炎因子，而 IL-10 主要作为抗炎因子。综上的实验结果表明，
小肽对促炎因子 IL-1β、IL-6 和 TNF-α 的分泌有抑制作用，对 IL-10 的分泌有
促进作用，通过控制炎症因子的水平从而影响炎症反应程度。

6.3.4　大鼠伤口组织的病理学分析

6.3.4.1　H&E 染色

组织病理学分析小肽 YDW 对大鼠皮肤伤口的作用影响,从图 6.18 中可得,致伤第 4 天时,表皮(E)和真皮分界清晰,表皮层可见大量脓细胞渗出,各组伤口均有大量炎性渗出物,包括粒细胞和淋巴细胞;YDW 组和 EGF 组中有肉芽组织(GT)生成,其中包含纤维细胞和成纤维细胞,未见到明显的新生毛囊等器官。各组都有明显炎症反应,与对照组相比,YDW 和 EGF 组减轻了炎症反应过程,加速了肉芽组织的生成。

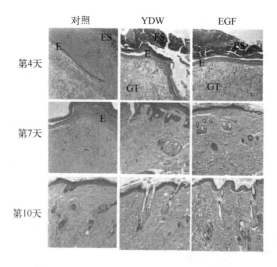

图 6.18　大鼠伤口组织的 H&E 染色切片

致伤第 7 天时,各组表皮层和真皮层分界清楚,表皮结构完整,对照组仍有炎性细胞浸润,无组织生长;小肽 YDW 组炎性细胞浸润减少,有组织生成,肉芽组织沉积明显;EGF 组肉芽组织沉积最多,逐渐开始成熟。YDW 组和 EGF 组明显看到有毛囊的生成。

致伤第 10 天时,各组表皮层和真皮层分界清楚,表皮结构完整,可见毛囊、皮脂腺结构;YDW 组真皮层胶原丰富,排列紧密,可见毛囊、皮脂腺结构,肉芽组织生长明显;EGF 组中,毛囊、皮脂腺结构清晰可见,伤口组织成熟,真皮层胶原丰富,排列更加紧密。

6.3.4.2 Masson 染色

小肽 YDW 组对大鼠皮肤伤口组织中胶原蛋白的沉积如图 6.19 所示,在伤口愈合的过程中,胶原沉积也称为胶原纤维的增生,是肉芽组织生成的重要条件。

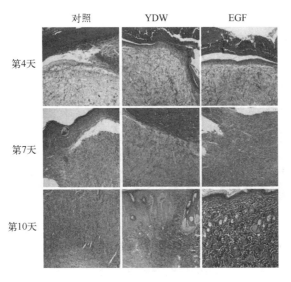

图 6.19 大鼠伤口组织的 Masson 染色切片

图中胶原纤维呈蓝色,肌细胞呈红色,细胞核呈褐色

致伤第 4 天时,对照组、YDW 组和 EGF 组均有胶原蛋白生成,但 YDW 组和 EGF 组明显多于对照组。致伤第 7 天时,对照组、YDW 组和 EGF 组三组胶原蛋白含量增加,对照组含量依旧较低,且成熟度较低;YDW 组和 EGF 组胶原蛋白含量增多,且成熟度较高。致伤第 10 天时,对照组胶原蛋白成熟度较低,YDW 组和 EGF 组成熟度较高;其中,EGF 组胶原蛋白成熟度最高。

6.3.5 大鼠伤口组织的免疫荧光分析

6.3.5.1 小肽 YDW 对大鼠伤口组织中巨噬细胞的影响

F4/80 是伤口愈合过程中巨噬细胞的标志物,本实验通过 F4/80 荧光染色分析伤口组织中的巨噬细胞的水平,在伤口愈合过程中,炎症反应的主要阶段是在致伤的 4 天内,则本实验选取第 4 天的伤口组织进行分析。

如图 6.20 所示，在经 YDW 处理后，F4/80 含量比对照组降低了（3.87±0.77）%，具有显著性差异，EGF 组同样具有显著性差异。在 YDW 组与 EGF 组之间，也同样具有显著性差异（$P<0.05$），在前面动物实验 6.3.1 小节结果中，EGF 组促进伤口愈合率（如图 6.15）和肉芽组织的生成（如图 6.18）具有明显高于 YDW 组的结果，但在此结果中可以表明，YDW 组比 EGF 组具有明显抗炎的效果。

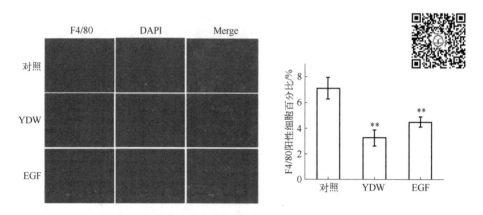

图 6.20　大鼠伤口组织中的 F4/80 免疫荧光染色

红色荧光为 F4/80，蓝色荧光为细胞核。*：与对照组相比具有显著性差异（$P<0.05$）；

**：与对照组相比具有极显著性差异（$P<0.01$）

6.3.5.2　小肽 YDW 对大鼠伤口组织中肌成纤维细胞的影响

α-SMA 是肌成纤维细胞的标志，肌成纤维细胞是由成纤维细胞等细胞分化而成的，在伤口愈合过程中是血管生成的标志（Hinz，2016）。血管的生成是在伤口愈合的增殖阶段后的重塑阶段，在致伤第 7 天后，会有明显的显示，本实验通过观察第 7 天肌成纤维细胞的标志物 α-SMA，探究小肽对血管生成的影响。如图 6.21，在小肽 YDW 处理后，α-SMA 含量与对照组相比有显著性的差异（$P<0.01$）；EGF 组与对照组也相比具有显著性差异（$P<0.01$）。结果显示，小肽能够促进肌成纤维细胞的分化，有助于伤口组织中血管的生成，进一步促进伤口的愈合。

通过建立大鼠伤口模型，从体内实验中探究小肽对大鼠伤口愈合过程中的影响。在此过程中，通过记录伤口面积计算伤口愈合率，探究伤口过程中的炎症反应水平，对伤口中肉芽组织及血管生成的影响。

① 通过小肽直接作用于大鼠伤口表面观察伤口愈合情况，结果显示小肽能

够明显提高伤口的愈合率[（8.12±1.40）%]；通过测定伤口组织中 NO 的含量，显示能够抑制 NO 的分泌（$P<0.05$）。检验伤口组织中的炎症因子含量，结果显示促炎因子 IL-1β、IL-6 和 TNF-α 的相对含量有所下降，抗炎因子 IL-10 的含量有所升高；另外，在 H&E 染色切片中显示出小肽具有抑制炎性细胞的能力，进一步通过免疫荧光染色检测巨噬细胞标志物 F4/80，显示出小肽对伤口组织中的巨噬细胞具有一定的抑制作用，说明小肽能够抑制炎症反应。

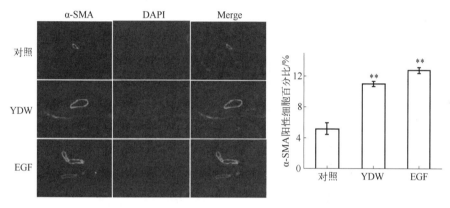

图 6.21　大鼠伤口组织中的 α-SMA 免疫荧光染色

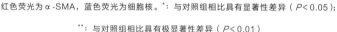

红色荧光为 α-SMA，蓝色荧光为细胞核。*：与对照组相比具有显著性差异（$P<0.05$）；

**：与对照组相比具有极显著性差异（$P<0.01$）

② 在 Masson 染色切片中，小肽显示出了促进胶原蛋白的生成与成熟。而胶原蛋白的生成又影响了肉芽组织的生成，通过 H&E 染色切片，证明小肽组显示出良好的促进纤维细胞和成纤维细胞的生成、肉芽组织生成和沉积的效果，还显示出有利于皮肤器官的生成与成熟。

③ 通过免疫荧光法检测肌成纤维细胞标志物 α-SMA 结果显示，小肽组 α-SMA 的含量增加，表示小肽促进伤口部位血管的生成，进而促进大鼠伤口的愈合。

6.4　麦胚活性肽乳膏的制备及检测

6.4.1　乳膏组成优化

为了优化乳膏组成成分，采用四因素三水平 $L9（3^4）$ 的正交试验，采用极差分析法进行分析，以乳膏外观形状、离心分层效果、低温储存后效果和高温储存后效果为指标进行乳膏评定、评分，结果如表 6.2 所示。表 6.2 中，K 值表示各因素在不同水平下的总指标，k 等于 K 除以水平数（本研究中水平数为 3）所得的平均值，判断水平因素对实验指标的影响。R 值表示极差，表示实验中某一因素在其水平范围内指标变化幅度，可用来判断各因素对实验指标影响的主次。

由 k 值可确定最佳水平值，根据结果分析 A（单硬脂酸甘油酯）因素条件下 $k_3 > k_2 > k_1$，B（硬脂酸）因素条件下 $k_2 > k_3 > k_1$，C（白凡士林）因素条件下 $k_3 > k_2 > k_1$，D（甘油）因素条件下 $k_2 > k_3 = k_1$，所以得到最佳水平为 A3B2C3D2，即单硬脂酸甘油酯 12%，硬脂酸 8%，白凡士林 13%，甘油 20%。由 R 值可以看出，A（单硬脂酸甘油酯）对乳膏的性状影响最为显著，影响最不显著的是 C（白凡士林），本研究中实验因素的主次关系为：A（单硬脂酸甘油酯）＞C（白凡士林）＞D（甘油）＞B（硬脂酸）。

表 6.2 正交试验结果

试验号	实验因素				得分
	A	B	C	D	
1	1	1	1	1	83
2	1	2	2	2	86
3	1	3	3	3	85
4	2	1	2	3	86
5	2	2	3	1	87
6	2	3	1	2	86
7	3	1	3	2	91
8	3	2	1	3	89
9	3	3	2	1	90
K_1	254	260	258	260	
K_2	259	262	262	263	
K_3	270	261	263	260	
k_1	84.667	86.667	86.000	86.667	
k_2	86.333	87.333	87.333	87.667	
k_3	90.000	87.000	87.667	86.667	
R	5.333	0.666	1.667	1.000	
Q	A_3	B_2	C_3	D_2	

6.4.2 小肽 YDW 乳膏基本性质

6.4.2.1 外观性状及涂布

本乳膏中选取了凡士林，目前凡士林已广泛应用于制备护肤品及乳膏中，凡士林具有保护皮肤的作用（袁辉，1998）。取适量乳膏置于皿中，置于光线明亮处观察，乳膏应为白色乳膏。乳膏的浓稠度与涂布效果在使用过程中能够直接影响乳膏的作用效果，从图 6.22 可知，各组显示乳膏能够涂抹均匀，且无颗粒，具有较强黏附性，在玻璃片上能够停留 24h。

图 6.22 乳膏的稠度与涂布性能

1. 乳膏组；2. 0.025%小肽乳膏组；3. 0.05%小肽乳膏组

6.4.2.2 离心实验对小肽乳膏稳定性的影响

如表 6.3 所示，离心实验在乳膏的质量检查中能够明显表明，在高速离心的情况下模拟周围环境，在极限情况，检测乳膏的稳定性，观察乳膏的分层现象。从图 6.23 中可以明显看出，经过离心实验后，各组都没有分层现象和颗粒析出现象。

图 6.23 离心实验对乳膏的影响

1. 乳膏组；2. 0.025%小肽乳膏组；3. 0.05%小肽乳膏组

表 6.3　离心实验对乳膏的影响

序号	离心
1	无油水分层现象
2	无油水分层现象
3	无油水分层现象

注：取样品 4g，室温，3000 r/min 离心 15 min。

6.4.2.3　高温对小肽乳膏稳定性的影响

热稳定实验用来探究高温对小肽性状乳膏的影响。如图 6.24A 所示，加热 55℃，6h 后，乳膏未出现分层及颗粒析出的现象。如图 6.24B 所示，加热 55℃，24h 后，乳膏未出现分层及颗粒析出的现象。小肽乳膏在高温下，整体性状无不良影响（表 6.4）。

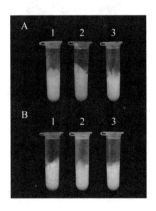

图 6.24　高温对乳膏的影响

A. 乳膏放置 55℃中 6h；B.乳膏放置 55℃中 24h；

1. 乳膏组；2.0.025%小肽乳膏组；3.0.05%小肽乳膏组

表 6.4　高温 6 h/24 h 对乳膏的影响

序号	6 h	24 h
1	无油水分离现象	无油水分离现象
2	无油水分离现象	无油水分离现象
3	无油水分离现象	无油水分离现象

6.4.2.4 低温对小肽乳膏稳定性的影响

采用低温实验用来探究低温对小肽乳膏性状的影响，本实验通过将乳膏放置于-20℃下，分别于 6h 和 24h 后进行观察。结果如图 6.25A 所示，在-20℃放置 6h 后，观察没有颗粒析出的现象。将乳膏继续放置 24h 后，结果如图 6.25B 所示，没有分层及颗粒析出的现象。本实验结果表明，本乳膏在加入小肽后，乳膏的性质仍然稳定，对乳膏的整体性状无不良影响（表 6.5）。

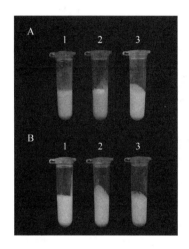

图 6.25 低温对乳膏的影响

A. 乳膏放置-20℃中 6h；B.乳膏放置-20℃中 24h；

1. 乳膏组；2. 0.025%小肽乳膏组；3. 0.05%小肽乳膏组

表 6.5 低温 6 h 和 24 h 对乳膏的影响

序号	低温 6 h	低温 24 h
1	无变化	无变化
2	无变化	无变化
3	无变化	无变化

6.4.2.5 小肽乳膏中的 pH

将乳膏 2g，加入 10mL 超纯水，使其分散均匀，用 pH 计检测乳膏的 pH 值，每组检测三次取平均值，结果如表 6.6 所示。

表 6.6　乳膏的 pH

序号	1	2	3
pH	5.25	5.27	5.18

查阅相关规定,一般乳膏的 pH 在 4.4～8.3 左右。实验结果表明,实验组 1～3,符合乳膏的一般标准。

6.4.2.6　乳膏中的小肽含量

应用 HPLC 法检测乳膏中小肽的含量,根据高效液相色谱检测不同浓度小肽标准品的结果,得到回归方程为 $y = 14.396x + 313.11$, $R^2 = 0.9991$ [y 为峰面积, x 为小肽浓度(μmol/L)],根据实验结果所得到的小肽峰面积,代入标准曲线得到小肽浓度,计算乳膏中小肽回收率。

(1)乳膏中小肽回收率

将制成的小肽乳膏,直接进行 HPLC 检测。检测结果如图 6.26 所示,通过计算峰面积,结果显示浓度为 0.025% 的小肽乳膏和 0.05% 的小肽乳膏中的小肽回收率分别为 92.60% 和 90.51%(表 6.7)。

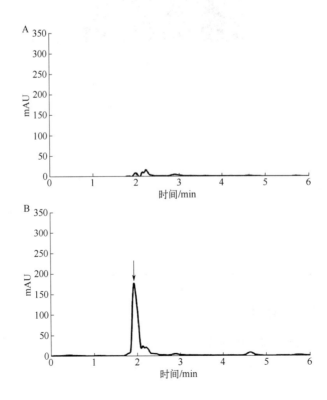

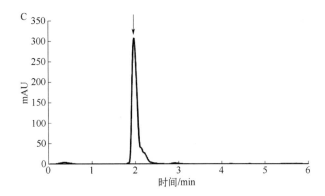

图 6.26　小肽乳膏 HPLC 色谱图

A. 乳膏组；B. 0.025%小肽乳膏；C. 0.05%小肽乳膏

表 6.7　小肽峰面积及回收率

序号	小肽峰面积/（mAU·s）	小肽回收率
A	—	—
B	1601.82	92.60%
C	2884.62	90.51%

注：A. 乳膏组；B. 0.025%小肽乳膏；C. 0.05%小肽乳膏，下表同。

（2）离心后乳膏中的小肽回收率

如图 6.27 所示，通过计算峰面积，结果显示浓度为 0.025% 的小肽乳膏和 0.05% 的小肽乳膏中的小肽回收率分别为 90.48% 和 90.60%（表 6.8）。

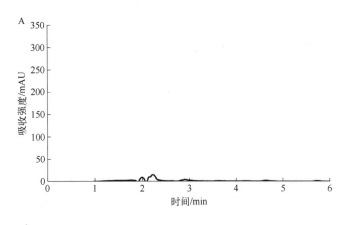

图 6.27

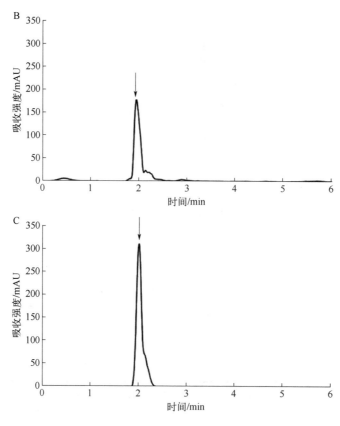

图 6.27　小肽乳膏 HPLC 色谱图

A. 乳膏组；B. 0.025%小肽乳膏；C. 0.05%小肽乳膏

表 6.8　小肽峰面积及回收率

序号	小肽峰面积/（mAU·s）	小肽回收率
A	—	—
B	1571.04	90.48%
C	2887.09	90.60%

（3）热处理后乳膏中的小肽回收率

如图 6.28 所示，通过计算峰面积，结果显示当热处理 6h 时，浓度为 0.025%的小肽乳膏和 0.05%的小肽乳膏中的小肽回收率分别为 91.43%和 91.28%；当热处理 24h 时，浓度为 0.025%的小肽乳膏和 0.05%的小肽乳膏中的小肽回收率分别为 91.77%和 91.12%（表 6.9）。

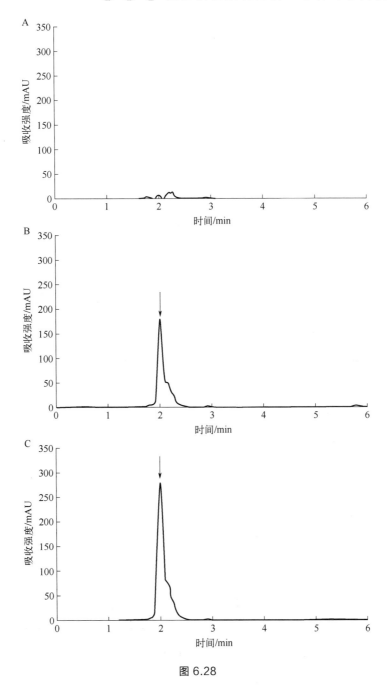

图 6.28

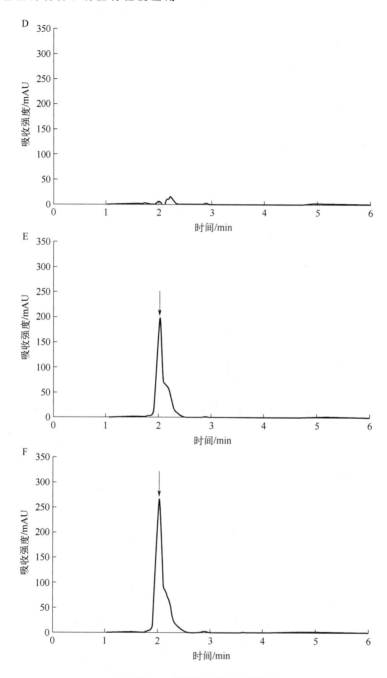

图 6.28 小肽乳膏 HPLC 色谱图

A. 乳膏组；B. 0.025%小肽乳膏；C. 0.05%小肽乳膏（A～C 为放置于 55℃中 6h）；

D. 乳膏组；E. 0.025%小肽乳膏；F. 0.05%小肽乳膏（D～F 为放置于 55℃中 24 h）

表 6.9　小肽峰面积及回收率

序号	小肽峰面积（mAU·s）	小肽回收率
A	—	—
B	1584.79	91.43%
C	2906.77	91.28%
D	—	—
E	1589.79	91.77%
F	2902.20	91.12%

（4）低温处理后乳膏中的小肽回收率

如图 6.29 所示，通过计算峰面积，结果显示当热处理 6 h 时，浓度为 0.025%的小肽乳膏和 0.05%的小肽乳膏中的小肽回收率分别为 91.11%和 91.49%；当热处理 24 h 时，浓度为 0.025%的小肽乳膏和 0.05%的小肽乳膏中的小肽回收率分别为 91.70%和 92.06%（表 6.10）。

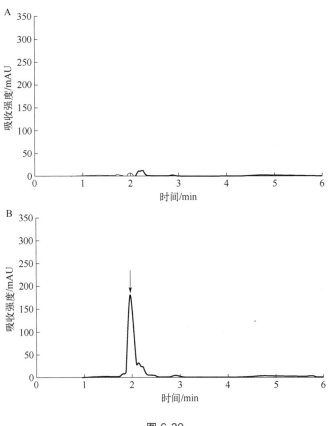

图 6.29

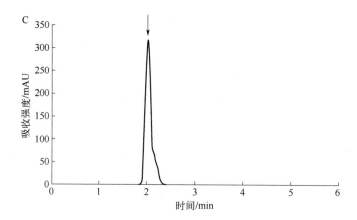

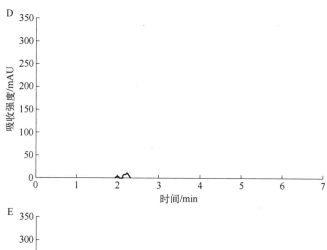

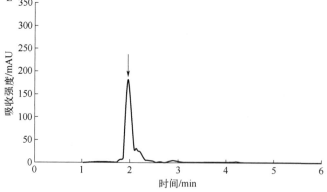

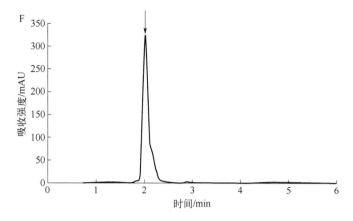

图 6.29 小肽乳膏 HPLC 色谱图

A. 乳膏组；B. 0.025%小肽乳膏；C. 0.05%小肽乳膏（A～C 为放置于-20℃中 6h）；

D. 乳膏组；E. 0.025%小肽乳膏；F. 0.05%小肽乳膏（D～F 为放置于-20℃中 24h）

表 6.10 小肽峰面积及回收率

序号	小肽峰面积/（mAU·s）	小肽回收率
A	—	—
B	1580.22	91.11%
C	2912.88	91.49%
D	—	—
E	1588.66	91.70%
F	2929.45	92.06%

综上检测乳膏中小肽的 HPLC 结果，可以看出小肽在乳膏中的回收率都在 90%以上，考虑到实验误差的存在，结果反映出离心、低温处理、高温处理后，小肽能够稳定存在于乳膏中。

通过正交试验确定组成配比，制备小肽乳膏，检测涂布、离心稳定性、冷热稳定性和 pH 值等乳膏性能，使用 HPLC 检测小肽制成乳膏后小肽含量，计算小肽回收率。具体所得结论如下：

① 通过正交试验，研究乳膏的组成成分为单硬脂酸甘油酯为 12%，硬脂酸为 8%，白凡士林为 13%，甘油为 20%，其余为水。此配比所制成的乳膏为具有光泽的乳白色膏体，通过涂布实验显示乳膏能够均匀涂抹，无明显大颗粒，具有较强黏附性且涂抹玻璃片上能够停留 24h。

② 乳膏具有良好的稳定性，在高速离心的状况下，没有出现分层的现象；在低温实验中，无明显颗粒析出，表现出良好的低温稳定性；在高温实验中，未出现明显的分层现象，表现出良好的高温稳定性；测定乳膏的 pH 值，结果表明，乳膏符合企业标准。

③ 通过 HPLC 实验，检测小肽的含量，计算小肽回收率，结果小肽在制成乳膏后，具有良好的性状，在未处理、离心、高温处理和低温处理后，小肽的回收率都在 90% 以上。

本章小结

本书以小麦胚芽清蛋白提取的小肽 YDWPGGRN 为研究对象，利用体外细胞实验研究小肽对巨噬细胞、成纤维细胞和角质化形成细胞三种细胞的生物活性的影响，构建大鼠伤口模型，研究小肽对伤口恢复率及伤口炎症反应、增殖和血管生成的影响；最后制备小肽乳膏产品，检测乳膏基本性质及小肽的稳定性。主要结论如下：

① 研究 LPS 诱导巨噬细胞的炎症模型，显示小肽对巨噬细胞的生物活性没有显著性的影响，但显示小肽能够影响炎症反应，抑制 NO 以及炎症因子 TNF-α、IL-1β、IL-6 和 IL-10 分泌，降低 COX-2 和 iNOS 蛋白质的表达，而且 NF-κB 的异二聚体 P65 和 P50 的蛋白质表达也在一定程度上随着小肽浓度的升高逐渐降低，显示出抑制炎症反应的特点。对成纤维细胞的研究显示，细胞的增殖活性增加，可促使细胞周期由 G0/G1 期向 S 期转换，以此影响 Ki-67 蛋白质的表达，另外还促进胶原蛋白 Collagen I 的表达；细胞迁移实验证明了小肽提高了成纤维细胞的迁移率。对角质化形成细胞的研究表明，小肽促进了细胞的增殖，也提高了细胞迁移率。

② 研究表明，利用大鼠伤口模型小肽明显加速伤口的愈合过程；另外显示出小肽能够降低伤口组织中的 NO 和炎症因子的含量，减少炎性细胞浸润，抑制巨噬细胞标志物 F4/80 的分泌，证明小肽能够改善伤口愈合过程中的炎症反应。通过分析 H&E、Masson 染色和免疫荧光染色，发现小肽能够促进纤维细胞和成纤维细胞的生成，胶原蛋白的生成，肉芽组织的生成和沉积，进一步促进伤口组织中血管的生成。

③ 通过正交试验所优化的乳膏最佳配比，制备的小肽乳膏产品，呈乳白色，有光泽，且能够均匀涂抹，具有良好的涂布性能；通过基本性质的测定，未出现离心分层、高温分层、低温颗粒析出的现象，其 pH 符合标准，HPLC 实验结果证明，乳膏中的小肽结构未被破坏，能够稳定存在于乳膏中。

参考文献

刘永祥，张逸婧，陈思远，等，2016. 响应面法优化麦胚清蛋白制备抗氧化肽的酶解工艺 [J]. 食品工业，37（5）：88-93.

袁辉，1998. 凡士林在化妆品中的作用 [J]. 甘肃轻纺科技，（04）：36-37+39.

Booth D G，Earnshaw W C，2017. Ki-67 and the chromosome periphery compartment in mitosis [J]. Trends Cell Biology，27（12）：906-916.

Cao X，Wang Y，Wu C，et al.，2018. Cathelicidin-OA1，a novel antioxidant peptide identified from an amphibian，accelerates skin wound healing [J]. Scientific Reports，8（1）：943.

Hinz B，2016. The role of myofibroblasts in wound healing [J]. Current Research in Translational Medicine，64（4）：171-177.

Imoto Y，Yoshida Y，Yagisawa F，et al.，2011. The cell cycle, including the mitotic cycle and organelle division cycles，as revealed by cytological observations [J]，Journal of Electron Microscopy，60（S1）：117-136.

Kim M，Kim J，Shin Y K，et al.，2020. Gentisic acid stimulates keratinocyte proliferation through ERK1/2 phosphorylation [J]. International Journal of Medical Sciences，17（5）：626-631.

La Torre C，Cinque B，Lombardi F，et al.，2016. Nitric oxide chemical donor affects the early phases of in vitro wound healing process [J]. Journal of Cellular Physiology，231（10）：2185-2195.

Lee S，Kim M S，Jung S J，et al.，2018. ERK activating peptide，AES16-2M promotes wound healing through accelerating migration of keratinocytes [J]. Scientific Reports，8（1）：14398.

Liu L，Michowski W，Kolodziejczyk A，et al.，2019. The cell cycle in stem cell proliferation，pluripotency and differentiation [J]. Nature Cell Biology，21（9）：1060-1067.

Mei F，Liu J，Wu J，et al.，2020. Collagen peptides isolated from salmo salar and tilapia nilotica skin accelerate wound healing by altering cutaneous microbiome colonization via upregulated NOD2 and BD14 [J]. Journal of Agricultural and Food Chemistry，68（6）：1621-1633.

Menon V P，Sudheer A R，2007. Antioxidant and anti-inflammatory properties of curcumin [J]. Advances in Experimental Medicine and Biology，595（1）：105-125.

Mu L，Tang J，Liu H，et al.，2014. A potential wound-healing-promoting peptide from salamander skin [J]. FASEB J，28（9）：3919-3929.

Muthachan Y，Tewtrakul S，2019. Anti-inflammatory and wound healing effects of gel containing Kaempferia marginata extract [J]. Journal of Ethnopharmacology，240：111964.

Navarro-Requena C，Pérez-Amodio S，Castaño O，et al.，2018. Wound healing-promoting effects stimulated by extracellular calcium and calcium-releasing nanoparticles on dermal fibroblasts [J]. Nanotechnology，29（39）：395102.

Raja，Sivamani K，Garcia M S，et al.，2007. Wound re-epithelialization: modulating keratinocyte migration in wound healing [J]. Frontiers in Bioscience，12: 2849-2868.

Reinke J M，Sorg H，2012. Wound repair and regeneration [J]. European Surgical Research，49（1）: 35-43.

Sobecki M，Mrouj K，Colinge J，et al.，2017. Cell cycle regulation accounts for variability in Ki-67 expression levels [J]. Cancer Research，77（10）: 2722-2734.

Taniguchi M，Kawabe J，Toyoda R，et al.，2017. Cationic peptides from peptic hydrolysates of rice endosperm protein exhibit antimicrobial，LPS-neutralizing，and angiogenic activities [J]. Peptides，97: 70-78.

Taniguchi M，Saito K，Aida R，et al.，2019. Wound healing activity and mechanism of action of antimicrobial and lipopolysaccharide-neutralizing peptides from enzymatic hydrolysates of rice bran proteins [J]. Journal of Bioscience and Bioengineering，128（2）: 142-148.

Tang J，Liu H，Gao C，et al.，2014. A small peptide with potential ability to promote wound healing [J]. PLoS One，9（3）: e92082.

Uchinaka A，Kawaguchi N，Ban T，et al.，2017. Evaluation of dermal wound healing activity of synthetic peptide SVVYGLR [J]. Biochemical and Biophysical Research Communications，491（3）: 714-720.

Wess T J，2005. Collagen fibril form and function [J]. Advances in Protn Chemistry，70: 341-374.

Wu J，Yang J，Wang X，et al.，2018. A frog cathelicidin peptide effectively promotes cutaneous wound healing in mice [J]. Biochemical Journal，475（17）: 2785-2799.

Xiong X Y，Liu Y，Shan L T，et al.，2018. Evaluation of collagen mixture on promoting skin wound healing in zebrafish caused by acetic acid administration [J]. Biochemical and Biophysical Research Communications，505（2）: 516-522.

Zhang P Z，Li Y M，Xiong X M，et al.，2019. Wound healing potential of the standardized extract of boswellia serrata on experimental diabetic foot ulcer via inhibition of inflammatory，angiogenetic and apoptotic markers [J]. Planta Medica，85（8）: 657-669.

第7章

麦胚活性肽对 DSS 诱导小鼠结肠炎的改善作用及机制

溃疡性结肠炎（ulcerative colitis，UC）是一种由结肠、直肠引起的慢性、非特异性炎症。临床症状主要为腹泻、腹痛、体重减轻、直肠出血和黏液脓血便等症状（Chateau 等，2020）。在世界各地都有较高的发病率和患病率，由于发达国家的高流行率和发展中国家发病率的急剧增加，它已演变成一个全球负担，较难治愈，病情通常反复发作。膳食成分作为肠道炎症疾病调节剂的功能已经被先前研究氨基酸对营养调节的工作所证实。因此，探索治疗溃疡性结肠炎的替代策略是一个非常有趣的新兴领域。

7.1 溃疡性结肠炎发病机制和研究现状

UC 具有复杂的多因素发病机制，国内外学者研究认为遗传异常、免疫功能障碍、肠道屏障功能障碍和微生物感染等相互作用是 UC 发病的早期诱因。随着研究的深入，微生物因子已成为 UC 进展中最具影响力的环境因子之一，可能与有害的黏膜侵袭、致癌物质的激活或炎症反应有关。此外，肠黏膜炎症细胞因子或混合炎症浸润也是导致 UC 发生的原因之一。已有研究报道，UC 患者肠道微生物数量和肠道菌群失衡是其发病机制的始动因素。UC 患者机体抗炎能力下降，炎症能力增加，且肠道菌群多样性明显降低。肠道黏膜内稳态是基于肠道内丰富多样的共生细菌生态系统的生理共存，在肠道屏障紊乱的情况下，原本在肠腔内正常共生的细菌会产生免疫反应，进而导致一些慢性炎症的进程加快。因此，针对菌群失调的方法是治疗 UC 的一种有效手段（Guo 等，2020）。

现有证据表明，肠道微生物群多样性的减少是 UC 最一致的指标。已知其和未分类的不同细菌可干扰肠道微生物群的多样性。UC 患者肠道内类杆菌和梭状芽孢杆菌亚群较少，有机酸浓度较低。此外，发炎的黏膜显示出较少的厚壁菌（如肠球菌）和较多的变形菌（如大肠杆菌志贺氏菌）。同时，UC 患者肠道中脆弱拟杆菌增多，会通过增加 IL-10 等抗炎相关细胞因子的表达来调控炎症反应。而属于肠杆菌科的大肠杆菌（*Escherichi coli*）等在 UC 患者肠道中表达也会增加。除了细菌失调的影响，人类宿主与真菌、病毒和其他微生物之间相互作用的影响也不容忽视。真菌群落的特征随着念珠菌的生长而变化。这些发现为今后了解 UC 的发病机制和调节 UC 的治疗提供了一个新的概念和方向（Rodríguez-Nogales 等，2018）。总之，肠道菌群紊乱与 UC 密切相关。肠道微生物通过参与宿主代谢提供能量，进而抵御病原体入侵。因此，通过调节肠道菌群的组成来治疗 UC 已成为目前肠炎治疗的新思路和研究热点。然而，特定细菌的作用仍不清楚，肠道微生物群的生态系统变化在 UC 的发病机制中起关键作用。

近年来，从优质蛋白质中提取生物活性肽进而应用于肠炎治疗的研究已成为目前研究热点之一。因此，开发安全有效的功能营养因子来替代药物治疗的需求比较迫切。现有报道显示，从玉米、牛奶、大豆等中提取的生物活性肽能够缓解机体炎症反应（Zhu 等，2019）。其通过饮食诱导肠道微生物群的改变，进而与宿主细胞沟通，防止病理性细菌黏附在肠壁上，产生营养物质或有益的代谢物，促进肠道健康。小麦胚芽蛋白质营养价值高，其含量高达 30%，且利用度高、安全性良好，因此，其作为一种良好的植物蛋白可以开发制备具有多种生理活性的麦胚活性肽。本部分以麦胚活性肽为研究对象，采用模拟胃肠道消化法酶解得到麦胚蛋白酶解物，然后进行分离纯化、结构鉴定，并结合 LPS 诱导 RAW 264.7 巨噬细胞体外炎症模型和 DSS 诱导的小鼠结肠炎体内炎症模型研究其抗炎活性和作用机制。

7.2 麦胚蛋白质体外模拟消化活性肽的筛选及其对脂多糖诱导的 RAW 264.7 细胞的抗炎作用

7.2.1 麦胚蛋白质体外模拟消化过程中水解度的变化

通过凯氏定氮法测得小麦胚芽中蛋白质含量为（28.47±2.65）%。水解度（the degree of hydrolysis，DH）表示蛋白质的降解程度，目前在评价水解效率方面应用广泛。如图 7.1 所示，麦胚蛋白在体外模拟消化阶段其水解度整体趋势为先上升后平稳；在胃消化阶段（0~4h），麦胚蛋白经胃蛋白酶酶解后，其

DH 最终达到 6.87%。有研究表明，蛋白质经过胃蛋白酶的初步水解后其产物一般为分子量较大的多肽（石嘉怿 等，2021）。在肠道消化阶段（4～10h），DH 在前 2h 加速上升，到达 11.99% 并趋于稳定，其水解度最终为 13.08%。小肠是人体的主要营养物质吸收部位，其中胰蛋白酶和 α 胰凝乳蛋白酶发挥着重要作用。胰蛋白酶作为内肽酶，可以沿底物蛋白的一级结构在氨基酸链的中间切割肽键。因此胰蛋白酶的加入大幅度提高了麦胚蛋白的 DH，并产生大量的小分子活性肽。此外，消化液浓度的降低以及蛋白质底物和酶切位点的减少导致 DH 逐渐趋于稳定。

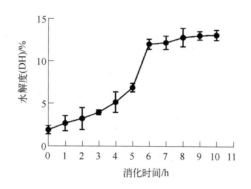

图 7.1 麦胚蛋白在不同消化时间的水解度的变化

7.2.2 超滤膜分离和多肽含量

通过孔径为 3kDa 和 1kDa 的超滤膜对酶解物进行超滤分离，分别得到三个组分，WGPH-Ⅰ（＞3kDa）、WGPH-Ⅱ（1～3kDa）和 WGPH-Ⅲ（＜1kDa），采用 OPA 法测定上述三个组分的多肽含量。通过四肽标品的测定，得到标准曲线方程为 $y=0.1089x+0.0404$，$R^2=0.9926$，最终测得上述三个组分的多肽含量分别为（4.03±0.33）mg/mL、（4.27±0.24）mg/mL 和（5.68±0.06）mg/mL。

7.2.3 麦胚抗炎活性肽的筛选

7.2.3.1 麦胚多肽（WGPHs）对 RAW 264.7 细胞活力的影响

通过 MTT 实验探究麦胚多肽 WGPH-Ⅰ（＞3kDa）、WGPH-Ⅱ（1～3kDa）和 WGPH-Ⅲ（＜1kDa）在不同浓度下对巨噬细胞活力的影响。结果如图 7.2 所示，与对照组相比，不同组分对 RAW 264.7 细胞的活力产生了一定的影响。当浓度在 20～320μg/mL 时，上述三个组分对 RAW 264.7 细胞活力均无显著影响（$P>0.05$），表明其在 20～320μg/mL 浓度下对巨噬细胞无毒性。而当质量浓度达到 640μg/mL 时，细胞活力显著降低（$P<0.01$），说明过高浓度的麦胚多肽对细胞的增殖有抑制作用。因此，选择 20μg/mL、80μg/mL 和 320μg/mL 3 个浓度进行后续实验，进一步探究其抗炎作用。

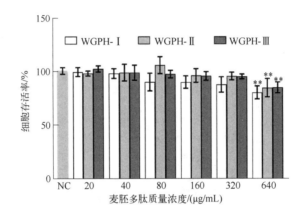

图 7.2　WGPH-Ⅰ、WGPH-Ⅱ、WGPH-Ⅲ对 RAW 264.7 巨噬细胞增殖活力的影响

**：表示与 LPS 模型组相比具有极显著差异（$P<0.01$）

7.2.3.2　麦胚多肽（WGPHs）对 LPS 诱导的 RAW 264.7 细胞 NO 的影响

已有报道表明 LPS 刺激 RAW 264.7 细胞可以急剧增加 NO 的释放量，造成细胞产生炎症反应（Zhao 等，2016）。因此，本研究采用 LPS 诱导的 RAW 264.7 炎症模型来分析不同多肽组分的抗炎活性。通过 Griess 法检测麦胚多肽（WGPHs）对 LPS 诱导的 RAW 264.7 巨噬细胞 NO 分泌量的影响。结果如图 7.3 所示，LPS 诱导的 RAW 264.7 细胞 NO 分泌量较正常无干预组明显升高（$P<0.01$），其释放量增加了 5.98 倍，表明该模型成功。麦胚多肽 WGPH-Ⅰ和 WGPH-Ⅱ干预组 NO 浓度与模型组相比无显著差异；WGPH-Ⅲ干预组则显著抑制了 NO 的释放，表现出较好的抗炎活性。WGPH-Ⅲ组分的分子质量（<1kDa）低于 WGPH-Ⅰ和 WGPH-Ⅱ组分，表明分子质量较小的多肽其抗炎活性可能更高。该结果与 Torresfuentes 等（2015）的研究相似。因此，选择 WGPH-Ⅲ组分进行后续质谱鉴定以及抗炎活性的进一步验证。

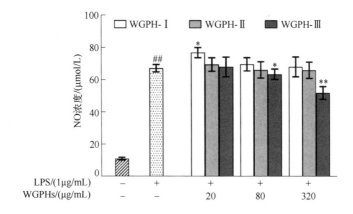

图 7.3 WGPH-Ⅰ、WGPH-Ⅱ、WGPH-Ⅲ对 LPS 诱导的 RAW 264.7 细胞 NO 的影响

其中$^{##}$：表示与正常组相比有极显著差异（$P < 0.01$），*：表示与 LPS 模型组相比具有显著差异（$P < 0.05$），

**：表示与 LPS 模型组相比具有极显著差异（$P < 0.01$）

7.2.4 Nano-LC-MS/MS 鉴定 WGPH-Ⅲ（＜1kDa）多肽序列

利用 Nano-LC-MS/MS 对 WGPH-Ⅲ多肽组分进行了组分分析，结果显示：WGPH-Ⅲ多肽组分在 7～90min 内，在相应的流动相中，乙腈的含量为 50%～67%，说明 WGPH-Ⅲ多肽具有一定的亲水性。

通过 Mascot 2.3 软件（Matrix Science）分析得到与小麦胚芽蛋白质组中同源性最高的 20 个短肽。从 350～2000m/z 中共鉴定出 14 条多肽，其氨基酸序列及分子质量如表 7.1 所示，这些肽均由 7～12 个氨基酸组成，且观察肽序列可以看出 Phe(F)、His(H)、Trp(W)、Cys(C)和 Tyr(Y)等小分子疏水氨基酸残基存在频率高，表明其生物活性预测概率较好。采用 Peptide Ranker 数据库对 14 条多肽序列进行活性预测，从预测结果可以得出，疏水氨基酸多且分子质量小的肽活性较强。其中 APEPEPAF（P1）、MDTSAPSPF（P2）、IDIPNGR（P3）和 VDPAVPPK（P4）序列活性较强，因此，通过高效固相肽合成仪合成上述四条多肽，进一步验证其抗炎活性，其二级质谱图见图 7.4。

表 7.1 目标肽段的鉴定及生物活性的预测

序号	序列	m/z[Da]	Peptide Ranker 预测结果
1	APEPEPAF	857.3030	0.70
2	MDTSAPSPF	990.2202	0.51

续表

序号	序列	m/z[Da]	Peptide Ranker 预测结果
3	IDIPNGR	784.3154	0.46
4	VDPAVPPK	822.3709	0.45
5	IIDSTTGGF	910.4522	0.44
6	SGPEPDSL	801.3610	0.43
7	VNGAPIEL	813.4361	0.28
8	DESGPSIVHR	1096.5368	0.27
9	AAAGGGVER	787.4116	0.23
10	VLPELNGK	870.4925	0.18
11	KDVASATAEIR	1160.6294	0.16
12	VLDRNHVL	966.5441	0.13
13	VQNTSEPR	931.4489	0.11
14	TVIENGER	918.4525	0.04

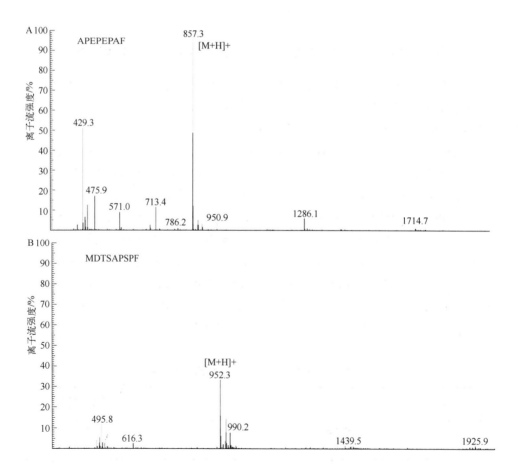

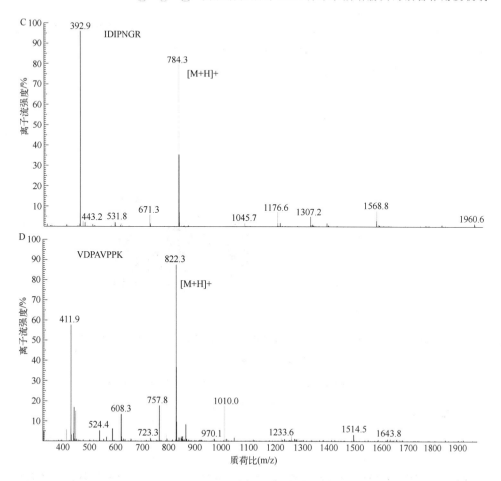

图 7.4 肽段的二级拟合质谱图

A：P1（APEPEPAF）；B：P2（MDTSAPSPF）；C：P3（IDIPNGR）和 D：P4（VDPAVPPK）

7.2.5 麦胚活性肽 P1、P2、P3 和 P4 分别对 LPS 诱导的 RAW 264.7 细胞 NO 分泌量的影响

通过 Griess 法检测麦胚活性肽 P1、P2、P3 和 P4 对 LPS 诱导的 RAW 264.7 细胞 NO 分泌量的影响，结果如图 7.5 所示，模型组的 RAW 264.7 细胞 NO 水平较正常组呈现极显著升高（$P<0.01$）。与 LPS 诱导模型组相比，小肽组的 NO 浓度均明显降低，且随着浓度的增加，NO 的分泌量逐渐降低，表明 P1、P2、P3 和 P4 都可以抑制 RAW 264.7 细胞 NO 的分泌，表现出较强的抗炎活性，且具有剂量依赖性。其分子机制是 LPS 激活巨噬细胞，诱导局部炎症和抗体的

产生，并影响体内 iNOS 的表达，从而影响 NO 的产生。其中麦胚活性肽 P1 的抗炎活性最好，在炎症性疾病的治疗或预防中具有潜在意义。因此，选取 P1（APEPEPAF）进行下一步研究。

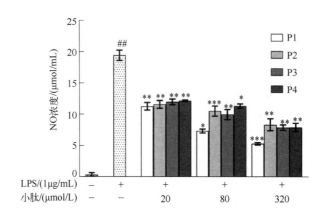

图 7.5　麦胚活性肽 P1，P2，P3 和 P4 分别对 LPS 诱导的 RAW 264.7

细胞 NO 分泌量的作用

其中""：表示与正常组相比有极显著差异（$P < 0.01$），"：表示与 LPS 模型组相比具有显著差异（$P < 0.05$），

""：表示与 LPS 模型组相比具有极显著差异（$P < 0.01$）

7.2.6　麦胚活性肽 P1 对 LPS 诱导的 RAW 264.7 细胞炎症介质的影响

LPS 是革兰氏阴性细菌细胞壁的主要成分，能与 Toll 样受体 4（Toll-like receptor 4，TLR4）结合，进而诱导巨噬细胞产生炎症。当机体受到损伤时，LPS 的释放量会随革兰氏阴性菌数量增加而增加，进而调控机体炎症性疾病，且长期的炎症会成为肿瘤发展的主要诱因（Zhang 等，2019）。经 LPS 刺激后，巨噬细胞会合成或释放炎症因子。因此，阻断炎症因子是抑制炎症的一个有效治疗策略。因此，本研究采用 ELISA 试剂盒检测 LPS 诱导的 RAW 264.7 巨噬细胞炎症因子（IL-6、IL-10、TNF-α 和 IL-1β）的分泌量，进而说明麦胚活性肽 P1（APEPAPAF）对炎症因子水平的调节作用，结果如图 7.6 所示。与正常组相比，促炎因子 IL-6、TNF-α 和 IL-1β 的水平显著升高（$P < 0.05$）。当麦胚活性肽 P1 或阳性对照地塞米松（DEX）干预后，与 LPS 组相比，其显著抑制了促炎因子 IL-6、TNF-α 和 IL-1β 的大量释放（$P < 0.01$）。与正常组相比，LPS 诱导巨噬细胞后，其抗炎因子 IL-10 的分泌显著升高（$P < 0.01$），麦胚活性肽

P1 或阳性对照 DEX 干预后均在不同程度上增加了抗炎因子 IL-10 的分泌，且随着麦胚活性肽 P1 干预浓度的增加，其分泌量呈现出上升趋势（$P < 0.01$）。

通过检测炎症因子分泌水平的结果表明，麦胚活性肽 P1（APEPAPAF）显著抑制促炎因子 IL-1β、IL-6 和 TNF-α 的分泌水平，且促进抗炎因子 IL-10 的分泌水平。总之，麦胚活性肽 P1（APEPEPAF）通过调控炎症细胞中炎症因子的释放，进而发挥其在体外炎症模型中的抗炎作用，其作用效果与阳性对照 DEX 相近。

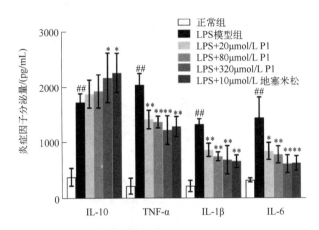

图 7.6　麦胚活性肽 APEPEPAF 对 LPS 诱导的 RAW 264.7 细胞炎症因子的影响

其中##：表示与正常组相比有极显著差异（$P < 0.01$），*：表示与 LPS 模型组相比具有显著差异（$P < 0.05$），

**：表示与 LPS 模型组相比具有极显著差异（$P < 0.01$）

7.2.7　麦胚活性肽 P1 对 RAW 264.7 细胞 PKCζ-NF-κB 信号通路蛋白表达的影响

现有报道表明，NF-κB p65 作为炎症通路的经典作用靶点，其激活在炎症反应中发挥重要作用。考虑到 NF-κB p65 的完全激活需要其磷酸化，因此，检测一个主要磷酸化位点 Ser311 的磷酸化水平来探索麦胚活性肽 P1 对 NF-κB p65 激活的潜在机制。Ser311 磷酸化在 NF-κB p65 的激活中是必不可少的，因为 NF-κB p65 的 Ser311 磷酸化缺陷会导致其转录活性严重受损，而不会影响其核易位和与靶基因启动子的结合。

此外，到目前为止，PKCζ 是唯一已知的磷酸化 NF-κB p65 的 Ser311 位点的蛋白激酶。PKCζ 属于 PKC 家族中的一个非典型 PKC，具有丝氨酸/苏氨酸的

活性且不依赖于 Ca^{2+} 和二酰基甘油，但对 PIP3 和神经酰胺敏感。PKCζ 参与广泛的生理过程，包括有丝分裂发生、蛋白质合成、细胞存活和转录调控。PKCζ 的激活依赖于激活环中的 Thr410 磷酸化，因为突变的 PKCζ（T410A）不能被激活。因此，Thr410 磷酸化通常被用作 PKCζ 激活的替代标记。

　　研究表明，在 LPS 诱导的巨噬细胞中，麦胚活性肽 P1 可以抑制 NF-κB p65 的激活（图 7.7A），其明显降低了 Ser311 的磷酸化水平，可见麦胚活性肽 P1 通过抑制 NF-κB p65 的 Ser311 磷酸化水平来降低 NF-κB p65 的转录活性，从而减轻炎症反应。同时，正如预期的那样，麦胚活性肽 P1 显著降低了 LPS 诱导的巨噬细胞中 PKCζ Thr410 位点的磷酸化水平（图 7.7B）。说明 PKCζ 的激活与炎症的发病机制密切相关。

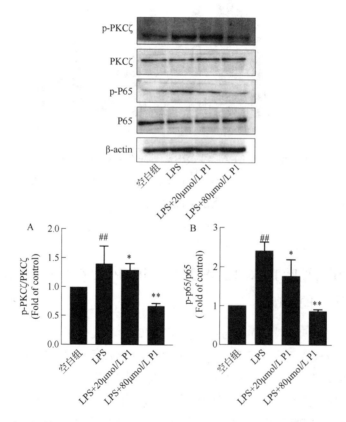

图 7.7　麦胚活性肽 P1 对 LPS 诱导的 RAW 264.7 巨噬细胞相关蛋白质表达的影响

（A）免疫印迹分析巨噬细胞中 p-PKCζ/PKCζ，（B）p-P65/P65 蛋白质的表达

##：表示与正常组相比有极显著差异（$P<0.01$），*：表示与 LPS 模型组相比具有显著差异（$P<0.05$），

**：表示与 LPS 模型组相比具有极显著差异（$P<0.01$）

应用胃蛋白酶、胰蛋白酶和 α-糜蛋白酶进行体外消化，以模拟胃肠道消化过程。经模拟胃肠道消化后，内源性消化酶的作用通过释放更小的肽段和添加物以及协同生物效应，最终得到具有抗炎作用的新型活性肽。近年来，该方法已被广泛用于研究膳食蛋白质功能肽的消化和形成（Zhang 等，2018）。侧链基团的不同组成，如含硫氨基酸、芳香氨基酸和疏水氨基酸，比其他侧链基团表现出更好的生物活性。有研究报道，在 H_2O_2 诱导的 Caco-2 细胞氧化应激模型中，精氨酸、赖氨酸、组氨酸、缬氨酸、异亮氨酸、亮氨酸和苯丙氨酸等显著降低 IL-8 的分泌，增加谷胱甘肽的含量（Liu 等，2015）。据报道，从食物蛋白质中提取的 LPF 序列或多肽具有生物活性（Wang 等，2021）。活性肽的抗炎作用与其氨基酸序列组成密切关系，Saisavoey 等（2015）及 Zhao 等（2021）报道称含有 P（Pro）、F（Phe）残基的多肽序列具有抗炎特性；LPF（Leu-Pro-Phe）已被证明可以改善脂多糖（LPS）引起的神经炎症，且在 RAW264.7 细胞中表现出较强的抗炎作用（Wang 等，2020）。此外，Liang 等（2020）研究表明玉米多肽 Pro-Pro-Tyr-Leu-Ser-Pro 和 Phe-Leu-Pro-Pro-Val-Thr-Ser-Met-Gly 也具有较强的抗炎活性。从玉米蛋白质中提取的 FLPFNQL 肽已被证明具有免疫调节活性，可调节细胞因子 IL-6 的产生（Liu 等，2020）。根据现有报道，含有 P、F、L 等氨基酸残基的多肽具有较好抗炎活性的概率较高；本研究中麦胚活性肽 P1（APEPEPAF）、P2（MDTSAPSPF）、P3（IDIPNGR）和 P4（VDPAVPPK）的氨基酸序列中含有 P、F 等氨基酸残基。其中麦胚活性肽 P1 的 Pro、Phe 氨基酸残基最多，且抗炎活性最强，与前人研究结果相似。因此，麦胚活性肽 P1 可能由于含有 P、F 等氨基酸残基而呈现出较好的抗炎活性，说明麦胚活性肽 P1 作为一种新型活性肽在预防或治疗炎性疾病方面具有很大的应用潜力。此外，其在体外炎症模型中的作用机制通过抑制 PKCζ-NF-κB 信号通路的激活，进而下调促炎因子基因表达，上调抗炎因子基因表达来改善 LPS 诱导的炎症反应。据报道，PKCζ 的过表达增强了 NF-κB p65 的转录活性，这依赖于 PKCζ 介导的 NF-κB p65 Ser311 位点的磷酸化。总之，麦胚活性肽 P1 在体外炎症模型中体现出较强的抗炎活性，应进一步研究其在体内模型中的活性及作用机制，为开发一种新型抗炎活性肽用于疾病的预防和治疗奠定基础。

采用碱溶酸沉法、体外模拟胃肠道消化法、超滤膜分离以及 Peptide Ranker 数据库活性预测，首次从麦胚蛋白消化产物中分离筛选得到 14 条新的生物活性肽，并进一步通过脂多糖（LPS）诱导的巨噬细胞 RAW 264.7 炎症模型，筛选得到抗炎活性较强的四条抗炎活性肽，P1（APEPEPAF）、P2（MDTSAPSPF）、P3（IDIPNGR）和 P4（VDPAVPPK），其均能降低 LPS 诱导的巨噬细胞中 NO 的分泌量。其中抗炎活性最强的小肽 P1，其氨基酸序列为 APEPEPAF，分子质量为 856 Da，该活性肽能够显著抑制脂多糖诱导的 RAW 264.7 巨噬细胞中 NO 及促炎因子的分泌，其作用机制通过抑制 PKCζ-NF-κB 信号通路的激活，进而调节炎症因子的释放来改善 LPS 诱导的炎症反应。说明麦胚蛋白可作为抗炎肽的前体，通过内肽酶的酶解得以释放，且安全性强、稳定性高，可以作为一种潜在的功能性食品加以开发利用。

7.3 麦胚活性肽对 DSS 诱导的小鼠结肠炎缓解作用

动物实验：将 6～8 周的 50 只 C57BL/6 雄性小鼠随机分 5 组：正常组（Control）、模型组（DSS）、阳性对照组（MES）、低剂量组（L-P1）和高剂量组（H-P1），每组 10 只。

第 1 天至第 7 天：正常组（Control）、模型组（DSS）每天给 0.1mL 蒸馏水，低剂量组（L-P1）和高剂量组（H-P1）每天分别灌胃等体积的 50mg/kg 和 150mg/kg 的麦胚活性肽 P1 溶液，Mes 组每天灌胃等体积 520mg/kg 的美沙拉嗪。

第 8 天至第 14 天：正常组（Control）每天灌胃 0.1mL 无菌水；DSS 组每天灌胃 0.1mL 的无菌水，同时配制 2.5%DSS 饮用水。低剂量组（L-P1）和高剂量组（H-P1）每天分别灌胃等体积的 50mg/kg 和 150mg/kg 的麦胚活性肽 P1，Mes 组每天灌胃等体积的 520mg/kg 美沙拉嗪，同时配制 2.5%DSS 饮用水。最终，持续七天使小鼠出现结肠炎症状。

7.3.1 麦胚活性肽 P1 干预后结肠炎小鼠疾病活动指数（DAI）

模型组（DSS）小鼠采用 2.5% DSS 自由饮用第 3 天时，小鼠精神状态较差，活动量变少，皮毛色泽变差，最显著的变化在于体重的下降和粪便大多变稀；第 4 天时，小鼠状态更差，其肛门附近开始出现轻微红色分泌物，大部分出现稀便；第 5 天至第 7 天小鼠便血症状加重，稀便更严重，体重严重降低并嗜睡。最终，通过小鼠每天疾病活动指数（DAI）评分确定溃疡性结肠炎的成功构建。

DAI 是溃疡性结肠炎最重要的临床症状指标之一，因此，本部分首先采用小鼠 DAI 来评价麦胚活性肽 P1（APEPEPAF）对结肠炎小鼠疾病进程的干预作用。如图 7.8 所示，正常组（Control）小鼠 DAI 指数保持稳定，基本为 0，而模型组（DSS）小鼠的 DAI 指数从 2.5%DDS 饮水第三天开始上升，第四天后持续升高，表明 DSS 导致小鼠产生结肠炎症状，其 DAI 指数最高。MES 组和麦胚活性肽 P1 组上升较缓慢。

在 2.5%DSS 饮水第 7 天，通过计算 DAI 水平可见，与正常组相比，DSS 模型组的 DAI 指数都明显上升，达到最大值 11.04±1.14，并具有显著性差异（$P<$

0.01），但与 DSS 模型组相比，阳性对照组（美沙拉嗪，MES）和麦胚活性肽干预组的 DAI 指数明显下降，且具有显著性差异；其中 MES 组的 DAI 指数最趋向于正常组，说明美沙拉嗪肠溶片能够明显改善结肠炎小鼠的疾病活动指数；此外，低剂量组（L-P1）和高剂量组（H-P1）干预显著抑制了 DAI 指数的升高，分别为 8.42±0.46 和 7.17±0.43，相比 DSS 组分别降低了 23.73% 和 35.05%。说明经麦胚活性肽 P1 干预后的结肠炎小鼠炎症病变得到了一定程度的缓解。

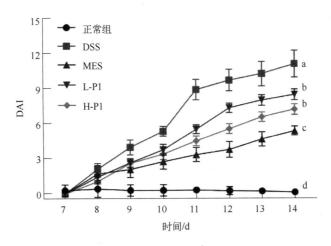

图 7.8　麦胚活性肽 P1 对小鼠 DAI 指数的影响

7.3.2　麦胚活性肽 P1 干预后对结肠炎小鼠体重的影响

体重下降是溃疡性结肠炎的一个重要标志。结果如图 7.9 所示，各组小鼠在造模前的初始体重均在 20 g 左右。将造模前三天当作造模初期，造模后四天为造模后期。造模前期，麦胚活性肽 P1 干预组及美沙拉嗪组小鼠体重与正常对照组相比差异较小，但 DSS 模型组始终呈下降趋势。造模后期 DSS 模型组小鼠体重下降趋势更大，造模最后一天其下降程度达到最高且血便明显，相比初始体重（20.07±0.39）g，其体重降低了 20.64%；此外，阳性对照组（MES）体重上升了 1.57%，说明灌胃美沙拉嗪对小鼠结肠炎具有缓解作用；低剂量组（L-P1）下降趋势不明显，为 6.25%，高剂量组（H-P1）的体重没有下降，较 DSS 组明显改善，说明灌胃麦胚活性肽 P1 下可以在一定程度上抑制 DSS 引起的体重下降。

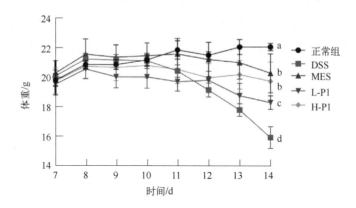

图 7.9　麦胚活性肽 P1 对小鼠体重的影响

7.3.3　麦胚活性肽 P1 干预后对结肠炎小鼠结肠的影响

研究表明，炎症性肠病的临床症状主要以结肠缩短及水肿等为主（Eichele 等，2017），同时还发现结肠壁会增厚进而影响肠道吸收，最终导致结肠炎炎症严重程度加重和结肠缩短。因此，本研究通过研究结肠长度和粪便状态来评价结肠炎症的进程。如图 7.10 所示，正常组（Control）小鼠的结肠长度最长（5.186± 0.38）cm，且结肠中粪便状态正常，肠黏膜表面光滑；而 DSS 模型组小鼠结

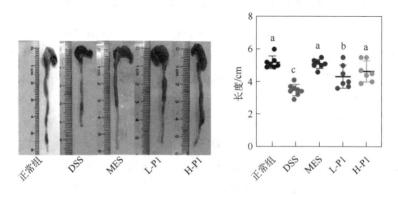

图 7.10　麦胚活性肽 P1 对小鼠结肠长度的影响

肠（3.47±0.35）cm 较正常组明显缩短了三分之一左右（$P<0.01$），且结肠中粪便不成型，肠黏膜出现大量血丝，结肠壁也有不同程度的水肿，有严重者腹腔出现粘连。相反，阳性对照组（MES）结肠状态趋向于正常组，且结肠长度为（5.10±0.28）cm，表明灌胃美沙拉嗪对小鼠结肠炎损伤具有缓解作用；同时低剂量组（L-P1）和高剂量组（H-P1）与 DSS 组相比其结肠炎症明显减轻，且都能观察到有成型的粪便，结肠长度缩短程度明显减轻，分别为（4.31±0.71）cm和（4.64±0.64）cm。因此表明，经麦胚活性肽 P1 灌胃干预后可以减轻结肠炎小鼠的结肠损伤程度。

7.3.4 麦胚活性肽 P1 干预后对结肠炎小鼠脾脏指数的影响

采用小鼠脾脏指数研究各组小鼠体内免疫反应的强弱，免疫反应越强表明机体炎症反应越严重。如图 7.11 所示，与正常对照组小鼠（2.81±0.53）mg/g相比，DSS 模型组小鼠脾脏指数显著升高（7.54±1.56）mg/g，即出现脾脏肿大症状；相反，与 DSS 组相比，低剂量组（L-P1）（4.49±1.03）mg/g 和高剂量组（H-P1）（3.64+0.55）mg/g 的脾脏指数明显降低（$P<0.01$），且趋向于正常组，说明麦胚活性肽 P1 使结肠炎小鼠脾脏肿胀现象得以改善，同时其干预效果与阳性对照MES 组相当。

7.3.5 麦胚活性肽 P1 干预后对结肠炎小鼠结肠组织病变的影响

将各实验组小鼠结肠组织进行苏木紫-伊红（HE）染色，从而研究麦胚活性肽 P1 干预后对结肠炎小鼠结肠组织病变的影响。如图 7.12A 所示，各组小鼠结肠组织横切面（放大 200 倍和 400 倍），正常组（Control）小鼠结肠黏膜上皮排列整齐，隐窝结构和腺体结构均完整，存在大量的杯状细胞，肠道壁状态良好。而 DSS 模型组小鼠结肠上皮炎症细胞浸润，杯状细胞大量消失，结肠壁出现水肿、糜烂及溃疡等。经麦胚活性肽 P1 干预后，结肠黏膜损伤显著改善，肠道壁的水肿及溃疡明显得到了抑制，更重要的是炎症细胞浸润明显减少，且其干预作用与 MES 组相近。总之，麦胚活性肽 P1 明显改善了肠炎小鼠结肠黏膜损伤的程度和炎症细胞浸润。

通过计算组织病理学评分得出（图 7.12B），经 DSS 诱导的模型组小鼠，组织学平均分比正常对照组显著上升了 3.8 倍。与 DSS 模型组相比，经美沙拉嗪（MES）干预后，其组织学评分显著降低了 47.36%（$P<0.01$）；此外，在 L-P1和 H-P1 干预下，组织学评分分别降低了 21.05% 和 34.21%（$P<0.01$）。因此表明，麦胚活性肽 P1 能够显著降低组织学评分，进而改善结肠组织结构形态的损伤。

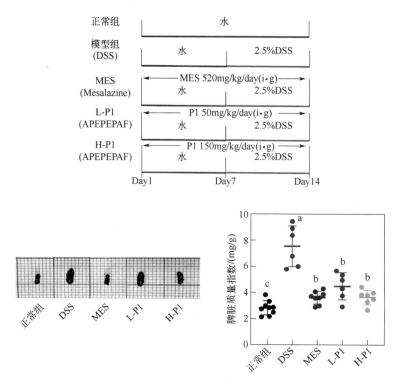

图 7.11　麦胚活性肽 P1 对小鼠脾脏指数的影响

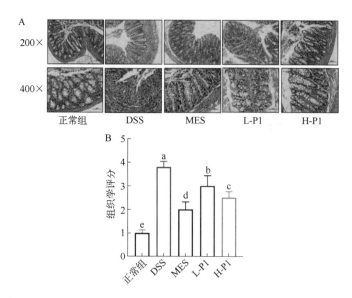

图 7.12　麦胚活性肽 P1 对 DSS 诱导的结肠炎小鼠组织病理学特征的影响（200×和 400×）

（A）远端结肠 HE 染色，（B）组织学评分

7.3.6 麦胚活性肽 P1 干预后对血清中炎症因子（IL-1β、IL-6及 TNF-α）和结肠组织中 MPO 活性的影响

在结肠炎的发展过程中，肠黏液的消耗、杯状细胞的耗竭和紧密连接（tight junction，TJ）蛋白的减少导致肠道通透性的增加以及肠道屏障的损伤，使肠道抗原暴露于黏膜和黏膜下层的免疫细胞，从而引发一系列的炎症反应，导致炎症细胞因子的上调。髓过氧化物酶（MPO）是一种含血红素的溶酶体酶，其水平与炎症严重程度呈正比，常聚集在机体炎症较严重的部位。据报道（Deng 等，2020），MPO 作为 DSS 诱导结肠炎小鼠中性粒细胞浸润和急性炎症的一个指标，其水平和活性可代表结肠组织炎症状态。

如图 7.13A 所示，与正常组相比，DSS 组 MPO 水平显著升高（$P<0.05$），相反，MES 干预和麦胚活性肽 P1 的干预都降低了 MPO 在结肠组织中的水平，其中 MES 干预组较麦胚活性肽 P1 干预组效果好，L-P1 和 H-P1 干预均能显著抑制 MPO 水平（$P<0.05$）。结果表明，麦胚活性肽 P1 对结肠炎小鼠的抗炎作

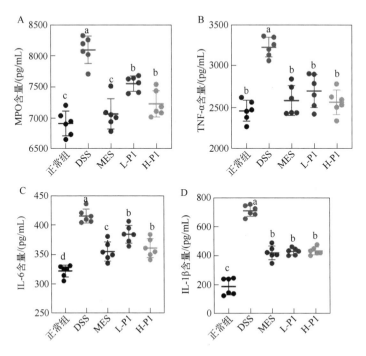

图 7.13 麦胚活性肽 P1 对 DSS 诱导结肠炎小鼠炎症反应的影响

（A）小鼠结肠中 MPO 水平；（B~D）小鼠血清中炎症因子（TNF-α、IL-6 和 IL-1β）的含量

用与减少炎症细胞的浸润有关，此结果与 HE 染色结果一致。

如图 7.13B、C、D，DSS 模型组小鼠血清中的炎症因子 IL-1β、TNF-α 和 IL-6 水平显著升高（$P<0.01$），约为对照组的 1～2 倍，说明其炎症反应较严重。相反，L-P1、H-P1 和 MES 干预的小鼠中促炎细胞因子水平显著降低，其中 MES 组抑制 TNF-α、IL-6 和 IL-1β 浓度比麦胚活性肽 P1 组效果更好。

已有研究表明，DSS 可以与其他相关转录因子一起激活 NF-κB 信号转导，从而刺激细胞快速分泌大量的下游细胞因子（IL-6 和 TNF-α）的积累，反过来驱动炎症的发展。结果表明，麦胚活性肽 P1 通过抑制 NF-κB 的激活，调节细胞因子来缓解炎症反应，进而保持肠道屏障的完整性。

7.3.7 麦胚活性肽 P1 干预后对结肠炎小鼠结肠组织中肠屏障功能的影响

研究表明，肠上皮屏障是由上皮 TJ 蛋白维持和调节的。因此，TJ 蛋白的缺失是导致 DSS 诱导结肠炎屏障破坏的关键因素。TJ 蛋白是肠黏膜机械屏障的主要组成部分，广泛分布于相邻肠上皮细胞间，包括密封蛋白（claudin）、闭合蛋白（occludin）和带状闭合蛋白（zonula occluden，ZO）3 种跨膜蛋白，其关键蛋白的表达在肠黏膜损伤修复中发挥重要作用。已有研究表明，松茸多肽可以通过增加 TJ 蛋白的表达来保护肠道屏障结构，从而抑制结肠炎（Li 等，2021）。claudin-1 与 occludin 共同组成 TJ 蛋白主体，并通过 ZO-1 蛋白 PDZ 结构域与细胞骨架蛋白连接。完整的 TJ 蛋白结构可封闭细胞间隙，降低细胞通透性，防止肠腔内有害物质侵袭。因此，本部分研究了麦胚活性肽 P1 干预是否可以通过调控 TJ 蛋白来改善屏障功能。Western blotting 印迹结果表明，与 DSS 模型组相比，L-P1 和 H-P1 干预组显著上调了 claudin-1、ZO-1 和 occludin 的表达（$P<0.05$；图 7.14）。claudin-1 表达量分别增加了（155.47±23.01）% 和（132.30±6.52）%，ZO-1 表达量分别增加了（164±9.85）% 和（125±8.99）%，occludin 表达量分别增加了（122.61±25.40）% 和（267.24±12.33）%。因此，说明了麦胚活性肽 P1 通过调控 TJ 蛋白的表达来促进肠道屏障的完整性。

7.3.8 麦胚活性肽 P1 干预后对结肠组织中 PKCζ-NF-κB 信号通路相关蛋白质表达的影响

炎症因子如 TNF-α、IL-1β 和 IL-6 等直接加重了结肠炎的症状，同时炎症与核因子 NF-κB 的激活有关。因此，NF-κB 是结肠炎的一个有吸引力的靶点。前人研究表明，NF-κB p65 的 Ser311 位点可被 PKCζ 直接磷酸化，Ser311 位点的磷酸化在 NF-κB p65 的激活中起重要作用。此外，PKCζ Thr410 磷酸化是其活化的标志。因此，本研究检测了 PKCζ Thr410 磷酸化和 NF-κB p65 的 Ser311 位点磷酸化的变化。

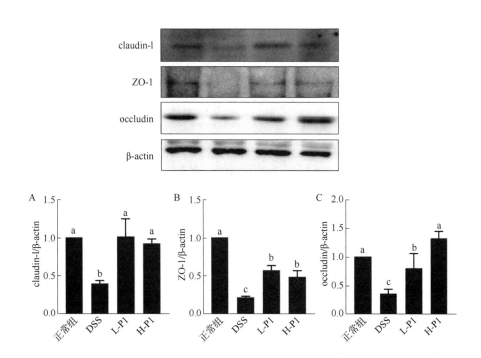

图 7.14　麦胚活性肽 P1 对小鼠结肠 TJ 蛋白表达的影响

如图 7.15 所示，DSS 模型组中 p-PKCζ 和 p-P65 表达量显著高于正常对照组（$P < 0.05$）；相反，麦胚活性肽 P1 明显降低 PKCζ Thr410 磷酸化水平和 NF-κB p65 的 Ser311 磷酸化水平，且呈剂量依赖关系（$P < 0.05$）。这些结果表明，麦胚活性肽 P1 通过抑制 PKCζ-NF-κB 通路的激活来改善 DSS 诱导的结肠炎。

膳食蛋白生物活性肽已被应用于 UC 的补充治疗。研究表明，饮食干预能有效缓解 UC 的进展，缓解 UC 患者的病变。因此，本章进一步研究麦胚活性肽 P1（APEPEPAF）在小鼠体内的抗炎活性及作用机制。本研究通过体重减轻、粪便一致性、直肠出血、结肠缩短和脾脏肥大等来评价 DSS 诱导的小鼠结肠炎的状况。结果显示，麦胚活性肽 P1（APEPEPAF）显著改善了结肠炎小鼠的生理生化水平，这些结果与前人的报道相似（Li 等，2021）。中性粒细胞浸润常导致结肠组织损伤和黏膜溃疡，结肠中性粒细胞浸润水平与 UC 的严重程度呈正相关。TNF-α 和 IL-6 是关键的促炎细胞因子，在 UC 中被认为是炎症介质。促炎细胞因子 TNF-α、IL-6 和 IL-1β 的水平在 UC 患者和 DSS 诱导的结肠炎小鼠结肠中显著升高（Zhi 等，2021）。本研究中麦胚活性肽 P1（APEPEPAF）显著降低小鼠结肠中 MPO 及血清中炎症因子的水平，这与 Shao 等（2021）观察到的结果一致，他们发现 KPV 干预降低了 MPO 及炎症因子的水平。这为小麦胚芽来源的活性肽在炎症反应中的研究进展提供了有力的证据。

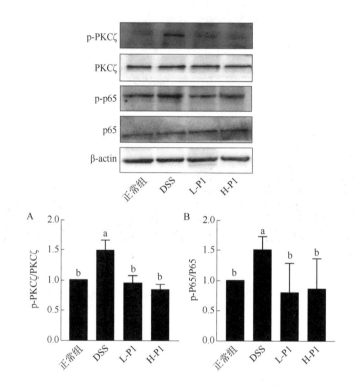

图 7.15　麦胚活性肽 P1 对 DSS 诱导结肠炎小鼠相关蛋白表达的影响

（A）免疫印迹分析小鼠结肠中 p-PKCζ/PKCζ，（B）p-p65/p65 蛋白的表达

TNF-α 通过促进 T 细胞的增殖和分化，破坏肠上皮细胞之间的紧密连接，破坏肠黏膜，从而加速肠道炎症的严重程度。IL-6 是一种多功能促炎因子，IL-6 通过激活 NF-κB 信号通路调节肠紧密连接蛋白表达，诱导肠炎症和结肠癌发生（Gao 等，2020）。本研究证实 DSS 组黏膜及黏膜下层有明显的炎症浸润。血清中 TNF-α、IL-6 水平显著升高，对肠道屏障造成相当大的伤害，核桃多肽 LPF

可以促进肠上皮屏障的修复，降低促炎细胞因子的水平。麦胚活性肽 P1 干预后显著抑制了结肠炎小鼠结肠 TJ 蛋白 occludin 的损失。该结果与 Li 等（2021）的结果一致。此外，通过抑制 IL-6 相关信号通路来预防肠道炎症已成为目前炎症研究的热点之一。麦胚活性肽 P1（APEPEPAF）显著抑制了 PKCζ 及 NF-κB 磷酸化水平，进而通过调节炎症因子表达有效改善结肠炎。但不能确定麦胚活性肽 P1 是否通过抑制 PKCζ-NF-κB 通路来抑制炎症反应，后期应通过高通量筛选、基因沉默等手段对 APEPEPAF 作用靶点进行筛选与验证。总之，麦胚活性肽 P1 干预为结肠炎的治疗提供了新的策略。

本章采用以 2.5% DSS 诱导小鼠结肠炎的动物体内炎症经典模型，以上一章筛选出的麦胚抗炎活性肽 P1（APEPEPAF）为研究对象，研究其对 DSS 诱导的小鼠结肠炎症状的改善作用，得到以下主要结论：

① 首先，通过每天监测记录小鼠体重、饮水和 DAI 评分等情况，发现麦胚活性肽 P1 能够有效抑制结肠炎小鼠体重下降和 DAI 评分升高等现象，且趋向于阳性对照美沙拉嗪干预组，说明麦胚活性肽 P1 显著改善了 DSS 诱导的结肠炎小鼠的疾病表型。

② 其次，通过分析小鼠结肠长度、脾脏指数和 HE 染色等检测结果发现，经麦胚活性肽 P1 干预后可显著抑制 DSS 诱导的结肠炎小鼠结肠缩短和脾脏肿大等症状。此外，麦胚活性肽 P1 有效缓解了肠炎小鼠结肠组织病变。总之，麦胚活性肽 P1 通过降低结肠炎小鼠的炎症程度，进而发挥其对溃疡性结肠炎的干预作用，且与阳性对照美沙拉嗪干预组效果相近。

③ 麦胚活性肽 P1 干预后显著降低了结肠炎小鼠血清中的促炎因子 IL-6 和肿瘤抑制因子 TNF-α 的表达水平；同时，显著降低了肠炎小鼠结肠组织中髓过氧化物酶（MPO）的水平，说明其通过调控细胞炎症因子来缓解炎症反应。

④ 此外，麦胚活性肽 P1 干预后显著抑制了结肠炎小鼠结肠 TJ 蛋白的损失，说明其通过调控 TJ 蛋白的表达来改善肠炎小鼠肠道通透性。

⑤ 在 DSS 诱导的结肠炎小鼠中，麦胚活性肽 P1 抑制了蛋白激酶 PKCζ（Thr410）位点的磷酸化，然后通过功能增益和功能损失的途径降低了 NF-κB 的激活。因此，麦胚活性肽 P1 通过抑制 PKCζ-NF-κB 信号通路有效改善结肠炎。

7.4 麦胚活性肽对 DSS 诱导的结肠炎小鼠肠道菌群的影响

7.4.1 测序数据基本信息和质量控制

通过 16S rRNA 测序分析麦胚活性肽 P1 对 DSS 诱导 UC 小鼠肠道菌群的影

响,完成 30 个样本的多样性数据分析,去除不合格序列后,共获得优化序列 2562073,1072511088 bases,平均序列长度 418bp,用于后续分析。

在 97%相似度运算分类单元(OTU)的基础上构建稀释性曲线(图 7.16),由图可得,随着抽取序列数的增加,OTU 的数量先明显上升,然后趋于平缓,这表明样本的测序数据量合理,若抽取序列一直增加只会获得有限的 OTU,测序数据达到饱和。扩增后的测序结果表明,其可以覆盖小鼠肠道微生物组群落的绝大部分物种,同时说明了测序深度可靠。不同处理组的肠道微生物的稀释曲线,反映了小鼠经麦胚活性肽 P1 或阳性对照美沙拉嗪干预后其肠道微生物多样性明显比 DSS 模型组高,且趋近于正常组。

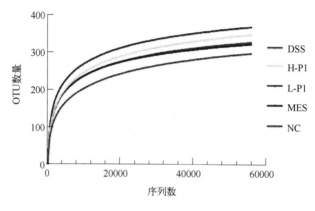

图 7.16 样品稀释曲线

7.4.2 α 多样性分析

α 多样性可以估算样本中的物种多样性。物种多样性主要指物种种类的多少和物种丰度均匀度。对不同处理组的小鼠肠道内容物样本进行微生物群落多样性指数分析,如图 7.17 所示,与正常对照组相比,DSS 模型组小鼠肠道菌群多样性明显降低。麦胚活性肽 P1 干预后其菌群多样性显著上升,且趋向于正常对照组和 MES 组。总之,麦胚活性肽 P1 可显著提高肠炎小鼠肠道菌群多样性。大量研究表明炎症性肠病的发病机制与肠道微生物多样性和物种丰富度密切相关(Galazzo 等,2019)。

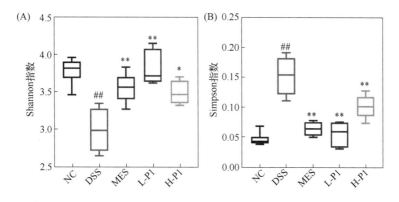

图 7.17　肠道菌群 α 多样性指数

（A）Shannon 指数；（B）Simpson 指数

##：表示与正常组相比有极显著差异（$P<0.01$），*****：表示与 LPS 模型组相比具有显著差异（$P<0.05$），

**：表示与 LPS 模型组相比具有极显著差异（$P<0.01$）

7.4.3　麦胚活性肽 P1 对结肠炎小鼠肠道菌群物种组成的影响

　　采用以 Bray-Curtis 算法距离绘制的 PCoA 图来研究各实验组小鼠肠道菌群群落组成。即将不同处理组的样品 OTU 的相对丰度信息进行主成分分析（principal component analysis，PCoA），由 PCoA 分析图可知（图 7.18），DSS

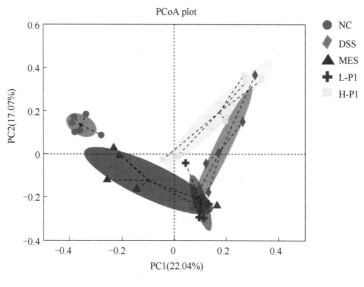

图 7.18　PCoA 分析

模型组和正常对照组之间的圆心距离最远，表明两组间的菌群差异最大。美沙拉嗪（MES）阳性干预组和麦胚活性肽 P1 干预组圆心距离相近，且存在部分菌群重合，重要的是都介于 DSS 模型组与正常对照组之间。总之，与 DSS 模型组相比经麦胚活性肽 P1 干预后肠炎小鼠的菌群差异变大，且与正常对照组和 MES 组的菌群差异变小，即麦胚活性肽 P1 干预后通过调节肠道菌群结构来改善结肠炎进程。

7.4.4 基于 Uni Firac 的多样品相似度树分析

根据每个样品差异性的统计数进行聚类分析，在加权 Uni Firac 的情况下，分析各样品物种组成的相似性，并得到系统聚类树图（图 7.19）。图中同一组

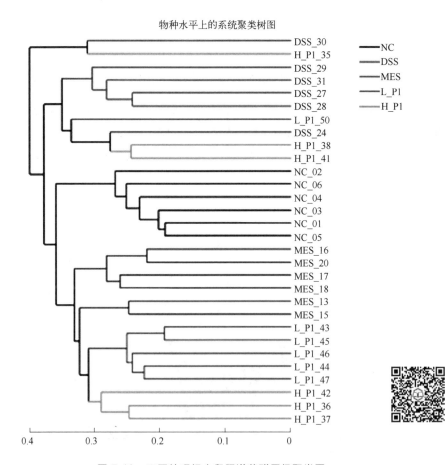

图 7.19 不同处理组小鼠肠道菌群层级聚类图

树枝间的长度代表样本间的距离，不同分组可用不同颜色呈现

用相同颜色表示，不同组用不同颜色呈现，样品间的距离以树枝间的长度来表示，进而说明样品间的菌群构成相似度。另外，根据聚类分析计算样品的距离，同样说明了各样品间的聚类相似度。如图 7.19 所示，DSS 模型组与正常对照组的样本大多数分别聚集在系统聚类树的两端，其间距离最远，表明菌群差异最大。麦胚活性肽 P1 和 MES 组较正常对照组距离近，处在模型组与正常组之间，表明其物种组成与正常组相似度高，差异小。因此，麦胚活性肽 P1 显著调节了肠炎小鼠肠道菌群多样性，且效果与 MES 组最相近。

7.4.5　麦胚活性肽 P1 对不同水平的菌群相对丰度影响

以 OTU 为基础绘制各实验组菌群相对丰度柱形图，其中不同颜色和体积大小，代表不同菌群在体系内的相对丰度。

7.4.5.1　门水平菌群相对丰度

门水平上，变形菌门（Proteobacteria）在结肠炎小鼠中菌群相对丰度较正常对照组升高，但经麦胚活性肽 P1 干预后该菌门相对丰度显著下降，并趋近于正常对照组和 MES 组。放线菌门（Actinobacteriota）和髌骨细菌门（Patescibacteria）两个菌门在结肠炎小鼠中菌群相对丰度较正常对照组明显下降，但经麦胚活性肽 P1 干预后，显著增加了该菌门相对丰度（图 7.20）。

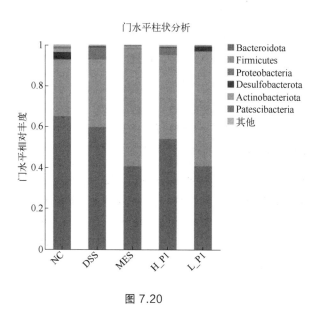

图 7.20

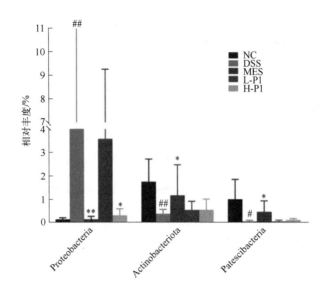

图 7.20　门水平菌群相对丰度柱形图

##：表示与正常组相比有极显著差异（P<0.01），*：表示与 LPS 模型组相比具有显著差异（P<0.05），

**：表示与 LPS 模型组相比具有极显著差异（P<0.01）

7.4.5.2　纲水平菌群相对丰度

纲水平上，γ-变形菌纲（Gammaproteobacteria）在结肠炎小鼠中菌群相对丰度较正常对照组明显升高，但经麦胚活性肽 P1 干预后，该菌丰度下降，趋近于正常对照组和 MES 组。相反，红蝽菌纲（Coriobacteriia）和糖杆形菌纲（Saccharimonadia）较正常对照组丰度降低，经 MES 和麦胚活性肽 P1 干预后丰度上升。其中，麦胚活性肽 P1 干预明显降低了 Gammaproteobacteria 的相对丰度（图 7.21）。

7.4.5.3　目水平菌群相对丰度

目水平上，肠杆菌目（Enterobacterales）、Peptostreptococcales-Tissierellales、伯克氏菌目（Burkholderiales）、梭菌目（Clostridiales）和梭杆菌目（Fusobacteriales）等 6 个菌目在结肠炎小鼠中菌群相对丰度较正常对照组明显升高，但经麦胚活性肽 P1 干预后，其相对丰度显著下降，且趋近于正常对照组和 MES 组；红椿菌目（Coriobacteriales）、Saccharimonadales、RF39 目、疣微菌目（Verrucomicrobiales）等 4 个菌目在 DSS 建模后丰度下降，经 MES 和麦胚活性肽 P1 干预后丰度上升（图 7.22）。

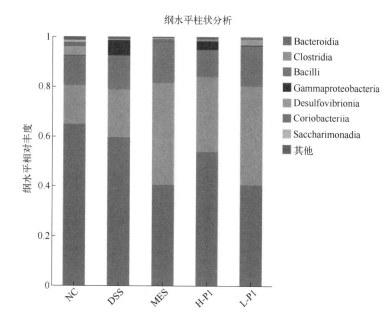

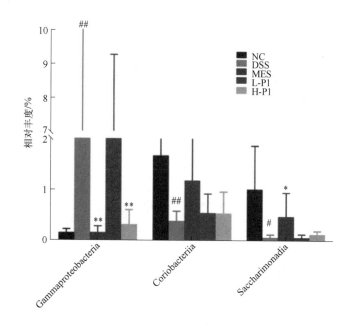

图 7.21　纲水平菌群相对丰度柱形图

##：表示与正常组相比具有极显著差异（P<0.01），*：表示与 LPS 模型组相比具有显著差异（P<0.05），

**：表示与 LPS 模型组相比具有极显著差异（P<0.01），后图同

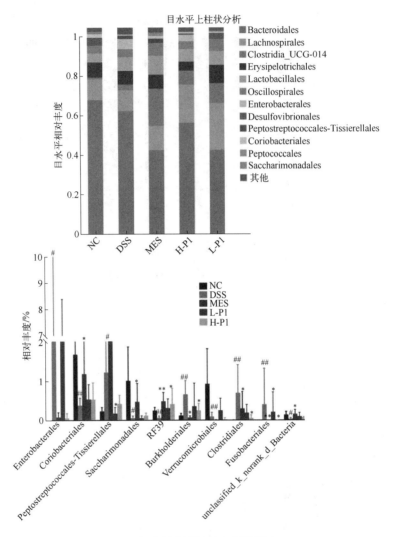

图 7.22 目水平菌群相对丰度柱形图

7.4.5.4 科水平菌群相对丰度

科水平上，拟杆菌科（Bacteroidaceae）、肠杆菌科（Enterobacteriaceae）和消化链球菌科（Peptostreptococcaceae）三个科在结肠炎小鼠中菌群相对丰度较正常对照组明显升高。但经麦胚活性肽 P1 干预后，显著抑制了其相对丰度，且趋近于正常对照组和 MES 组。此外，理研菌科（Rikenellaceae）和 Eggerthellaceae 两个菌在 DSS 建模后丰度下降，由麦胚活性肽 P1 干预后其丰度上升（图 7.23）。该结果与 Sokol 等的结论一致（Sokol 等，2017；李丹 等，2020）。

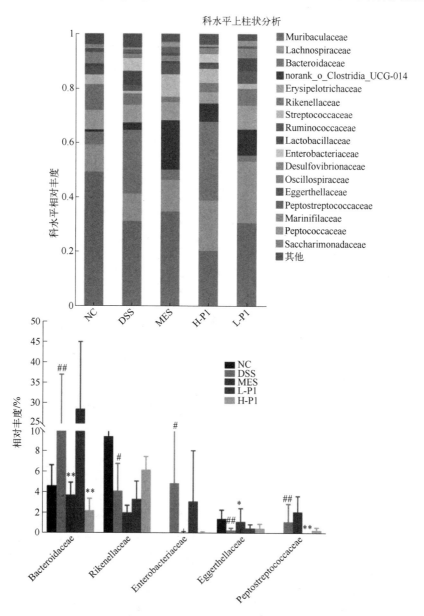

图 7.23　科水平菌群相对丰度柱形图

7.4.5.5　属水平菌群相对丰度

属水平上，拟杆菌属（*Bacteroides*）在 DSS 建模后，菌群相对丰度较正常对照组明显升高，经麦胚活性肽 P1 干预后，其菌群相对丰度明显下降，且趋近于正常对照组和美沙拉嗪干预组。此外，杜氏杆菌（*Dubosiella*）和毛螺旋UCG-006 菌属（Lachnospiraceae_UCG-006）等菌群丰度在 DSS 建模后下降，经 MES 和麦胚活性肽 P1 干预后，其丰度有所升高（图 7.24）。

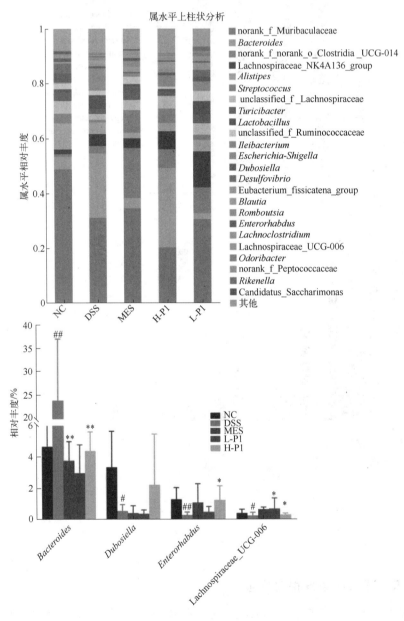

图 7.24　属水平菌群相对丰度柱形图

由于拟杆菌会产生外毒素，通常被认为是致病菌。有研究表明，拟杆菌属的相对丰度在 5-氟尿嘧啶诱导的肠黏膜炎小鼠中显著增加（刘丹宁 等，2021）。此外，毛螺旋菌 UCG-006 菌属作为有益菌属可以有效改善溃疡性结肠炎小鼠的炎症反应（张梁坤 等，2021；王亚楠，2018）。

7.4.5.6 种水平菌群相对丰度

种水平上，DSS 模型组中多形拟杆菌（*Bacteroides thetaiotaomicron*）、鼠乳杆菌（*Lactobacillus murinus*）2 个菌相对丰度较正常对照组显著升高。但经麦胚活性肽 P1 干预后，其相对丰度显著被抑制，且趋近于正常对照组和美沙拉嗪干预组。此外，杜氏杆菌（*Dubosiella*）在 DSS 建模后其菌群丰度较正常组下降，经 MES 和麦胚活性肽 P1 干预后，其丰度上升（图 7.25）。

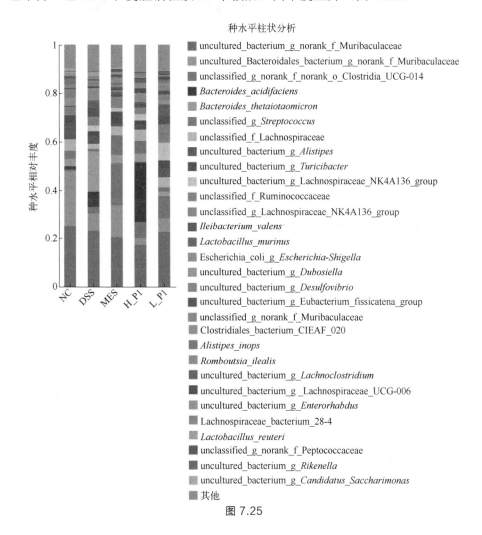

图 7.25

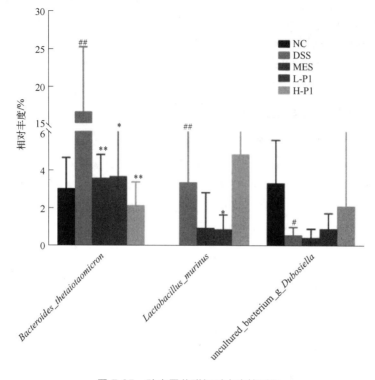

图 7.25　种水平菌群相对丰度柱形图

7.4.6　肠道菌群优势属与生理生化水平的相关性

利用 Spearman 相关性将肠道菌群关键属的丰度与小鼠生理生化水平、结肠屏障完整性和炎症相关蛋白质表达进行关联。如图 7.26 所示，在 Spearman 的相关分析中，红色变成蓝色表示相关性从大到小的变化。结果表明，*Bacteroides* 与疾病活动指数（DAI）、脾脏指数、结肠缩短等症状及炎症介质（MPO、IL-6、TNF-α 和 IL-1β）和 p-PKCζ，p-p65 的激活呈显著正相关，与体重、结肠长度以及 TJ 蛋白 claudin-1、ZO-1 和 occludin 呈显著负相关。表明该致病菌相对丰度的变化与肠炎小鼠的生理生化指标存在密切联系。此外，Lachnospiraceae_UCG-006、*Dubosiella* 和 *Enterorhabdus* 三个有益菌与上述两个致病菌的相关性结果正好相反。因此，说明肠道菌群的变化与结肠炎的发病机制之间存在一定的因果关系，肠道微生物的调节主要通过缓解肠炎小鼠生理症状、调节炎症介质的释放、降低炎症相关信号蛋白的激活及降低结肠屏障通透性进而改善结肠炎症状。

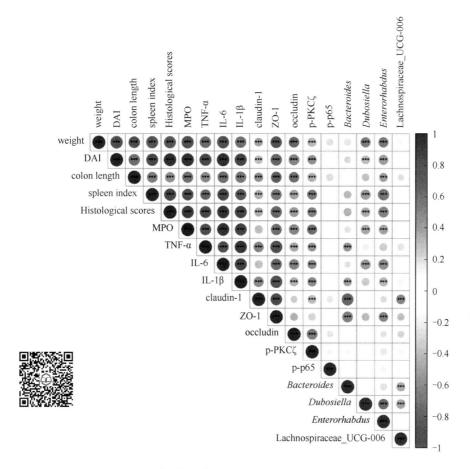

图 7.26　关键属的丰度与生理生化水平、肠道屏障完整性和炎症
介质之间的 Spearman 相关性热图

文献报道结肠炎小鼠模型中有益菌的丰度会增加，以抑制炎症反应，维持免疫稳态，模型组中某些共生条件致病菌或潜在有害菌的丰度降低（Liu 等，2020）。据报道，二肽丙氨酸-谷氨酰胺（Ala-Gln）可通过增强肠道屏障功能，恢复肠道菌群的多样性、均匀性、丰富度和组成，丰富一些有益菌属（Xu 等，2021）。此外，抗炎肽具有调节肠道微生物群的能力，从而减轻小鼠的结肠炎症状（Fernandez-Tome 等，2019）。本研究采用 Shannon 指数和 Simpson 指数来代表微生物区系的多样性和丰富度。有报道称 Lachnospiraceae 是 SCFAs 的主要生产者之一，对肠道环境变化敏感，在 UC 患者中 Lachnospiraceae 的丰度降低（Berry 和 Reinisch，2013）。在我们的研究中也观察到了类似的结果，

227

Lachnospiraceae 在 DSS 组的丰度明显降低，相反，经麦胚活性肽 P1 干预后其丰度明显上升。脆弱拟杆菌与 *B. thetaiotaomicron* 一起，在临床感染中发生得最多，通常对青霉素具有抗药性。这些细菌普遍存在于胃肠道区域并且是大多数腹腔内感染的原因，例如直肠周围脓肿和褥疮溃疡。当从结肠释放到血液中时，脆弱拟杆菌迅速繁殖，导致菌血症。如果脆弱拟杆菌被引入到腹腔，可能导致腹膜炎或腹部脓肿等。研究表明抗生素引起的鼠乳杆菌的过度生长可使肠道代谢功能受损，并导致小鼠出现秃头现象（Atsushi 等，2017）。麦胚活性肽 P1 干预后明显抑制了上述致病菌的相对丰度。此外，回肠杆菌作为肠道微生物群中一种病理因子会恶化正常饮食喂养小鼠的新陈代谢（Rodrigues 等，2021）。有研究表明灌胃 Dubosiella 菌至野生型小鼠及成纤维细胞生长因子（FGF21）敲除小鼠中有效改善 FGF21 缺失引起的非酒精性脂肪性肝病进展（朱升龙 等，2020）。肠道细菌 Desulfovibrio 是胃肠道硫化氢的主要生产者。一些实验和临床数据表明 H_2S 与慢性结肠疾病和大肠炎症有关（Marquis 等，2021；Chen 等，2021）。上述研究与本研究结果一致，麦胚活性肽 P1 干预后显著减少致病菌数量，增加有益菌数量，促进黏膜愈合和调节免疫应答来改善结肠炎小鼠肠道菌群失调。总之，这些数据表明肠道菌群的变化与结肠炎的发病机制之间有额外的因果关系。由此可见，多肽可作为新型功能营养因子通过增加肠道有益菌群数量、减少有害菌群丰度来平衡肠道菌群失调。同时，肠道微生物的调节可能通过降低炎症细胞因子水平，提高脾脏 T 细胞数量或降低结肠屏障通透性来影响全身炎症反应。

本书选择 DSS 诱导的结肠炎小鼠的肠道内容物，分析了各实验组小鼠肠道内容物中肠道菌群的变化，从 Shannon 指数和 Simpson 指数结果可知麦胚活性肽 P1（APEPAPAF）灌胃干预后对肠炎小鼠微生物多样性有明显的上调作用。从主成分分析（PCoA）和聚类分析结果也可得出，麦胚活性肽 P1 干预后的菌群结构和阳性对照美沙拉嗪（MES）的相似度高，二者菌群结构均趋向于正常对照组。此外，通过分析各水平菌群丰度发现，麦胚活性肽 P1 能够显著调节肠炎小鼠肠道菌群多样性的丰度，降低致病菌属（拟杆菌属等），提高有益菌属（杜氏杆菌等）的菌群丰度。总之，麦胚芽活性肽 P1 通过调控结肠炎小鼠肠道微生物的多样性及优势菌群丰度来修复肠道菌群的失调，最终改善结肠炎的进程。

本章小结

以小麦胚芽活性肽为研究对象，首先通过模拟胃肠道消化、超滤分离等分离提纯手段，并结合 LPS 诱导的 RAW 264.7 巨噬细胞体外炎症模型筛选出麦胚抗炎活性肽。此外，研究其在体外及体内炎症模型中的抗炎活性及作用机制，其作用机制与肠道菌群结构、肠道上皮屏障功能以及炎症信号蛋白的激活有关。

① 通过分离提纯等技术得到不同分子质量的活性组分：Ⅰ（＞3kDa）、Ⅱ（1～3kDa）和Ⅲ（＜1kDa）。并建立脂多糖（lipopolysaccharide，LPS）诱导的 RAW 264.7 细胞炎症模型筛选出抗炎活性最强的组分为Ⅲ（＜1kDa）。进一步结合液相色谱-串联质谱法筛选出新型抗炎活性肽 P1（APEPEPAF）。麦胚活性肽 P1 可通过调节 LPS 诱导的 RAW 264.7 巨噬细胞炎症介质的分泌发挥体外抗炎作用。其作用机制通过抑制炎症信号通路 PKCζ-NF-κB 的激活缓解促炎因子的释放，最终使炎症反应得到改善。

② 采用麦胚活性肽 P1（APEPEPAF）对 DSS 诱导的结肠炎模型进行干预，发现活性肽 P1 可显著缓解肠炎小鼠疾病进程。麦胚活性肽 P1 灌胃干预后显著抑制了结肠炎小鼠体重下降、DAI 评分升高、结肠缩短和脾脏肿大等现象，进而缓解结肠炎疾病表征。其作用机制主要通过抑制炎症信号通路 PKCζ-NF-κB 的激活，进而调节细胞炎症因子（IL-6、TNF-α 和 IL-1β）的分泌，最终调控结肠 TJ 蛋白的表达有效改善肠炎小鼠肠道屏障功能及机体炎症反应。

③ 通过分析各实验组小鼠肠道内容物中肠道菌群的变化，发现麦胚活性肽 P1（APEPEPAF）灌胃干预后对肠炎小鼠肠道微生物多样性有明显的上调作用，且菌群结构和阳性对照美沙拉嗪（MES）的相似度高，二者菌群结构均趋向于正常对照组。此外，通过分析各水平菌群丰度发现，麦胚活性肽 P1 能够显著调节肠炎小鼠肠道菌群多样性的丰度，降低致病菌属，提高有益菌属的菌群丰度。

综上所述，麦胚活性肽 P1（APEPEPAF）通过调节炎症因子水平和炎症信号蛋白表达，以及保护肠道屏障功能和调控小鼠肠道微生物的多样性及优势菌群丰度进而改善炎症反应的进程。

参考文献

李丹，姚颖樗，戴彦成，等，2020. 溃疡性结肠炎薄白苔和黄腻苔患者的肠道菌群特征分析[J]. 上海中医药杂志，54（12）：7.

刘丹宁，潘梦雪，杨璐嘉，等，2021，枳实总黄酮对 5-氟尿嘧啶诱导的肠黏膜炎小鼠肠道菌群失调的影响 [J]. 中草药，52（23）：10.

石嘉怿，张太，梁富强，2021. 体外模拟消化对大米谷蛋白结构及水解产物生物活性的影响[J]. 食品科学，42（01）：59-66.

王亚楠，2018. 益生元、益生菌对小鼠结肠炎的影响及抑制炎症癌变相关机制研究 [D]. 北京：

北京协和医学院.

张梁坤，谷文超，李灵，等，2021. 半夏泻心汤对右旋葡聚糖硫酸钠诱导的溃疡性结肠炎小鼠肠道菌群的影响 [J]. 中国中药杂志，46（11）：10.

朱升龙，陈永泉，姜旋，2020. 一种杜氏杆菌在结肠癌预防或治疗中的应用. CN111714523A［P］.

Atsushi H，Yohei M，Kentaro M，et al.，2017. Intestinal dysbiosis and biotin deprivation induce alopecia through overgrowth of lactobacillus murinus in mice [J]. Cell Reports，20（7）：1513-1524.

Berry D，Reinisch W，2013. Intestinal microbiota：A source of novel biomarkers in inflammatory bowel diseases [J]. Best Practice & Research：Clinical Gastroenterology，27（1）：47-58.

Chateau T，Feakins R，Marchal-Bressenot A，et al.，2020. Histological remission in ulcerative colitis：under the microscope is the cure[J]. The American journal of gastroenterology，115(2)：179-189.

Deng Z，Cui C，Wang Y，et al.，2020. FSGH3 and peptides，prepared from fish skin gelatin，exert a protective effect on DSS-induced colitis via the Nrf2 pathway[J]. Food Function. 11：414-423.

Eichele D D，Kharbanda K K，2017. Dextran sodium sulfate colitis murine model：An indispensable tool for advancing our understanding of inflammatory bowel diseases pathogenesis [J]. World journal of gastroenterology，23（33）：6016-6029.

Fernandez-Tome S，Hern´andez-Ledesma B，Chaparro M，et al.，2019. Role of food proteins and bioactive peptides in inflammatory bowel disease [J]. Trends in Food Science & Technology，88：194-206.

Galazzo G，Tedjo D I，Wintjens D，et al.，2019. Faecal microbiota dynamics and their relation to disease course in crohn's disease [J]. Journal of Crohn's & colitis，13（10）：1273-1282.

Gao R，Shen Y，Shu W，et al.，2020. Sturgeon hydrolysates alleviate DSS-induced colon colitis in mice by modulating NF-kappaB，MAPK，and microbiota composition [J]. Food Function，11（8）：6987-6999.

Guo X Y，Liu X J，Hao J Y，2020. Gut microbiota in ulcerative colitis：insights on pathogenesis and treatment [J]. Journal of digestive diseases，21（3）：147-159.

Li M，Ge Q，Du H，et al.，2021. Potential mechanisms mediating the protective effects of tricholoma matsutake-derived peptides in mitigating DSS-induced colitis[J]. Journal of Agriculture and Food Chemistry，69（19）：5536-5546.

Liang Q，Chalamaiah M，Liao W，et al.，2020. Zein hydrolysate and its peptides exert antiinflammatory activity on endothelial cells by preventing TNF-α-induced NF-κB activation [J]. Journal of Functional Foods，64：1035-1048.

Liu J L，Gao Y Y，Zhou J，et al.，2020. Changes in serum inflammatory cytokine levels and intestinal flora in a self-healing dextran sodium sulfate-induced ulcerative colitis murine model [J]. Life sciences，263，118587.

Liu K，Zhao Y，Chen F，et al.，2015. Purification and identification of Se-containing antioxidative peptides from enzymatic hydrolysates of Se-enriched brown rice protein [J]. Food Chemistry，187：424-430.

Marquis T J，Williams V J，Banach D B，2021. Septic arthritis caused by Desulfovibriode-sulfuricans：A case report and review of the literature [J]. Anaerobe，70：102407.

Rodrigues R，Gurung M，Li Z，et al.，2021 Transkingdom interactions between Lactobacilli and hepatic mitochondria attenuate western diet-induced diabetes [J]. Nature Communications，12 (1)：101.

Rodríguez-Nogales A，Algieri F，Garrido-Mesa J，et al.，2018. Intestinal anti-inflammatory effect of the probiotic Saccharomyces boulardii in DSS-induced colitis in mice：Impact on microRNAs expression and gut microbiota composition [J]. The Journal of Nutritional Biochemistry，61：129-139.

Saisavoey T，Sangtanoo P，Reamtong O，et al.，2016. Antioxidant and anti-inflammatory effects of defatted rice bran (oryza sativa l.) protein hydrolysates on RAW 264. 7 macrophage cells [J]. Journal of Food Biochemistry，40 (6)：731-740.

Shao W，Chen R，Lin G，et al.，2021. In situmucoadhesive hydrogel capturing tripeptide KPV：the anti-inflammatory，antibacterial and repairing effect on chemotherapy-induced oral mucositis [J]. Biomaterials science，10 (1)：227-242.

Sokol H，Leducq V，Aschard H，et al.，2017. Fungal microbiota dysbiosis in IBD [J]. Gut，66 (6)：1039-1048.

Torresfuentes C，Contreras M D M，Recio I，et al.，2015. Identification and characterization of antioxidant peptides from chickpea protein hydrolysates [J]. Food Chemistry，180：194-202.

Weng Z B，Chen Y R，Wang F，et al.，2021. A review on processing methods and functions of wheat germ-derived bioactive peptides. Critical Reviews in Food Science and Nutrition，Dec 29：1-17.

Xu Q，Hu M，Li M，et al.，2021. Dietary Bioactive peptide alanyl-glutamine attenuates dextran sodium sulfate-induced colitis by modulating gut microbiota [J]. Oxidative Medicine and Cellular Longevity，1-17.

Zhang M，Zhao Y，Wu N，et al.，2018. The anti-inflammatory activity of peptides from simulated gastrointestinal digestion of preserved egg white in DSS-induced mouse colitis [J]. Food Function，9 (12)：6444-6454.

Zhang M，Zhao Y，Yao Y，et al.，2019. Isolation and identification of peptides from simulated gastrointestinal digestion of preserved egg white and their anti-inflammatory activity in TNF-α-induced Caco-2 cells [J]. The Journal of Nutritional Biochemistry，63：44-53.

Zhao L，Wang X，Zhang X，et al.，2016. Purification and identification of anti-inflammatory peptides derived from simulated gastrointestinal digests of velvet antler protein（Cervus elaphus Linnaeus）[J]. Journal of Food and Drug Analysis，24（2）：376-384.

Zhao Y，Liao A，Liu N，et al.，2021. Potential anti-aging effects of fermented wheat germ in aging mice [J]. Food Bioscience，42：2212-4292.

Zhi T，Hong D，Zhang Z，et al.，2022. Anti-inflammatory and gut microbiota regulatory effects of walnut protein derived peptide LPF in vivo [J]. Food research international，152：110875.

Zhu B，He H，Hou T，2019. A comprehensive review of corn protein-derived bioactive peptides：production，characterization，bioactivities，and transport pathways [J]. Comprehensive reviews in food science and food safety，18（1）：329-345.

附录

缩略词表

英文缩写	英文全称	中文全称
ACC	acetyl CoA carboxylase	乙酰辅酶 A 羧化酶
ACE	angiotensinogen	血管紧张素原
ALP	alkaline phosphatase	碱性磷酸酶
AMPK	adenosine 5′-monophosphate (AMP) activated protein kinase	AMP 依赖的蛋白激酶
AOP	aminopeptidase	氨基寡肽酶
ASC	antibody secreting cell	抗体分泌细胞
BMD	bone mineral density	骨密度
CAT	catalase	过氧化氢酶
CGRP	calcitonin gene related peptide	降钙素基因相关肽
COL-I	collagen- I	I 型胶原蛋白
COX-2	cyclooxygenase 2	环氧合酶 2
CTSK	cathepsin K	组织蛋白酶 K
DAI	disease activity index	疾病活动指数
DH	the degree of hydrolysis	水解度
DMBQ	dimethoxy p-benzoquinone	二甲氧基对苯醌
DPPH		1,1-二苯基-2-苦肼基
DSS	dextran sulphate sodium salt	葡聚糖硫酸钠
ECM	extracellular matrix	细胞外基质
ELISA	enzyme-linked immunosorbent assay	酶联接免疫吸附剂测定
FAS	fatty acid synthase	脂肪酸合成酶
FDA	food and drug administration	美国食品药品监督管理局
FOXO1	forkhead box O1	叉形头转录因子 1
G6Pase	glucose-6-phosphatase	葡萄糖-6-磷酸酶
GFC	gel filtration chromatography	凝胶过滤色谱

英文缩写	英文全称	中文全称
GLUT2	glucose transporter 2	葡萄糖转运蛋白 2
GS	glycogen synthase	糖原合成酶
GSH	glutathione	谷胱甘肽
GSH-PX	glutathione peroxidase	谷胱甘肽过氧化物酶
GSK 3β	glycogen synthesis kinase 3β	糖原合成激酶 3β
GT	granulation tissue	肉芽组织
HaCaT	human immortalized keratinocyte	角质形成细胞
HDL-C	high density liptein cholesterol	高密度脂蛋白胆固醇
HE	hematoxylin and eosin staining	苏木精-伊红染色
HepG2	human hepatocellular carcinoma	人肝癌细胞
HepG2 细胞	human hepatocellular carcinoma	HepG2 细胞
HK	hexokinase	己糖激酶
HO-1	heme oxygenase-1	血红素加氧酶
HOMA-IR	insulin resistance homeostasis model assessment	胰岛素抵抗指数
HPE	high pressure assisted extraction	高压辅助提取
HPLC	high performance liquid chromatography	高效液相色谱
HPLC-MS	high-performance liquid chromatography-mass spectrometry	高效液相色谱-质谱联用技术
HPLC-MS/MS	high performance liquid chromatography-tandem mass spectrometry	高效液相色谱-串联质谱法
HPLC-NMR	high-performance liquid chromatography magnetic resonance spectroscopy	高效液相色谱法/核磁共振谱法
HUVEC	human umbilical vein endothelial cell	人脐静脉内皮细胞
IEC	ion exchange chromatography	离子交换色谱法
IL-10	interleukin-10	白介素-10
IL-12	interleukin-12	白介素-12
IL-1β	interleukin-1β	白细胞介素-1β
IL-6	interleukin-6	白介素-6
IL-8	interleukin-8	白介素-8
IR	insulin resistance	胰岛素抵抗
IRS1	insulin receptor substrate 1	胰岛素受体底物 1
IVPD	in vitro protein digestibility	体外消化率
Ki67	antigen ki-67	股骨成骨细胞增殖蛋白
LC-MS/MS	liquid chromatography-tandem mass spectrometry	液相色谱串联质谱技术
LDH	lactic dehydrogenase	乳酸脱氢酶

英文缩写	英文全称	中文全称
LDL-C	low density lipoprotein cholesterol	低密度脂蛋白胆固醇
LPS	lipopolysaccharide	脂多糖
MAE	microwave-assisted extraction	微波辅助提取
MALDI-TOF-MS	matrix-assisted laser desorption/ionization time-of-flight mass spectrometry	基质辅助激光解吸电离飞行时间质谱
MDA	malonic dialdehyde	丙二醛
MES	mesalazine	美沙拉嗪
MPO	myeloperoxidase	髓过氧化物酶
MTT	3-(4,5-dimethylthigal-2-yl)-2,5-(diphenyltetragalium)bromide	四甲基偶氮唑盐
NADPH	nicotinamide adenine dinucleotide phosphate	烟酰胺腺嘌呤二核苷酸磷酸
NAFLD	non-alcoholic fatty liver disease	非酒精性脂肪肝
Nano-LC-MS/MS	nano-upgraded liquid chromatography-tandem mass spectrometry	纳升级液相色谱串联质谱
NEFA	nonesterified free fatty acids	非酯化游离脂肪酸
NFATc1	nuclear factor of activated T cell 1	活化 T-细胞核因子
NF-κB	nuclear factor κB	核因子 κB
NLRP3		含 NLR 家族 PYRIN 域蛋白 3 重组蛋白
OB	osteoblast	成骨细胞
OB-OC	osteoblast-osteoclast	成骨细胞-破骨细胞
OC	osteoclast	破骨细胞
OCN	osteocalcin	骨钙素
OPG	osteoprotegerin	护骨因子
ORAC	oxygen radical absorbance capacity	氧化自由基吸收能力
OTU	operational taxonomic unit	运算分类单元
PC12	pheochromocytoma12	肾上腺嗜铬细胞瘤
PCNA	proliferating cell nuclear antigen	增殖细胞核抗原
PCoA	principal component analysis	主成分分析
PE	polyethylene	聚乙烯
PEPCK	phosphoenolpyruvate carboxykinase	磷酸烯醇丙酮酸羧激酶
PER	protein efficiency ratio	蛋白质效率比
PES	polyethersulfone	聚醚砜
PK	pyruvate kinase	丙酮酸激酶
PKCζ	protein kinase Cζ	蛋白激酶 Cζ

英文缩写	英文全称	中文全称
PP	polypropylene	聚丙烯
PPAR	peroxisome proliferator-activated receptor	过氧化物酶体增殖物激活受体
PPARα	perixisome proliferator-activated receptor α	过氧化物酶体增殖物激活受体 α
PVDF	polyvinylidene fluoride	聚偏氟乙烯
RANK	receptor activator of nuclear factor-κB	核因子 κB 受体活化因子
RANKL	receptor activator of nuclear factor-κB ligand	核因子 κB 受体活化因子配体
ROS	reactive oxygen species	活性氧自由基
RP-HPLC	reverse phase high-performance liquid chromatography	反相高效液相色谱
RT-qPCR	real time quantitative PCR	实时荧光定量 PCR
SD	Sprague Dawley	斯泼累格·多雷
SEC	size exclusion chromatography	排阻色谱
SOCS3	suppressor of cytokine signaling 3	细胞信号传送抑制物 3
SOD	superoxide dismutase	超氧化物歧化酶
SREBP	sterol-regulatory element binding protein	固醇调节元件结合蛋白
SREBP1	sterol regulatory element binding protein 1	固醇调节元件结合蛋白 1
STZ	streptozocin	链脲佐菌素
SWE	subcritical water extraction	亚临界水萃取
T2DM	type 2 diabetes mellitus	2 型糖尿病
T-AOC	total antioxidant capacity	总抗氧化能力
TC	total cholesterol	总胆固醇
TG	total triglyceride	甘油三酯
TJ	tight junction	紧密连接蛋白
TNF-α	tumor necrosis factor-α	肿瘤坏死因子-α
TRAF6	tumor necrosis factor receptor-associated factor 6	肿瘤坏死因子受体相关因子 6
TRAP	tartrate-resistant acid phosphase	抗酒石酸酸性磷酸酶
UC	ulcerative colitis	溃疡性结肠炎
UE	ultrasonic-assisted extraction	超声波辅助提取
UF	ultra filtration	超滤膜分离
VSMC	vascular smooth muscle cell	血管平滑肌细胞
WG	wheat germ	小麦胚芽
WGP	wheat germ polypeptide	麦胚多肽
WHO	World Health Organization	世界卫生组织
YBP	yak bone peptide	牦牛骨肽
ZO	zonula occluden	带状闭合蛋白